定本 続　トランジスタ回路の設計

鈴木雅臣　CQ出版株式会社　2003

著　者　简　介

铃木雅臣

　　1956 年　生于东京都丰岛区

　　1070 年　毕业于职业训练大学电气系电气专业

　　现　在　就职于 Accuphase 公司,主要从事数字视听设备设计工作

　　著　作　《新·低频/高频电路设计入门》(CQ 出版)

　　　　　　《晶体管电路设计(上)》(CQ 出版)

　　爱　好　网球,Rock Live

实用电子电路设计丛书

晶体管电路设计
（下）

FET/功率 MOS/开关电路的实验解析

〔日〕 铃木雅臣 著

彭 军 译

科学出版社

北 京

图字：01- 2003-7937 号

内 容 简 介

本书是"实用电子电路设计丛书"之一，共分上下二册。本书作为下册主要介绍晶体管/FET 电路设计技术的基础知识和基本实验，内容包括 FET 放大电路、源极跟随器电路、功率放大器、电压/电流反馈放大电路、晶体管/FET 开关电路、模拟开关电路、开关电源、振荡电路等。上册则主要介绍放大电路的工作、增强输出的电路、功率放大器的设计与制作、拓宽频率特性等。

本书面向实际需要，理论联系实际，通过大量具体的实验，抓住晶体管、FET 的工作图像，以达到灵活运用这些器件设计应用电路的目的。

本书适用对象是相关领域与部门工程技术人员以及相关专业的本科生、研究生；还有广大的电子爱好者。

图书在版编目(CIP)数据

晶体管电路设计(下)/(日)铃木雅臣著；彭军译.—北京：科学出版社，2004
（2023.10重印）
（实用电子电路设计丛书）
 ISBN　978-7-03-013278-9

Ⅰ.①晶… Ⅱ.①铃…②彭… Ⅲ.①晶体管电路-电路设计 Ⅳ.①TN710.22

中国版本图书馆 CIP 数据核字(2004)第 039627 号

责任编辑：杨　凯　崔炳哲 / 责任制作：魏　谨
责任印制：霍　兵 / 封面设计：李　力

科 学 出 版 社 出版
北京东黄城根北街 16 号
邮政编码：100717
http://www.sciencep.com

天津文林印务有限公司市　印刷
北京东方科龙图文有限公司　制作

科学出版社发行　各地新华书店经销
*
2004 年 9 月第 一 版　　开本：720×1000　1/16
2023 年 10 月第三十 次印刷　印张：20 1/4
字数：362 000
定价：38.00 元
（如有印装质量问题，我社负责调换）

前　言

近年来电子电路的设计进入了以 IC/LSI(集成电路/大规模集成电路)为中心的阶段。小小的管壳内凝缩了各种功能的 IC/LSI 给人们带来了极大的方便,可以说没有它就没有现代的电子电路。现在是 IC 的全盛时代。IC/LSI 今后还将进一步集成周边部件及功能,使之规模更大、功能更强、性能更高。

最近有这样的说法,虽然使用晶体管或 FET(场效应晶体管)简单而方便,但是现在的趋势更倾向于使用 IC。也有人感到专用 IC 的价格昂贵,但是不知道怎样才能把 IC 与晶体管、FET 巧妙地组合起来获得性能更高的电路。

诸如"用晶体管或(和)FET 做成的分立电路最好"之类的说法并没有过时,只不过对于 IC/LSI 以及晶体管、FET 构成的许多放大/开关器件来说,各自都有有效利用它们优点的使用方法。

在这样的背景下,本书通过具体的实验,抓住晶体管、FET 的工作图像,以达到灵活运用这些器件的目的。

已经出版的本系列《晶体管电路设计(上)》一书中进行了以晶体管放大电路为中心的许多实验。本书是它的续编,将介绍有关 FET 放大电路、开关电路、模拟开关、振荡电路等方面的实验。

本书若能对提高读者的电子电路的应用技能有所帮助,著者将深感荣幸。

最后,对在本书的出版、发行过程中给予支持和帮助的有关各方面表示感谢。

借此机会,还对在本书的策划、编辑等许多方面给予很大帮助的 CQ 出版(株) C&E 出版部蒲生良治次长、编写本书第 7 章的 Accuphase(株)山本诚先生、对《晶体管电路设计(上)》提出过宝贵意见的读者表示深深的谢意。

著　者

目　　录

第 1 章　晶体管、FET 和 IC

现在是 IC 的全盛时代！

我们身边有各种各样的电器，例如电视、VTR、CD 组合式收录机、计算机等，打开这些电器的机壳就会发现内部几乎全是 IC，已经很难找到晶体管或 FET 等分立的放大器件了。在计算机的主机板上，甚至连电阻都很难见到。

电子电路的这种 IC 化方向当然是工程技术人员所向往的，因为它能够在有限的空间内很方便地满足使用者所要求的解决各种难题的功能，而且更廉价（参见照片 1.1）。

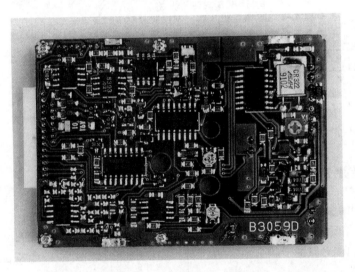

照片 1.1　实际的小型化的电路基板（由 IC 和部件构成）

当然，目前的现状也不是完全不再使用晶体管、FET 等分立的半导体器件。在一些最先进的大功率/大电流电路、低噪声放大电路、高频电路等电子电路中除 IC 外仍然还使用着多种分立器件（参见照片 1.2）。

可以说目前的电子电路中，IC 通常应用于一般电路中，而分立的晶体管和 FET 应用于追求高性能的最先进的电路中。

也不完全拘泥于这种区分。在我们身边当然还有考虑到晶体管和 FET 的特

照片 1.2　仍然活跃在一些电路中的分立的晶体管和 FET

点,通过与 IC 的组合而应用的实例,这样往往能够组成更有趣的电路,性能相同而更廉价的电路。

　　下面首先分析使用 IC、晶体管、FET 的电路的优缺点,然后分别讨论使用的问题。

1.1　晶体管和 FET 的灵活使用

1.1.1　使用 IC 的优缺点

　　1. 电子电路中使用 IC 的优点

　　(1) 可以减少部件数目。IC 是将一个电路原封不动地封装在一个管壳中。因此,使用 IC 可以减少构成电路的部件数目。将电路集成化并封装起来,使得电路整体变小了。

　　(2) 缩短了设计时间。将具有严格的常数设定的电路 IC 化,能够缩短设计时间。如果所有电路都集成化,那么"电路设计"就变成了选择 IC 的工作。

　　(3) 降低了成本。通过将标准的电路集成化批量生产,能够降低 IC 自身的价格,从而使电路整体的成本下降。

　　2. 使用 IC 的缺点

　　(1) 只能在一定程度上满足其性能要求。为了使通常的 IC 具有更广泛的应用,需要将一定程度上标准化的电路集成化。因此,使用 IC 时,在性能上必然会有一定的妥协。所以说,使用 IC 的电路并不能得到非常完美的性能。

(2) 不能够变更内部电路。这是显而易见的事情。已经制成的电路以及管脚配置是不能够变更的。但是在数字 IC 领域,使用者在一定程度上具有变更内部电路管或脚配置的自由,例如 PLD(Programmable Logic Device,可编程逻辑器件)。在将来,模拟 IC 中也会具有这种功能。

1.1.2 使用晶体管和 FET 的优缺点

1. 电子电路中使用晶体管和 FET 的优点

(1) 能够实现高性能。IC 内部的半导体器件由于受制造条件的制约,其性能往往低于分立器件。因此设计者使用分立器件能够制作出比 IC 性能更优良的电路。

(2) 什么样的电路都能够制作。晶体管和 FET 是放大单元、开关单元的最小单位,所以具有制作任何电路的可能性。

2. 使用晶体管和 FET 的缺点

(1) 增加了部件数目。如果一个电路使用 2~3 个 IC 就能够制成,那么使用分立器件时需要的部件数目将会增加到 20~30 个。

(2) 设计周期长。由于必须选择和确定电路所需要的所有元器件及其数值,所以花费的时间长。

(3) 成本高。不能说所有情况下的成本都高,但是大多数情况下,由于使用的分立器件多,整体上成本(也考虑到制造成本)提高了。

1.1.3 灵活使用 IC 以及晶体管、FET

图 1.1 分别示出了 IC 的 OP 放大器和用分立半导体器件构成的 OP 放大器。IC 是一个小的电路块,而用分立半导体器件组成的同样功能的电路则成为有一定规模的电路。所以,对于性能没有很高要求的电路来说应该使用 IC。

但是,当通用的 OP 放大器不能实现电路性能要求时怎么办?

首先应该考虑使用比通用器件性能更高的 OP 放大器。但是高性能 OP 放大器的价格高,而且往往难以获得。

因此应该考虑采用通用 IC 与晶体管、FET 等分立半导体器件组合使用的方法,这种方法的成本不是很高,却能够实现电路的高性能。这样做可以充分发挥 IC 和分立器件各自的优点。

图 1.2 就是将 OP 放大器与分立半导体器件组合使用的例子。

图 1.2(a)的电路是在 OP 放大器的输出端追加了射极跟随器,增大输出电流。与 IC 相比,双极型晶管能够处理大电流,所以当要求改善 IC 的输出特性时经常使用它。

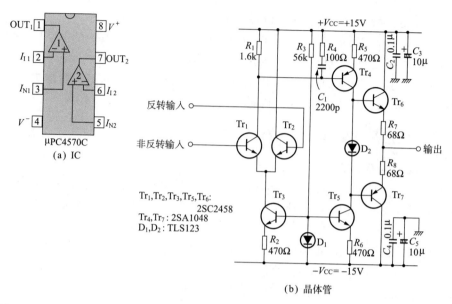

图 1.1   两种方法构成的 OP 放大器

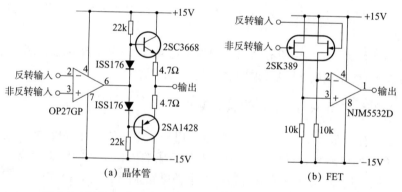

图 1.2   利用 IC 与 FET、晶体管组合的方法提高性能的示意图

图 1.2(b)是在 OP 放大器 IC 的输入端插入源极跟随器,输入电流非常小的电路(也有用 FET 输入的 OP 放大器 IC,使用分立的 FET 器件,对改善噪声特性特别有利)。由于 FET 器件本身的输入阻抗高,所以当希望改善 IC 的输入特性时经常采用这种电路。

1.1.4   灵活使用技术

不仅是上面所说的纯粹的模拟电路,在数字电路以及开关电路中也采用类似的方法。

图 1.3 是用数字电路 IC 的输出驱动负载的开关电路中使用晶体管、FET 的例子。也有这种开关电路的专用 IC,不过使用晶体管或 FET 有时更加合理。

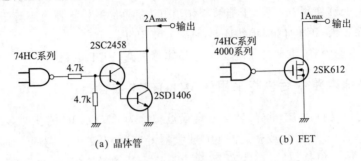

(a) 晶体管   (b) FET

图 1.3 在开关电路中的应用例

巧妙地将 IC 与晶体管、FET 灵活组合使用是非常有趣的工作。IC 的灵活使用并不困难,对于晶体管和 FET 分立器件来说,它的熟练使用需要一定的支持(也就是技术)。

熟练掌握晶体管和 FET 的技术并不是那样困难。电路设计方面只要抓住"怎样工作"这样的概念,剩下的就是进行简单的四则运算。

1.2 进入自我设计 IC 的时代

1.2.1 自己设计 IC

使用 IC 具有绝对的价格优势。但是,使用市售的 IC 难以制作出独具特色的电路。使用分立半导体器件,能够作出性能优良的电路,但是在价格方面不具有竞争力。技术人员的气质就是要通过自己的努力制作出具有竞争力的 IC。

事物总是在不断发展的。如果说在十多年前只有为数不多的高级技术人员能够胜任 IC 的开发与设计工作的话,而现在对于 ASIC(Application Specific IC,专用集成电路)来说,至少有约 1000 多个单位在进行自行制作 IC 的工作。

以前必须采用大型的计算机作为 IC 设计的设备,几年前开始采用工作站,最近发展到在个人电脑上就能够进行这项工作。这是 IC 设计成本降低的原因之一。

在个人电脑上,使用 IC 制造厂商提供的器件、程序库(晶体管、FET 等器件的模型),就能够进行电路的工作模拟。照片 1.3 就是在电脑上工

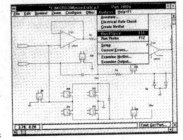

照片 1.3 电路模拟器 Pspice 的画面例(输入电路图)

作的电路模拟器 Pspice 的一个画面。

　　自己也能够制作 IC。这对于电路技术工作者来说,出人意料地进入了一个新时代。但是能够使用 IC 不等于能够制作出 IC;获得好的模拟器也不等于能够作出 IC。即使在今天,IC 的内部仍然还是晶体管和 FET。

　　所以,不论怎样,重要的是能够设计晶体管电路、FET 电路。

1.2.2　模拟电路今后也将采用(CMOS)FET 器件

　　如果将目光投向 IC 世界,就会发现最近被称为 CMOS IC 的器件多起来了。

　　以前的 IC——TTL 或普通的 OP 放大器等叫做双极 IC。它的内部是双极晶体管的集合体。但是,最近在数字 IC 中,TTL 不断地被 CMOS 数字 IC——MOS 晶体管的集合体所替代。

　　众所周知,CMOS IC 的特点是低功耗。发展到规模大的 IC——LSI,由于消耗功率的缘故人们不得不采用 CMOS,这一点已经成为现实。同时,面对模拟电路与数字电路一体化 LSI 的发展趋势,人们也很自然地趋向于使用 CMOS 构成模拟电路。

　　当然 CMOS 是 FET 的同类。如图 1.4 所示它是 P 沟 MOS FET 与 N 沟 MOS FET 的组合。目前,CMOS 模拟电路已经不再是难以获得的器件。这是因为已经能够利用 FET 有条不紊地设计模拟电路,从而解决了大部分问题。

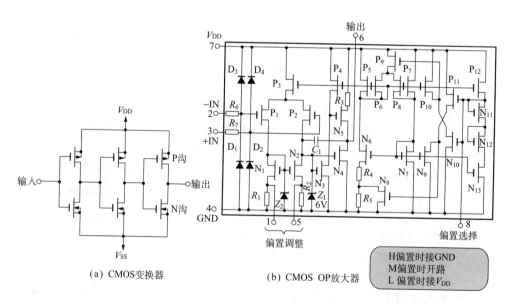

（a）CMOS 变换器　　　　　（b）CMOS OP 放大器

图 1.4　IC 世界中 CMOS 成为主要器件

　　FET 器件中还有利用 IC 化技术开发出的功率 MOS FET。这种器件作为不易损坏的大功率开关器件受到人们的关注。

　　所以晶体管、FET 的灵活运用日益成为非常重要的技术。在下面的章节中将观测 FET 和晶体管的实际工作波形,并说明它的工作过程。

第 2 章　FET 放大电路的工作原理

FET 是 Field Effect Transistor 的缩写,称为场效应晶体管。它是晶体管的一种。通常所说的晶体管是指双极晶体管。

FET 与双极晶体管相对应,有时也叫做单极晶体管。如照片 2.1 所示,FET 的外形与双极晶体管几乎相同。

照片 2.1　各种 FET

(FET 的外观与双极晶体管几乎相同。近来,在从小信号到大功率,从低频到高频的
各种类型的器件中得到了广泛应用。外形大的是功率 MOS)

虽然同样是晶体管,但是双极晶体管与 FET 的工作原理却完全不同。FET 具有双极晶体管所不具备的优点,也有自身的缺点。

将难以理解的问题留到后面,现在先从 FET 的工作原理开始分析。

2.1　放大电路的波形

2.1.1　3 倍放大器

图 2.1 是一个实验电路。整个电路与双极晶体管的发射极接地放大电路相当,只是用 FET 替换了晶体管。

图 2.2 是使用双极晶体管的发射极接地放大电路。可以看出两个电路中的电路常数不太相同,图 2.1 的电路是将图 2.2 电路中的双极晶体管用 FET 置换的电路。

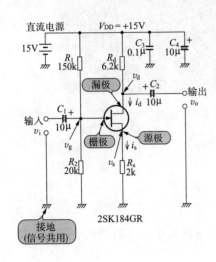

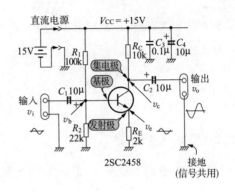

图 2.1 FET 的实验放大电路
(单管 FET 源极接地放大电路,可以认为是发射极接地放大电路中的晶体管被 FET 置换)

图 2.2 使用双极晶体管的发射极接地放大电路
(发射极接地放大电路是双极晶体管最基本的放大电路)

与双极晶体管一样,FET 也有三个极,即栅极(Gate)、源极(Source)和漏极(Drain)。如果与双极晶体管的各极相对比,如图 2.3 所示,栅极对应于基极,源极对应于发射极,漏极对应于集电极。

所以,与双极晶体管发射极接地放大电路相对应,图 2.1 的电路称为源极接地放大电路(Common Source Amplifier)。

照片 2.2 是装配在普通印刷电路板上的图 2.1 电路的照片。照片 2.3 是给它输入 1kHz、$1V_{p-p}$(峰-峰)正弦波时的输出波形。输出约为 $3V_{p-p}$,所以这个放大电路的放大倍数(电压增益)A_v 是 $3(=3V_{p-p}/1V_{p-p})$。

输入输出的相位关系也与使用双极晶体管的发射极接地放大电路的情况相同,输出与输入间相位相差 $180°$(波形反转)。

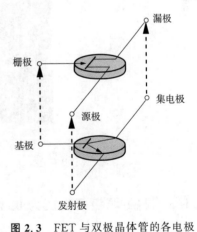

图 2.3 FET 与双极晶体管的各电极
(FET 与双极晶体管的工作原理完全不同,但是各极间的对应关系可以帮助理解 FET 的工作原理)

 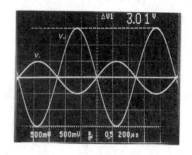

照片 2.2　FET 的实验放大电路
（使用小信号 N 沟面结型 FET。看起来与
晶体管放大电路相同）

照片 2.3　输入电压 v_i 与输出电压 v_o 的
波形（0.5V/div，200μs/div）
（v_i 为 1V$_{p-p}$，v_o 为 3V$_{p-p}$，所以是 3 倍放大器。
周期是 1ms，所以频率是 1kHz，v_i 与 v_o 相位相反）

2.1.2　栅极上加偏压

照片 2.4 是输入信号 v_i 与 FET 的栅极电位 v_g 的波形。v_g 的交流成分就是能够通过耦合电容 C_1 的输入信号 v_i。

v_g 的直流成分是由 R_1 与 R_2 形成的 1.7V 电压。这个电压加在 FET 的栅极上，叫做栅偏压。与双极晶体管相同，FET 也需要在栅极上加直流偏压。

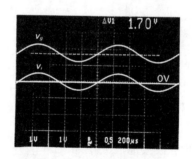

照片 2.4　输入电压 v_i 与栅极电压 v_g 的波形（1V/div，200μs/div）
（v_g 的交流成分是 v_i 通过 C_1 的成分，直流成分是由 R_1 与 R_2 形成的偏压电压）

2.1.3　栅极-源极间电压为 0.4V

照片 2.5 是栅极电位 v_g 与源极电位 v_s 的波形。v_g 与 v_s 都是交流振幅，相位完全相同。如照片 2.4 所示，v_g 和 v_i 的交流波形完全相同，所以源极电位 v_s 与输入信号 v_i 也具有完全相同的交流波形。

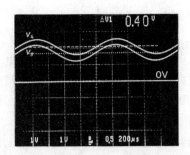

照片 2.5 栅极电位 v_g 与源极电位 v_s 的波形（1V/div，$200\mu s$/div）

（v_g 与 v_s 的交流成分完全相同，直流电位相差 0.4V。这是 FET 电路最重要的一点）

可以看出 FET 的源极接地放大电路与双极晶体管的发射极接地放大电路相同，从源极取出的信号完全没有电压放大作用（电压增益为 1）。

但是当信号加到栅极，从源极取出信号时，却有电流放大作用。这个电路与双极晶体管的射极跟随器相当，所以称为源极跟随器。

关于源极跟随器将在第 4 章详细讨论。

照片 2.5 中示出了 FET 电路设计中的一个重要问题，就是栅极电位 v_g 与源极电位 v_s 间的电位差。

如照片 2.4 所示，v_g 的直流电位是 1.7V，v_s 的直流电位是 2.1V，比 v_g 高0.4V。就是说，在图 2.1 的电路中，FET 栅极与源极之间的电压 V_{GS} 为 -0.4V。源极电位压比栅极电位高（后面将要讲到并不是所有的 FET 都是 0.4V）。

如图 2.4 所示，双极晶体管基极与发射极间相当于接入一个二极管，晶体管在放大工作时基极-发射极间电压 V_{BE} 为 0.6～0.7V。而且对于 NPN 晶体管来说，发射极电位比基极低。

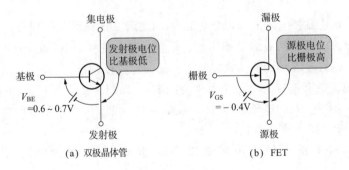

（a）双极晶体管　　　　　　　　（b）FET

图 2.4 V_{BE} 与 V_{GS}

（晶体管的 V_{BE} 是 0.6～0.7V，发射极电位比基极低。图 1 电路中 V_{GS} 是 0.4V，源极电位比栅极高）

这就是双极晶体管电路与 FET 电路工作上最重要的不同点。

2.1.4 FET 是电压控制器件

双极晶体管是由基极电流控制集电极与发射极之间电流流动的器件,是由电流控制输出的,所以叫做电流控制器件;FET 是由栅极上所加的电压控制漏极与源极之间电流流动的器件,是由电压控制输出的,所以称为电压控制器件。

FET 的栅极上没有电流流过(实际上,只有极小的电流流过,比双极晶体管基极电流小得多)。因此在图 2.1 的电路中,认为漏极电流 i_d 与源极电流 i_s 的大小完全相等。

如果换一种理解方法,可以认为图 2.1 的电路是将如图 2.5 所示的输入信号 v_i 的电压变化量 Δv_i(这时为 $\pm 0.5\mathrm{V}$)作为漏极的电流变化量 Δi_d(这时为 $\pm 0.25\mathrm{mA}$)输出的可变电流源。

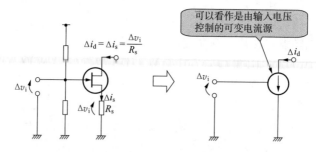

图 2.5   将电压的变化变为电流的变化

(换一种理解方法,源极接地放大电路的 FET 是由输入电压 v_i 控制的可变电流源)

2.1.5 输出是源极电流的变化部分

照片 2.6 是源极电位 v_s 与漏极电位 v_d 的波形。这样看到的栅极电位 v_g、源极电位 v_s 与输入信号 v_i 的波形是相同的。像照片 2.6 那样,FET 的漏极上看到的是被放大了的 v_i 的波形,但是,v_d 的波形与 v_i 的波形相位相反。

FET 的源极所连接的电阻是源极电阻 R_S。如照片 2.5 所示,v_s 的振幅为 $2.1 \pm 0.5\mathrm{V}$,所以流过 R_S 的电流在以 $1.05\mathrm{mA}$ 为中心的 $\pm 0.25\mathrm{mA}$ 范围变化($(2.1 \pm 0.5)/2\mathrm{k}\Omega = 1.05 \pm 0.25\mathrm{mA}$)。

所有从 FET 的源极流出的电流都流过 R_S,所以源极电流 i_s 为 $1.05 \pm 0.25\mathrm{mA}$。

这个电流变化量 Δi_d 通过漏极与电源间连接的电阻——漏极负载电阻 R_D 以电阻上产生的电压降的形式呈现出来,因此输出电压再次返回为电压变化量 Δv_d 的形式,从漏极取出。

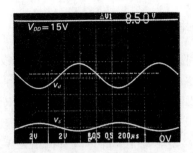

照片 **2.6** 源极电位 v_s 与漏极电位 v_d 的波形（2V/div，200μs/div）
（v_s 与输入信号 v_i 的波形相同，v_d 是放大后的波形。但是，相位是相反的）

2.1.6 漏极的相位相反

R_D 连接在漏极与电源之间，所以这里产生的电压降是以电源为基准的。因此，当输入电压 v_i 增加，漏极电流也增加时，R_D 上的电压降相对于电源也变大，漏极相对于地的电位 v_d（R_D 与漏极的接点电位）减少。

相反，如果 v_i 减少时漏极电流也减少，R_D 上的电压降变小，v_d 相对于 GND 增加。因此，相对于 v_i，v_d 的相位是反相的——相位变化 180°。

由照片 2.5 和照片 2.6 可以看出，对于 FET 源极接地放大电路来说，各极间呈现出的信号的相位关系是栅极-源极间同相（相位差为零），栅极-漏极间以及源极-漏极间反相。

但是，需要注意的是这只是源极接地时的相位关系，对于后面将要讲到的栅极接地放大电路来说，情况是不同的。

这里的情况与双极晶体管发射极接地放大电路相同。

照片 2.7 是漏极电位 v_d 与输出电压 v_o 的波形。耦合电容 C_2 隔断了 v_d 的直流成分，取出的输出仅是以 0V 为中心摆动的交流成分。

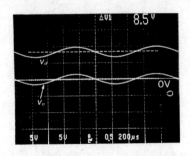

照片 **2.7** 漏极电位 v_d 与输出电压 v_o 的波形（5V/div，200μs/div）
（由于 v_d 的直流成分被耦合电容隔断，所以取出的输出仅是以 0V 为中心摆动的交流成分）

2.1.7 与双极晶体管电路的差别

前面看到的 FET 的源极接地放大电路是不是与双极晶体管的发射极放大电路完全相同？

实际上几乎是完全相同的，只有一点差别，这就是双极晶体管的基极-发射极间电压 V_{BE} 与 FET 的栅极-源极间电压 V_{GS} 在电压、极性上有差别。

这一点对于 FET 电路是非常重要的。只有搞清楚 V_{GS} 究竟有多大，才能够方便地像使用双极晶体管那样使用 FET。

下面将结合 FET 的工作原理，说明这个 V_{GS} 的大小。

2.2 FET 的工作原理

2.2.1 JFET 与 MOSFET

双极晶体管只有 NPN 和 PNP 两种类型，FET 的分类则稍微复杂。

如图 2.6 所示，FET 按照结构可以分为结型 FET（JFET：Junction FET）和绝缘栅 FET（MOSFET：Metal Oxide Semiconductor FET）。

按照电学特性，MOSFET 又可以分为耗尽型（depletion）与增强型（enhancement）两类。它们又可以进一步分为 N 沟型（与双极晶体管的 NPN 型相当）和 P 沟型（与双极晶体管的 PNP 型相当）。

从实际 FET 的型号中完全看不出 JFET 与 MOSFET、耗尽型与增强型的区别。仅仅是 N 沟器件为 2SK×××（也有双栅的 3SK×××），P 沟器件为 2SJ×××，以区别 N 沟和 P 沟器件。

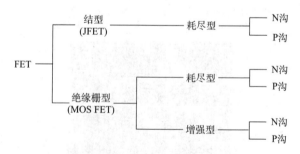

图 2.6 FET 的种类

（FET 分为 JFET 和 MOSFET。MOSFET 按照电学特性又分为耗尽型和增强型，它们各自又有 N 沟型和 P 沟型）

2.2.2 FET 的结构

图 2.7 是 FET 简单的的结构示意图(P 沟 FET 是 P 型半导体部分与 N 型半导体部分互换)。

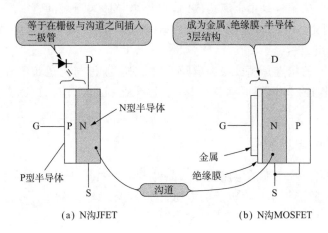

(a) N沟JFET (b) N沟MOSFET

图 2.7 FET 的结构

(JFET 工作时栅极与沟道间的二极管处于截止状态,所以几乎没有电流流过栅极。MOSFET 的栅极与沟道间有绝缘膜,电流的流动更困难)

如图 2.8 所示,双极晶体管的基极-发射极间以及基极-集电极间分别是两个 PN 结,就是说存在着二极管。JFET 的栅极与沟道(把输出电路流过漏极-源极间的部分称为沟道)间有 PN 结,所以认为存在着二极管(由于有 PN 结,所以称为结型 FET)。

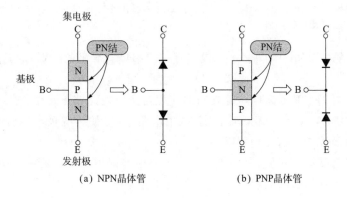

(a) NPN晶体管 (b) PNP晶体管

图 2.8 晶体管的 PN 结

(晶体管有两个 PN 结。可以把 PN 结看作是二极管,晶体管可以认为是基极-发射极间以及基极-集电极间各有一个二极管)

　　双极晶体管的基极-发射极间的二极管总是工作在导通状态,而 JFET 的栅极-沟道间的二极管工作在截止状态。

　　因此 FET 的栅极-沟道间流过的电流很小,只相当于二极管的反向漏电流,所以器件本身的输入阻抗比双极晶体管高得多(约 $10^8 \sim 10^{12} \Omega$)。

　　MOSFET 的栅极是由金属构成的,它与半导体沟道之间有一层绝缘膜,形成三层结构。所谓 MOS,就是因为实际的结构是由金属(M)、绝缘膜(如氧化膜,O)和半导体(S)组成。

　　MOSFET 的特点是栅极与沟道间有绝缘膜,栅极与沟道是绝缘的,所以流过栅极的电流比 JFET 还要小很多。因此,输入阻抗也比 JFET 高得多(约 $10^{12} \sim 10^{14} \Omega$)。

2.2.3　FET 的电路符号

　　图 2.9 是各种 FET 的电路符号。晶体管电路符号中的箭头表示电流流动的方向,而 FET 的箭头不代表电流的方向,仅仅表示极性(从图 2.7 看出它表示 PN 结的极性)。

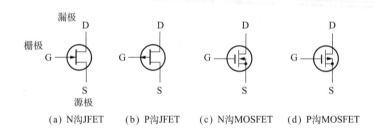

(a) N沟JFET　　(b) P沟JFET　　(c) N沟MOSFET　　(d) P沟MOSFET

图 2.9　FET 的电路符号

(晶体管的电路符号中的箭头表示电流流动的方向,而 FET 的箭头不表示电流的方向,仅仅表示极性)

　　JFET 在结构和电路符号上都没有标记出漏极与源极的区别,这就是说它们没有区别。

　　一般来说 JFET 的漏极与源极间即使相互调换也能够正常工作。图 2.9 的电路中使用的 FET 实际上就是 JFET。这个电路中,即使将源极与漏极互换对于器件的工作以及性能没有任何影响。

　　之所以与晶体管不同,是因为 JFET 的源极与漏极之间没有 PN 结,是由同一导电类型的半导体(N 沟器件是 N 型,P 沟器件是 P 型)制作的。

　　但是,制造高频应用的 JFET 器件时源极与漏极的形状有物理性的变化,当两个 FET 串联连接(称为级联)时,漏极与源极有区别,如果调换就无法工作。

MOSFET 的漏极与源极的结构和符号都有区别。因此,就不能将漏极与源极调换工作。

2.2.4 JFET 的传输特性

FET 是通过栅极上所加的电压控制漏极-源极间电流的电压控制器件。

描述 FET 性质最常用的方法是叫做传输特性的曲线,它表示漏极电流 I_D 与栅极-源极间电压 V_{GS} 的关系。

图 2.10 是 JFET 的传输特性。

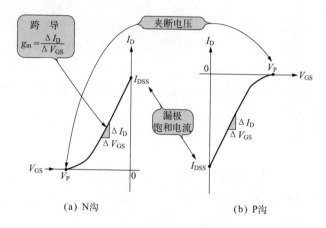

图 2.10 FET 的传输特性

(把 I_D 关于 V_{GS} 的曲线称为传输特性,是 FET 最重要的性质。g_m 相当于晶体管的 h_{FE})

当栅极-源极间电压 V_{GS} 为 0V 时 JFET 的漏极电流 I_D 最大。这时的漏极电流叫做漏极饱和电流 I_{DSS}。

JFET 的 I_{DSS} 是漏极-源极间所能够流过的最大电流。除非 FET 损坏,否则不会有超过 I_{DSS} 的漏极电流。所以,JFET 具有限制电流的作用。

一般的 FET 中,I_{DSS} 为 1mA 至数十 mA(实际上可以流过比 I_{DSS} 稍大一些的电流)。

我们分析图 2.10(a) 所示的 N 沟 JFET 的曲线。V_{GS} 从 0V 向负方向增大时 I_D 减小,最终变为零,这时的 V_{GS} 叫做夹断电压 V_p。当 V_{GS} 在负方向比 V_p 更大时,N 沟 JFET 处于截止状态。

把 V_{GS} 在负电压范围时 I_D 的流动称为耗尽特性。

P 沟 JFET 的 I_D、V_{GS}、I_{DSS}、V_p 的极性与 N 沟情况相反。

2.2.5 放大倍数是跨导 g_m

双极晶体管是以流过的基极电流 I_B 控制集电极电流 I_C,所以 I_B 与 I_C 之比——

直流电流放大系数 h_{FE} 就成为器件的重要特性。

对于 FET,如图 2.10 所示,是通过改变栅极-源极间电压 V_{GS} 控制漏极电流 I_D 的,所以 V_{GS} 与 I_D 之比就成为器件的重要特性。把这个比值称为跨导 g_m(也叫做正向传输导纳 $|Y_{fs}|$),用下式表示:

$$g_m = \frac{\Delta I_D}{\Delta V_{GS}} \quad (S) \tag{2.1}$$

式中,ΔV_{GS} 为 V_{GS} 的变化量,ΔI_D 为 I_D 的变化量。

图 2.10 的传输特性中曲线的斜率相当于 g_m,它的单位是电流与电压之比,即 S(西[门子])。

g_m 意味着当输入电压(V_{GS})变化时输出电流(I_D)会有多大的变化,可以认为是器件本身电流对电压的增益。在使用 FET 的放大电路中,g_m 愈大则电路的增益愈大,具有能够减小输出阻抗的优点。

但是,g_m 大的 FET 存在着输入电容大因而高频特性差,流过栅极的漏电流大(输入阻抗低)等缺点。

2.2.6 实际器件的跨导

图 2.11 是图 2.1 电路中使用的 N 沟 JFET 2SK184(东芝)的传输特性。图中的多根曲线说明器件特性存在分散性。

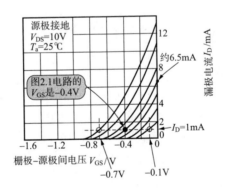

图 2.11 2SK184 的传输特性

(即使同一型号的 FET,I_{DSS} 的分散性也会很大。因此,I_D 为 1mA 时的 V_{GS} 会在 $-0.7 \sim -0.1$V 范围变动。但是不论什么样的双极晶体管,它们的 V_{BE} 都在 0.6 ~ 0.7V 之间)

实际的 FET 的漏极饱和电流 I_{DSS} 具有较大的分散性。由于 I_{DSS} 的原因,使得 I_D 为零时的电压——夹断电压 V_p 也有变化。

双极晶体管的特性是按直流电流放大系数值 h_{FE} 分档次的。但是对于 FET 不是按跨导 g_m 而是按 I_{DSS} 区分档次。

g_m 与 I_{DSS} 之间有关系，I_{DSS} 愈大，g_m 也愈大（如果是同型号的 FET，I_{DSS} 愈大，传输特性曲线的斜率愈大，因而 g_m 也大）。

表 2.1 是 2SK184 的 I_{DSS} 各档次。东芝器件的 I_{DSS}、h_{FE} 的档次是用 Y（黄）、R（红）等颜色标记的。有的公司是用罗马字母标记的。

表 2.1　2SK184 的 I_{DSS} 分档

（JFET 的 I_{DSS} 的分散性大，因此按照 I_{DSS} 的值进行分档）

I_{DSS} 档次	Y（黄）	GR（绿）	BL（蓝）
I_{DSS} 值/mA	1.2～3.0	2.6～6.5	6.0～14.0

图 2.1 的电路中，I_D 约为 1mA，由图 2.11 看出，由于电路中使用的 FET 的 I_{DSS} 值存在分散性，V_{GS} 在 -0.7～-0.1V 的范围内变动。

照片 2.8 是图 2.1 电路中使用的 2SK184 的栅极电位 v_g 与源极电位 v_s 的波形（设定输入信号 v_i 为 1kHz，$0.5V_{p-p}$）。

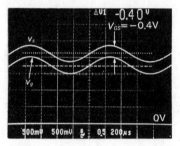

照片 2.8　2SK184 的 v_g 与 v_s 的波形（0.5V/div，200μs/div）

（使用 2SK184 的图 2.1 的电路中，V_{GS}——v_g 与 v_s 的直流成分之差为 -0.4V）

由于 V_{GS} 是 v_g 与 v_s 的直流成分之差，从照片看出这里使用的 2SK184 的 V_{GS} 为 -0.4V（以源极电位为基准，所以是负值）。因此，从图 2.11 中 I_D 为 1mA 的线与 $V_{GS}=-0.4$V 的线的交叉点可以看出这里使用的 2SK184 的 I_{DSS} 约为 6.5mA。

实际上设计电路时的情况与此相反，从所使用 FET 的 I_{DSS} 档次找到 I_{DSS}，从传输特特性曲线确定电路工作点的 V_{GS} 值。

2.2.7　MOSFET 的传输特性

图 2.12 是 MOSFET 的传输特性。MOSFET 器件中除有与 JFET 相同的耗尽特性外，还有增强特性。

对于 N 沟 MOSFET，增强特性是指当 V_{GS} 不在正的电压范围时就没有 I_D 流过（P 沟时 V_{GS} 的极性相反）。

MOSFET 的耗尽特性与 JFET 的耗尽特性稍有不同,对于 N 沟器件即使 V_{GS} 为正,I_D 仍持续流动(P 沟情况下即使 V_{GS} 为负,I_D 仍持续流动)。耗尽型 MOSFET 的 I_{DSS} 不是漏极-源极间所流过的最大电流,只是 $V_{GS}=0V$ 时的漏极电流 I_D 值。

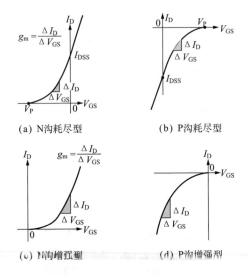

(a) N沟耗尽型   (b) P沟耗尽型

(c) N沟增强型   (d) P沟增强型

图 2.12   MOSFET 的传输特性

(MOSFET 有耗尽型和增强型两种特性。耗尽型与 JFET 不同,即使越过 $V_{GS}=0V$,I_D仍继续流动)

耗尽型 MOSFET 由于 $V_{GS}=0V$ 时仍有 I_D 流过(所谓 Normally ON 器件),所以很难应用在开关电路或者功率放大电路中。但是,它的优点是在高频放大电路中容易构成偏置电路,所以高频放大用的 MOSFET 几乎都是耗尽型的。

对于 $V_{GS}=0V$ 时 I_D 为零的增强型 MOSFET(所谓 Normally OFF 器件),如果把 V_{BE} 当成 V_{GS},就可以采用与晶体管相同的偏置方法,所以可以与晶体管相互置换使用。

目前,应用于开关、调节器的开关器件或电动机驱动电路等功率放大电路的 MOSFET(所谓的功率 MOS)几乎都是增强型器件。

JFET 能限制 I_{DSS} 以上的漏极电流,具有电流限制作用。但是 MOSFET,不论是耗尽型还是增强型,V_{GS} 愈大漏极电流愈大,所以没有电流限制作用。

2.2.8 MOSFET 的跨导

MOSFET 的跨导 g_m 与 JFET 相同,是传输函数曲线的斜率,即 ΔV_{GS} 与 ΔI_D 之比。

图 2.13 是高频放大用 N 沟 MOSFET 2SK241(东芝)的传输特性。这个 FET

是耗尽型器件,V_{GS}在负电压区时有电流流出,即使V_{GS}越过 0 V,I_D仍然相应地继续增加。多根曲线表明 I_{DSS} 的分散性。

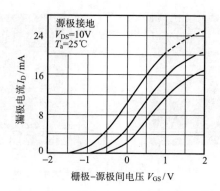

图 2.13 2SK241 的传输特性

(2SK241 是用于高频放大的 N 沟 MOSFET。传输特性是耗尽型,I_D 从 V_{GS} 负的区域流出)

图 2.14 是开关用 N 沟 MOSFET 2SK612(NEC)的传输特性。这种 FET 是增强型器件,可以看出如果V_{GS}不是在正电压区,就没有 I_D流出。

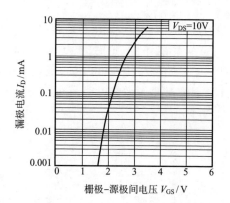

图 2.14 2SK612 的传输特性

(2SK612 是用于开关的 N 沟 MOSFET。传输特性是增强型,当 V_{GS} 不在正的区域时没有 I_D流出)

这里我们稍微分析一下用这两种 MOSFET 器件 2SK241 和 2SK612 替代图 2.1 电路中的 JFET 时电路的工作情况。

照片 2.9 和照片 2.10 是这时的栅极电位 v_g 和源极电位 v_s 的波形(输入电压 v_i 与照片 2.8 中相同,即 1kHz,0.5V_{p-p})。

对于 2SK241,如照片 2.9 所示 V_{GS} 为 -0.5V。这与 2SK184 的 V_{GS} 值基本相

同。如从图 2.13 所看到的那样,当漏极电流 I_D 为 1mA 时,V_GS 还处于负的区域,不是正值。

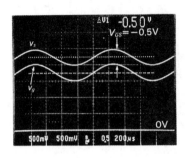 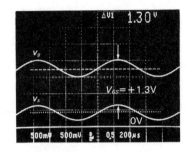

照片 **2.9**   使用 2SK241 时的 v_g 与 v_s 的
波形(0.5V/div, 200μs/div)
(图 2.1 电路中使用 2SK241 时,$V_\mathrm{GS}=-0.5$V)

照片 **2.10**   使用 2SK612 时的 v_g 与 v_s 的
波形(0.5V/div, 200μs/div)
(图 2.1 电路中使用 2SK612 时,$V_\mathrm{GS}=+1.3$V)

2SK612 的情况如照片 2.10 所示,V_GS 为 +1.3V。因为 2SK612 是增强型器件,所以如从图 2.14 所看到的那样,V_GS 是正值。

这样,即使同一电路中使用结构和电学特性完全不同的 FET,都能够很方便地使其正常工作。

但是,对于 2SK241 和 2SK612 来说,由于是替换 2SK184,它们的工作点与 2SK184 的工作点($I_\mathrm{D}=1$mA)稍有不同,这时因 FET 的型号而会导致的 V_GS 不同。实际设计时,根据所使用 FET 的传输特性求出 V_GS 确定工作点就可以了。

在后面的电路设计一章将对此作详细说明。

第**3**章　源极接地放大电路的设计

在第 2 章观察了 FET 的工作波形,分析了它的工作原理,在此基础上就能够进一步把握 FET 放大电路的工作原理。

本章将讨论源极接地放大电路各处的直流电位和交流放大倍数,并进行具体的电路设计。

3.1　设计放大电路前的准备

3.1.1　源极接地电路的直流电位

图 3.1 电路中栅极的直流电位 V_{G}(v_{g} 的直流成分,或者没有输入信号 v_{i} 时的栅极电位)是电源电压 V_{DD} 被偏压电阻 R_1 和 R_2 分压后的电位,即

$$V_{\mathrm{G}} = \frac{R_2}{R_1 + R_2} \cdot V_{\mathrm{DD}} \quad \text{(V)} \tag{3.1}$$

该式与发射极接地放大电路(参看本系列《晶体管电路设计(上)》一书 2.2 节)中求

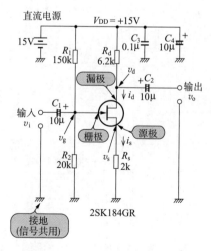

图 3.1　设计的 FET 放大电路

(这个单管 FET 源极接地放大电路就是图 2.1 所示的电路。现在要计算各处的直流电位等)

解基极直流电位 V_B 的关系式相同。但是，由于双极晶体管中有基极电流流动，所以实际的基极电位要比电源被 R_1 和 R_2 分压的值低些。

对于 FET 来说，由于栅极没有电流流过，所以实际的栅极电位 V_G 就是由式（3.1）求得的值。

如第 2 章照片 2.5 所示，源极的直流电位 V_S（v_s 的直流成分）比 V_G 高出栅极-源极间电压 V_{GS} 值，即

$$V_S = V_G + V_{GS} \quad (V) \tag{3.2}$$

实际上，V_{GS} 是以源极为基准的，像 N 沟 JFET 那样，当源极电位比栅极高时，应该给 V_{GS} 置以负号。

因此，V_S 等于将 V_{GS} 加到 V_G 上时，就成为

$$V_S = V_G - V_{GS} \tag{3.3}$$

双极晶体管 $V_{BE} = 0.6V$ 或者 $0.7V$，是能够相互置换的。但是对于 FET 来说，前面已经作了说明，当器件型号和工作点（I_D 的值）不同时 V_{GS} 的数值是不同的，所以式（3.3）中这个不确定的 V_{GS} 值是无法置换的。

流过源极的直流电流 I_S（源极电流 i_s 的直流成分）可以由下式求得：

$$I_S = \frac{V_S}{R_S} = \frac{V_G - V_{GS}}{R_S} \quad (A) \tag{3.4}$$

漏极的直流电位 V_D（v_d 的直流成分）是从电源电压 V_{DD} 减去 R_D 上电压降的部分。如果漏极电流的直流成分为 I_D，则有

$$V_D = V_{DD} - I_D \cdot R_D \quad (V) \tag{3.5}$$

由于 FET 的栅极上没有电流流过，$I_D = I_S$，所以式（3.5）可写为

$$V_D = V_{DD} - I_S \cdot R_D \tag{3.6}$$

以上所求得各处的直流电位如图 3.2 所示。

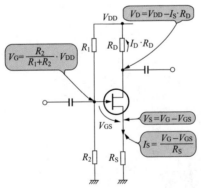

图 3.2　源极接地放大电路各处的电位

（由于 FET 的栅极上没有电流流过，所以直流电位的计算比较简单。但是必须注意 V_{GS} 的值因器件型号和工作点不同而不同）

3.1.2 求解交流电压放大倍数

下面求解图 3.1 电路的交流电压放大倍数(交流增益)。

交流输入电压 v_i 是通过耦合电容 C_1 直接加到栅极上的。当认为 V_{GS} 是一定值时,栅极的交流电位(v_i)原封不动地呈现在源极上(参看照片 2.5,可以看出 v_i 原封不动地呈现在源极)。

因此,由 v_i 引起的源极电流的交流变化量 Δi_s 为:

$$\Delta i_s = \frac{v_i}{R_S} \tag{3.7}$$

设漏极电流的交流变化量为 Δi_d,那么可以认为 v_d 的交流变化量 Δv_d 就是 Δi_d 在漏极电阻 R_D 上的电压降,即

$$\Delta v_d = \Delta i_d \cdot R_D \tag{3.8}$$

由于漏极电流与源极电流相等,$\Delta i_d = \Delta i_s$,所以 Δv_d 为:

$$\Delta v_d = \Delta i_s \cdot R_D = \frac{v_i}{R_S} \cdot R_D \tag{3.9}$$

另一方面,交流输出电压 v_o 是被输出电容 C_2 隔断 v_d 的直流成分后的成分,也就是 v_d 的交流成分 Δv_d,即

$$v_o = \Delta v_d = \frac{v_i}{R_S} \cdot R_D \tag{3.10}$$

所以,由式(3.10)可以得到这个电路的交流电压放大倍数 A_v:

$$A_v = \frac{v_o}{v_i} = \frac{R_D}{R_S} \tag{3.11}$$

就是说,源极接地放大电路的电压放大倍数 A_v 与 FET 栅极-源极间电压 V_{GS} 和跨导 g_m 等没有关系,仅由 R_D 与 R_S 之比值决定(通常认为 V_{GS} 是一定值,所以与 g_m 无关。但是实际上 V_{GS} 并不是一定值,所以严格来说还是有关系的)。

源极接地放大电路求解交流放大倍数 A_v 的方法归纳示于图 3.3。

3.1.3 更换 FET 器件的品种

由于源极接地放大电路的电压放大倍数 A_v 与 V_{GS}、g_m 没有关系,所以不论使用哪种 FET 器件其结果都应该是

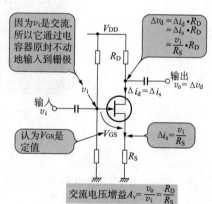

因为 v_i 是交流,所以它通过电容器原封不动地输入到栅极

$$\Delta v_d = \Delta i_d \cdot R_D = \frac{v_i}{R_S} \cdot R_D$$

认为 V_{GS} 是定值

$$\Delta i_s = \frac{v_i}{R_S}$$

交流电压增益 $A_v = \dfrac{v_o}{v_i} = \dfrac{R_D}{R_S}$

(1) △是信号的变化量
(2) 小写表示交流成分

图 3.3　求解交流电压增益

(通常认为 V_{GS} 是一定值,源极上呈现的交流成分与输入信号相等,所以 R_D 与 R_S 之比就是电压放大倍数)

相同的。

那么,我们试更换图3.1电路中FET的品种,比较它们的放大倍数。

照片3.1是原来图3.1的电路,即就是使用2SK184 FET的情况。所看到的是当输入电压$v_i=0.5V_{p-p}$(1kHz)时源极电位v_s与漏极电位v_d的波形。由于v_d的交流成分Δv_d约为1.5V,所以交流放大倍数A_v为3($=1.5V_{p-p}/0.5V_{p-p}$)。

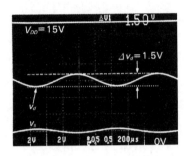

照片3.1　2SK184的v_s和v_d的波形(2V/div,200μs/div)

(在使用2SK184的电路中,输出电压v_o——v_d的交流成分$\Delta v_d=1.5V_{p-p}$,输入电压v_i是0.5V_{p-p},所以$A_v=3$)

照片3.2是图3.1的电路中用耗尽型MOSFET 2SK241替换2SK184时v_s和v_d的波形。v_d的交流成分Δv_d与照片3.1相同,都是1.5V,所以$A_v=3$。

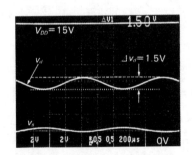

照片3.2　2SK241的v_s和v_d的波形(2V/div,200μs/div)

(图3.1的电路中用2SK241替换2SK184。因为$\Delta v_d=1.5V_{p-p}$,$A_v=3$,所以与使用2SK184时的情况相同)

照片3.3是同样的电路中使用增强型MOSFET 2SK612时v_s和v_d的波形。它的V_{GS}与2SK184完全不同,所以v_d的直流成分V_D与照片3.1差别很大,但是Δv_d为1.5V,与照片3.1相同。因此这时也是$A_v=3$。

由此可以看出,即使使用V_{GS}和g_m完全不同的FET,只要R_D和R_S的值相同,其结果如从式(3.11)得到的那样,A_v是一定值。

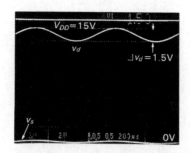

照片 **3.3** 2SK612 的 v_s 和 v_d的波形($2\mathrm{V/div}$,$200\mu\mathrm{s/div}$)

（图 3.1 的电路中用 2SK612 替换 2SK184。因为 $\Delta v_d=1.5\mathrm{V_{p\text{-}p}}$,所以也是 $A_v=3$）

3.1.4 用晶体管替代 FET

设集电极电阻为 R_C,发射极电阻为 R_E,那么双极晶体管的发射极接地放大电路的交流放大倍数 A_v 为：

$$A_v=\frac{R_\mathrm{C}}{R_\mathrm{E}} \tag{3.12}$$

该式与式(3.11)的源极接地放大电路的情况完全相同。

那么我们用通用的 NPN 型小信号晶体管 2SC2458（东芝）替换图 3.1 电路中的 2SK184,看看这时电路的放大倍数有什么变化（如图 2.3 所示,各极是相互对应的）。

照片 3.4 是这时的发射极电位 v_e 和集电极电位 v_c 的波形（输入电压 v_i 同样也是 $0.5\mathrm{V_{p\text{-}p}}$）。由于集电极电位的变化量 Δv_c 是 1.55V,所以这时仍然是 $A_v\approx3$。

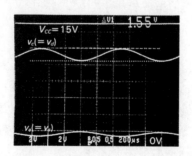

照片 **3.4** 2SC2458 的 v_s 和 v_d 的波形($2\mathrm{V/div}$,$200\mu\mathrm{s/div}$)

（图 3.1 的电路中用晶体管 2SC2458 替换 2SK184。因为 $\Delta v_d=1.5\mathrm{V_{p\text{-}p}}$,所以即使这样作,交流放大倍数仍然是 $A_v=3$）

由此可以看出,当用 FET 与双极晶体管这两种工作原理完全不同的器件相互置换时,放大器能够不受影响地正常工作,而且连增益都相等,这是非常有趣的事情。

在电路设计工作中,只要抓住关键点,对其他次要部分作适当地处理(这是因为存在一定的困难),电路就能够正常工作。这是作者的体会。

3.2 放大电路的设计

在求得各部分的直流电位和交流放大倍数之后,就可以具体确定图 3.1 电路中的各个常数。

电路的设计指标如下表所示。这是个简要的指标,除电压放大倍数和最大输出电压之外,再没有其他特殊的规定。

源极接地放大电路的设计指标	
电压增益	3(10dB)
最大输出电压	$3V_{p-p}$
频率特性	——
输入输出阻抗	——

3.2.1 确定电源电压

首先确定电源电压。它由最大输出来确定。

为了得到 $3V_{p-p}$ 的输出电压,电源电压必须在 3V 以上。为了确保源极偏置电流——为使器件工作预先流过的电流,希望在源极电阻 R_S 上加 1V 至数伏的电压(图 3.1 的电路中 R_S 上加有 2V 电压),所以电源电压最低应该有 4~10V。

这里,参照 OP 放大器的电源电压(±15V),取 15V。

3.2.2 选择 FET

如图 2.6 所示,FET 有许多种类。实际的器件有 2SJ、2SK(也有 3SK)等系列,加起来也有数千种。

但是,这里设计的实验性电路是一种简单的电路,除放大倍数和最大输出电压外再没有别的指标要求,所以只要不超过 FET 的最大额定值——只要器件不损坏,采用哪个品种的器件基本上都能够工作。

图 3.1 的电路中可以使用各种 FET 器件使它工作,不过不论使用哪种 FET 都应该使放大器能够正常工作。

FET 中,与 NPN 型晶体管相当的有 N 沟器件,与 PNP 型晶体管相当的有 P 沟器件。图 3.1 的电路中,根据电流的方向、输出的取出方法等,只能够采用 N 沟 FET 器件。图 3.4 是将图 3.1 的电路改变为使用 P 沟 FET 的电路。

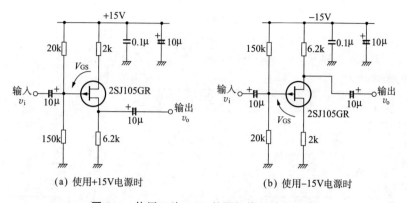

(a) 使用+15V电源时   (b) 使用-15V电源时

图 3.4 使用 P 沟 FET 的源极接地放大电路

(是将图 3.1 置换为 P 沟 FET 的电路。由于偏置电压的极性与使用 N 沟 FET 的电路相反,所以需要将电源与 GND 调换)

使用 P 沟 FET 的电路与使用 N 沟 FET 的电路电流的方向相反,所以为了改变偏置电压的极性,需要将电源与 GND 调换。

这就是说,图 3.1 的电路中只要是使用 N 沟 FET——2SK×××型号的 FET,那么,不论是 JFET 还是 MOSFET,耗尽型或者增强型,哪种器件都可以。

但是还需要注意,如果在图 3.1 这样的小信号放大电路中使用功率放大用或者开关电路用的 FET 器件,就会出现失配。

3.2.3 使用低频低噪声器件 2SK184

我们分析这个电路中使用的 FET 的最大额定值。由于电源电压是 15V,所以栅极-源极间的电压最大有可能加到 15V(当输入大振幅输入信号时)。

这样,就应选择栅极-源极间电压最大额定值 V_{GS} 大于 15V 的器件。除了一部分高频用 FET 器件的 V_{GS} 非常低之外,其他用途的 FET(低频放大用,开关用等) V_{GS} 几乎都在 30V 以上。

所以,在满足 $V_{GS} > 15V$ 条件的 FET 中,我们选择低频低噪声用 JFET 2SK184(东芝)。表 3.1 列出 2SK184 的特性。

2SK184 按照漏极饱和电流 I_{DSS} 的大小,分为 Y(黄)、GR(绿)、BL(蓝)等三个档次。

由于 I_{DSS} 的大小与交流电压放大倍数无关(参看式(3.11)),所以不论使用哪一档次的 FET 都可以,不过前面曾说明过 I_{DSS} 的值会影响到工作时的 V_{GS} 值。在这里,我们选择处于中间的 GR 档器件。

表 3.1　2SK184 的特性

（这是一种典型的小信号结型 FET。漏极饱和电流 I_{DSS} 细分为 Y、GR、BL 等 3 档。
可以认为正向传输导纳 $|Y_{fs}|$ 与跨导 g_m 完全相等）

（a）最大额定值（$T_a=25℃$）

项　　目	符　号	额定值	单位
栅极-漏极间电压	V_{GD}	−50	V
栅极电流	I_G	10	mA
容许损耗	P_D	200	mW
结区温度	T_j	125	℃
保存温度	T_{stg}	−55～125	℃

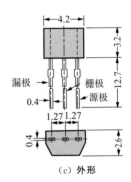

（c）外形

（b）电学特性（$T_a=25℃$）

项　　目	符　号	测定条件	最小	标准	最大	单位
栅极夹断电流	I_{GSS}	$V_{GS}=-30V,V_{DS}=0$	—	—	−1.0	nA
栅极-漏极间击穿电压	$V_{(BR)GD}$	$V_{DS}=0,I_G=-100\mu A$	−50	—	—	V
漏极电流	I_{DSS}（注）	$V_D=10V,V_{GS}=0$	1.2	—	14.0	mA
栅极-源极间夹断电压	$V_{GS(OFF)}$	$V_{DS}=10V,I_D=0.1\mu A$	−0.2	—	−1.5	V
正向传输导纳	$|Y_{fs}|$	$V_{DS}=10V,V_{GS}=0,f=1kHz$	4.0	15	—	mS
输入电容	C_{iss}	$V_{DS}=10V,V_{GS}=0,f=1MHz$	—	13		pF
反馈电容	C_{rss}	$V_{DS}=10V,I_D=0,f=1MHz$		3		pF
噪声系数	$NF(1)$	$V_{DS}=10V,R_g=1k\Omega$ $I_D=0.5mA,f=10Hz$	—	5	10	dB
	$NF(2)$	$V_{DS}=10V,R_g=1k\Omega$ $I_D=0.5mA,f=1kHz$	—	1	2	

注：I_{DSS} 分档 Y:1.2～3.0,GR:2.6～6.5,BL:6.0～14.0。

3.2.4　决定漏极电流工作点

　　下面设定工作点。与双极晶体管相同,FET 的漏极电流 I_D 和栅极-漏极间电压 V_{GD} 等值对于 g_m、噪声特性、频率特性等都有重要的影响。

　　图 3.5 示出了 2SK184 的各种特性。可以看出由于 I_D、V_{GD} 的不同,各种特性有很大的差异。这种情况与双极晶体管相同。

　　但是这里设计的电路对于噪声、频率特性等没有作具体的规定,所以并不介意工作点的设定。

　　这就是说,漏极电流 I_D 是几毫安都可以。2SK184 是 JFET 器件,I_D 最大不超过饱和电流 I_{DSS}。所以只要小于 I_{DSS},不论几毫安都可以。

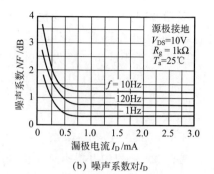

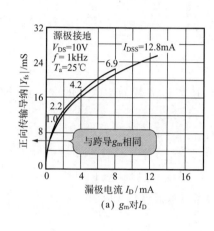

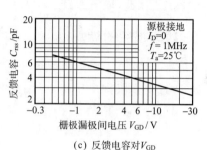

图 3.5 2SK184 的各种特性

(I_D愈大则 g_m愈大。I_D 过于小,则噪声系数——表征噪声特性的数值变大,噪声变
大。反馈电容 C_{rss} 是频率特性劣化的重要因素。可以简单地认为 C_{rss} 增大 2 倍,频
率特性降低 1/2)

这里使用的 2SK184GR 的 I_{DSS} 是 $2.6\sim6.5\text{mA}$,I_D 处于 I_{DSS} 范围的下限 2.6mA
以下。为方便起见,取 $I_D=1\text{mA}$。

应该注意当设定值太接近 I_{DSS} 时,信号输入后由于 I_{DSS} 的关系,I_D 电流的增加
无法超过这个值,输出波形就会被限幅。

顺便指出,这种小信号用 FET 的漏极电流一般在 0.1mA 至数毫安的范围。

必须注意的是,作为工作点要决定的不是 V_{GS} 而是 I_D。这是因为如图 3.5(a)、
(b)所示,FET 的重要特性不是因 V_{GS} 而是随 I_D 的值变化的。

V_{GS} 的值在设计栅偏压电路时是必要的。不过如果设定好 I_D 值,从传输特性
曲线中必然能够求得 V_{GS}。

3.2.5 确定 R_D 和 R_S

如式(3.11)所示,电路的放大倍数 A_v 由 R_D 与 R_S 之比决定。为了得到设计指
标所规定的 $A_v=3$,设定 $R_D:R_S=3:1$。

栅极-源极间电压 V_{GS} 因 I_{DSS} 值和 I_D 的工作点值而变化,也受温度的影响。

如果 V_{GS} 变化,那么加在 R_S 上的电压也会变化,结果使 I_D 变化(严格地说,是

由于 I_D 随温度变化,而使 V_{GS} 变化)。为了抵消 V_{GS} 因温度的变化,使漏极电流具有稳定性,往往设定 R_S 上的直流电压降大于 1V(使得 $V_{GS} < I_S \cdot R_S$)。

在这里设 R_S 上的电压降为 2V。由于 $I_D = 1\text{mA}$,因此由式(3.4)得到

$$R_S = \frac{V_S}{I_S} = \frac{2\text{V}}{1\text{mA}} = 2\text{k}\Omega \tag{3.13}$$

R_D 由式(3.11)得出,即

$$R_D = R_S \cdot A_v = 2\text{k}\Omega \times 3 = 6\text{k}\Omega \tag{3.14}$$

但是,E24 数列中并没有这个值的电阻,所以应取数列中靠近的电阻值,即取 $R_D = 6.2\text{k}\Omega$。因此,增益的设定值为 $A_v = 3.1 (= 6.2 \text{ k}\Omega \div 2 \text{ k}\Omega)$。

3.2.6　功率损耗的计算

下面计算 FET 中产生的功率损耗(这项损耗变为热量,使 FET 发热)。

FET 漏极-源极间电压 V_{DS} 是漏极电位 V_D 与源极电位 V_S 之差,由式(3.5)得到

$$V_{DS} = V_D - V_S = V_{DD} - I_D \cdot R_D - I_S \cdot R_S$$
$$= 15\text{V} - 1\text{mA} \times 6.2\text{k}\Omega - 2\text{V}$$
$$= 6.8\text{V} \tag{3.15}$$

FET 中产生的功耗 P_D 等于加在 FET 上的电压 V_{DS} 与流过的电流 I_D 之积,即

$$P_D = V_{DS} \cdot I_D = 6.8\text{V} \times 1\text{mA} = 6.8\text{mW} \tag{3.16}$$

可以看出,计算得到的值大大低于表 1 所列的容许损耗的最大额定值 200mW。

如果 R_D 值比较大,那么 R_D 本身的电压降变大,漏极电位将下降,当输出振幅大时,致使源极电位受到牵连(漏极-源极间电压变为 0V),输出波形的下半周被限幅。

相反,如果 R_D 小,影响到电源电压,将限制输出波形的上半周。因此,当输出最大振幅(本电路中为 $3V_{p-p}$)时,如果由于这种电压关系导致波形被限制时,就必须改变 V_S 或者 I_D 的设定值,重新计算 R_D 和 R_S 的值。

最好将漏极电位 V_D 设定在 V_{DD} 与 V_S 的中点(在这个电路中得到最大的输出振幅)。当然如果能够满足最大输出振幅的指标要求,也就没有必要拘泥于这点。

3.2.7　栅极偏压电路的设计

按照式(3.3),V_G 的设定值是在源极电位 V_S 上加上栅极-源极间电压 V_{GS} 的值。

图 3.6 是 2SK184 GR 档的传输特性。GR 档器件的 I_{DSS} 分散在 $2.6 \sim 6.5\text{mA}$ 的范围。那么工作点 $I_D = 1\text{mA}$ 时伴随着的 V_{GS} 值分散在 $-0.4 \sim -0.1\text{V}$ 的范围。

因此,$I_D = 1\text{mA}$ 时的 V_{GS} 的取这个范围的中间值 -0.25V。这样,由式(3.3)得到 V_G 为:

$$V_G = V_S + V_{GS} = 2\text{V} + (-0.25\text{V}) = 1.75\text{V} \tag{3.17}$$

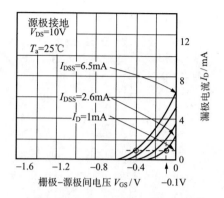

图 3.6 2SK184 GR 档的传输特性

(由于 I_{DSS} 值的分散性，$I_D = 1mA$ 时的 V_{GS} 值分散在 $-0.4 \sim -0.1V$ 的范围。在计算电路常数时取分散量的中间值（$-0.25V$））

由式(3.2)可以看出，栅极电位 V_G 是电源电压 $V_{DD} = 15V$ 被栅极偏置电路 R_1、R_2 分压后的值，所以可以把 R_2 的电压降设定为 1.75V，将 R_1 的电压降设定为 13.25V。因此，R_1 与 R_2 之比设定为 $R_1 : R_2 = 1.75 : 13.25$。

双极晶体管中有基极电流流过，所以设定这种偏置电路（基极偏置电路）中的 R_1 和 R_2 值时必须使电流比基极电流大得多（10 倍以上）。但是 FET 器件中没有栅极电流，所以只要保证 R_1 与 R_2 的比值，其电阻值多大都可以。

R_1 与 R_2 的值只与电路的输入阻抗 Z_i 有关（后面将测定 Z_i），如果值太小，将会使得 Z_i 变小，导致电路应用上的困难。所以应取值稍大些，这里取 $R_2 = 20k\Omega$，$R_1 = 150k\Omega$。

3.2.8 进行必要的验算

按照式(3.1)用上面的电阻值计算其栅极电压 V_G，得到

$$V_G = \frac{R_2}{R_1 + R_2} \cdot V_{DD} = \frac{20k\Omega}{150k\Omega + 20k\Omega} \times 15V = 1.76V \tag{3.18}$$

这个值很接近前面所计算得到的 $V_G = 1.75V$。

当然，R_1 和 R_2 也应该采用接近的 E24 数列中的电阻值。由于未必是理想的值（也有电阻本身精度的问题），所以有必要像式(3.18)那样对实际的设定值进行验算（这一点也适用于电路设计的其他部分）。

如果偏离理想值较大，就需要通过重新计算改变电阻值。

图 3.7 示出了已经求得的各常数和直流电位。可以发现照片 2.4～照片 2.6 中所示各部分实际的直流电位与图 3.7 的计算值基本上相等。

但是实际实验中使用的 FET 2SK184GR 的栅极-源极间电压 V_{GS} 分散值的上限值是 $-0.4V$（参见图 3.6），所以 $V_{GS} = -0.25V$ 与电位的计算值有偏差。不过

这个偏差很小,在电路工作所允许的范围之内。

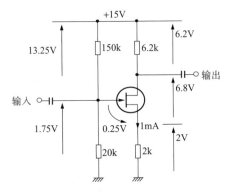

图 3.7 源极接地电路的直流电位

(可以看出实验确定的值与计算值基本一致。这里是用 FET 的传输特性所求得的
V_{GS}值和欧姆定律求解的)

3.2.9 确定电容 C_1、C_2 的方法

C_1、C_2是隔断栅极或者漏极的直流电压仅允许交流成分通过的电容。它将输入信号与电路、电路与电路连接起来,所以叫做耦合电容。

如图 3.8 所示,在 C_1 与输入阻抗(R_1 与 R_2 的并联值)间、C_2 与输出端负载 R_L 间,分别形成了高通滤波器——仅允许高频通过的滤波器。

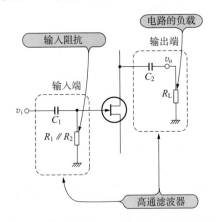

图 3.8 源极接地放大电路的高通滤波器

(输入端和输出端的耦合电容形成的高通滤波器——是能够阻断从直流到低频的滤波器)

如果 C_1 和 C_2 值较小,滤波的效果会使低频难以通过,振幅降低。这里取 $C_1 = C_2 = 10\mu F$。

图 3.1 所示的电路中,如果设 FET 的输入阻抗为无限大(前面曾经讲到,由于 FET 没有栅极电流,所以输入阻抗可以认为无限大),电源交流接 GND(相当于电源与 GND 连接),所以电路的交流输入阻抗就是 R_1 与 R_2 的并联值 $R_1 /\!/ R_2$(在该电路中为 17.6kΩ)。

因此,C_1 形成的高通滤波器的截止频率 f_c(振幅特性降低 3dB——即降低 $1/\sqrt{2}$ 的频率)为

$$f_c = \frac{1}{2\pi \cdot C \cdot R} = \frac{1}{2\pi \times 10\mu F \times 17.6 k\Omega} = 0.9 Hz \tag{3.19}$$

C_2 形成的高通滤波器的截止频率因输出端连接的负载(例如,次级电路的输入阻抗)而变化,所以必须预先考虑连接什么样的负载。

这个电路没有具体的设计指标。但是在一般的电路中作为频率特性规定有低频截止频率,所以在实际的电路设计中是根据截止频率 f_c(与输入阻抗、负载电阻)逆向计算 C_1、C_2 值。

3.2.10 FET 电路中旁路电容也是重要的

C_3 和 C_4 是电源的去耦电容——降低电源对于 GND 的交流阻抗的电容(旁路电容)。如果没有这个电容,电路的交流特性将出现异常,甚至于出现电路振荡现象。

电容器的阻抗为 $1/(2\pi \cdot f \cdot C)$,频率愈高,阻抗愈低。但是实际上如图 3.9 所示,由于内部电感成分的影响,当超过某一频率时阻抗反而上升。而且在结构上,小容量电容在高频,大容量电容在低频,其阻抗变得更低。

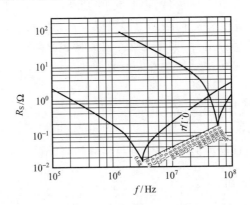

图 3.9　电容器的频率特性(聚酯滤波电容器)
(电容器的阻抗为 $1/(2\pi \cdot f \cdot C)$,理想情况下与频率成反比,频率升高则阻抗下降。
但是实际上提高到某一频率后阻抗开始上升。在这个频率以上,电容失去作用)

因此如图 3.10 所示,电源上并联连接着小容量电容 C_3 和大容量电容 C_4,所以电源对于 GND 的阻抗在很宽的频率范围内都下降了。

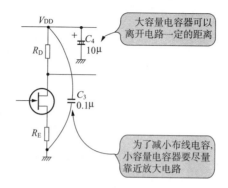

图 3.10　电源的去耦电容器

（将容量小、高频特性好的电容器接在放大电路附近，再接入容量大的电容器形成
2 way结构）

　　但是小容量电容是为了在高频范围降低阻抗的，如果没有把它配置在电源附近就会使连接电容器的布线变长，那么由于布线本身具有的阻抗就起不到降低电源阻抗的作用。

　　这里选 C_3 为 $0.1\mu F$ 的叠层陶瓷电容器，C_4 为 $10\mu F$ 的铝电解电容器。

　　一般来说，小容量电容器是 $0.01\sim0.1\mu F$ 的薄膜电容器或陶瓷电容器，大容量电容器是 $1\sim100\mu F$ 的铝电解电容器。

　　对于这种低频电路，几乎所有的电路中即使没有小电容 C_3 都能够正常工作。但是在高频电路中，C_3 的作用比大容量电容器 C_4 更重要。

　　需要注意的是在习惯上，旁路电容形成大容量和小容量的 2 way 结构。

　　电源是电路工作的基础。而旁路电容可以说是为电路工作所付的保险费。电路图上即使没有接入旁路电容，如果能够在实际构成电路时恰当地接入旁路电容，就说明你已经进入了经验丰富的技术人员的行列。

3.3　放大电路的性能

　　设计的电路究竟性能如何，下面就进行实际的测定。

3.3.1　测定输入阻抗

　　图 3.11 是测定电路输入阻抗 Z_i 的方法。是将电阻 R_{gen} 串联到信号源上，由信号源的输出电压 v_{gen} 和电路的输入电压 v_i 求输入阻抗。电路的输入电压 v_i 是用 R_{gen} 和 Z_i 对信号源的输出 v_{gen} 进行分压的值。

　　照片 3.5 是 $v_{gen}=1V_{p-p}(1kHz)$，$R_{gen}=18k\Omega$ 时 v_{gen} 和 v_i 的波形。可以看出 v_i 为 $0.5V_{p-p}$，正好是 $v_{gen}=1V_{p-p}$ 的 $1/2$，所以 Z_i 与 R_{gen} 值相等，也就是说，$Z_i=18k\Omega$。

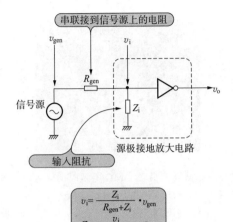

图 3.11 输入阻抗的测定

(特意对信号源串联电阻 R_{gen}，通过测量被 R_{gen} 和输入阻抗 Z_i 分压的电路的输入电压 v_i，求得 Z_i。例如，当 v_i 为 v_{gen} 的 $1/2$ 时，$Z_i = R_{gen}$)

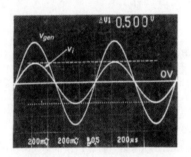

照片 3.5 测定输入阻抗时的波形（0.2V/div，200μs/div）

(如果信号源上串联电阻 $R_{gen} = 18$kΩ，与电路连接，那么电路的输入信号 v_i 的振幅变小——因为输入阻抗低)

这个值是偏置电路 R_1 与 R_2 并联 $R_1 /\!/ R_2$（$= 150$kΩ $/\!/$ 20kΩ ≈ 18kΩ）时的值。

FET 本身的输入阻抗是非常高的。不过在实际电路中由于 R_1 与 R_2 的偏置电路的影响，电路整体的输入阻抗变低了。

3.3.2 确认输入阻抗的高低

这个实验正好可以确认 FET 的输入阻抗。如图 3.12 所示，在偏置电路与 FET 的栅极间串联了一个 $R_G = 1$MΩ 的电阻。

照片 3.6 是图 3.12 的电路中输入 1kHz、$1V_{p-p}$ 的正弦波时电路的输入输出波形。可以看出输出电压 v_o 与开始的值完全相等（约 $3V_{p-p}$），电路的工作正常。

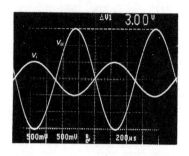

照片 3.6　栅极上串联 1 MΩ 电阻时的输入输出波形

$(0.5\text{V}/\text{div}, 200\mu\text{s}/\text{div})$

（FET 的栅极上串联 1 MΩ 的电阻。当 $v_i=1\text{V}_{\text{p-p}}$ 时，$v_o=3\text{V}_{\text{p-p}}$，工作正常！！ 这是因为 FET 的输入阻抗非常高）

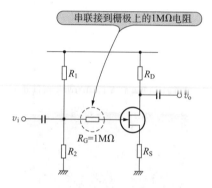

图 3.12　确认 FET 的输入阻抗的电路

（在 FET 的栅极串联 1MΩ 的大电阻。如果 FET 的输入阻抗比 1 MΩ 大得多，电路的工作就没有问题）

　　如果 FET 的输入阻抗低，由于输入电压 v_i 被 R_G 和 FET 的输入阻抗分压，栅极上输入信号的振幅降低，那么输出电压 v_o 的振幅就应该降低。

　　但是现在输出电压 v_o 的振幅一点也没有降低，这就说明 FET 的输入阻抗是一个比 $R_G=1$ MΩ 大得多的值。双极晶体管由于有基极电流流过，就不是这样的了。

3.3.3　输出阻抗

　　图 3.13 是测定输出阻抗 Z_o 的方法。它是在输出端接续负载电阻 R_L，测量其上的输出电压 $v_o{}'$，再与无负载（$R_L=\infty$）时的输出电压 v_o（Z_o 未受影响时放大器本来的输出电压）相比较，求得输出阻抗。因为 $v_o{}'$ 是无负载时的输出电压 v_o 被 Z_o 和 R_L 分压的值。

　　照片 3.7 是 $v_i=1\text{V}_{\text{p-p}}$（1kHz），$R_L=6.2\text{k}\Omega$ 时的输出波形 $v_o{}'$。无负载时，因为 $A_v=3$，所以 $v_o=3\text{V}_{\text{p-p}}$。当连接 $R_L=6.2\text{k}\Omega$ 的负载后，如照片 3.7 所示 $v_o{}'=$

$1.5V_{p-p}$是无负载时的$1/2$。

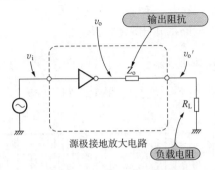

图 3.13 输出阻抗的测定

（通过测定放大器本来的输出电压——$R_L = \infty$时的输出电压v_o以及连接负载电阻
R_L时的输出电压v_o',可以得到输出阻抗。例如,当v_o'为v_o的$1/2$时,$Z_o = R_L$)

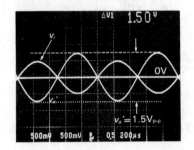

照片 3.7 测定输出阻抗时的波形($0.5V/div$, $200\mu s/div$)

（当连接负载电阻$R_L = 6.2k\Omega$时,输出电压v_o由$3V_{p-p}$下降到$1.5V_{p-p}$,这是因为输
出阻抗提高了）

由此可以说明$Z_o = R_L$,就是说$Z_o = 6.2k\Omega$。

如图 2.5 中所说明的那样,FET 可以看作是由输入电压v_i控制的可变电流源。因
此,如图 3.14 所示,从输出端看该电路的交流阻抗是电流源与R_D并联接续的结果。

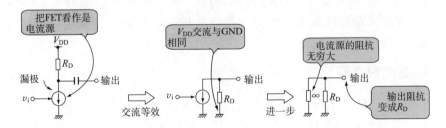

图 3.14 源极接地电路的输出阻抗

（将 FET 看作电流源,认为V_{DD}接 GND,由于电流源的阻抗无穷大,所以从输出端看
到的阻抗——输出阻抗则变为R_D)

但是,作为电流源即使改变负载输出电流也是一定的,可以认为其内阻为无穷大,所以从输出端看到的阻抗——输出阻抗就成了 R_D。

这样,源极接地放大电路的输出阻抗就很大。

3.3.4　放大倍数与频率特性

图 3.15 是低频范围(0.1～100Hz)的频率特性曲线。

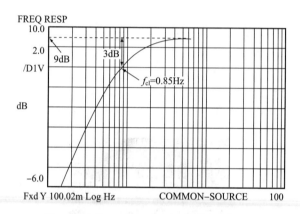

图 3.15　实验电路在低频范围的频率特性

(在低频范围测定时,将信号发生器与 FET 分析器合为一体,使用所谓的伺服分析器(用于电动机等伺服控制电路的测定)。对于 100kHz 以下的测定很方便)

从该曲线可以看出正确测得的电路放大倍数为 9dB(约 2.8 倍)。这个值比用式(3.11)求得的电路的增益 $A_v=3.1$ 稍低些。

出现这个误差与 FET 本身的增益(可以认为是跨导)有关。用式(3.11)求解时,通常认为 V_{GS} 是一定的(换一种角度,即认为 g_m 无穷大)。实际的电路中 V_{GS} 并不是一定的(受输入信号 v_i 影响而变化),所以就出现计算值与测量值的差别。

但是,这种误差大约在 10% 左右,所以式(3.11)还是十分实用的。

图 3.15 中的低频截止频率 f_{cl} 为 0.85Hz。这个值与用式(3.19)计算得到的输入端高通滤波器的截止频率 0.9Hz 的结果基本一致(由于未接负载,所以输出端没有形成高通滤波器)。

3.3.5　高频截止频率

图 3.16 是高频范围电压增益和相位的频率特性(100kHz～100MHz)。可以看出,增益随着频率的上升从 9dB 逐渐下降。同时相位也从 180°(反相)逐渐变为 0°(同相)。

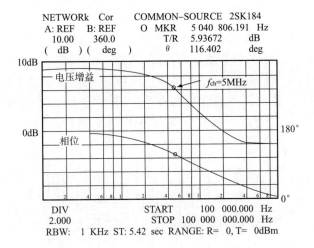

NETWORk Cor　　COMMON−SOURCE 2SK184
A: REF　B: REF　　O MKR　5 040 806.191 Hz
　10.00　 360.0　　　　T/R　5.93672　　　dB
（ dB ）（ deg ）　　θ　116.402　　　deg

图 3.16　实验电路的高频特性

(在高频测定中,使用的是将信号发生器与振幅。相位计组合起来的网络分析器,能
够在 1GHz 以内准确地测定电压增益和相位特性)

　　还可以看出,该电路的高频截止频率 f_{ch}——放大倍数降低 3dB 时的频率为
5MHz,直到较高的频率都有响应。

　　图 3.17 是图 2.2 所示的双极晶体管的发射极接地放大电路($A_v = 5$)的频率特
性(截止频率为 3.98MHz)。这个电路与设计的 FET 源极接地电路的增益不同,
所以不能简单地进行比较,不过它们还是有大体相同的特性。

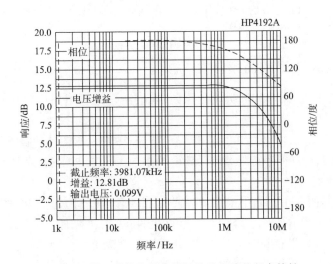

图 3.17　使用晶体管的发射极接地电路的频率特性

(是一例晶体管的发射极接地电路的频率特性。截止频率为 3.98MHz,与图 3.16 的
电路有相似的特性)

双极晶体管中,表征器件频率特性的参数有特征频率 f_T。f_T 是交流电流放大倍数 h_{fe} 为 1 时的频率。但是对于 FET 来说没有与 f_T 相对应的参数。它是将 g_m 下降 3dB 时的频率等作为参考数据的。

但是,对于高频 FET,有与 g_m 相当的正向传输导纳 y_{fs} 的频率特性曲线(对于高频 FET 多用 s 参数表征与器件增益相当的特性)。图 3.18 中作为一例,示出 VHF(电视的 VHF)频带放大用的 N 沟 MOSFET 2SK241(东芝)的正向传输导纳的频率特性。

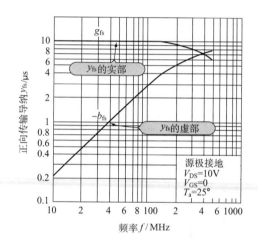

图 3.18 正向传输导纳 y_{fs} 的频率特性例

(这是 2SK241 的正向传输导纳 y_{fs}(相当于 g_m)的频率特性。FET 的数据表中没有提供与晶体管特征频率 f_T 相当的参数)

3.3.6 更换 FET 时的高频特性

为了分析 FET 高频特性劣化的原因,我们测定同一电路中仅仅更换 FET 时的频率特性。

图 3.19 是图 3.1 电路中用 2SK241 替换 2SK184GR 时的高频特性。这种高频放大用 FET 的频率特性优良,截止频率 f_{ch} 为 15.2MHz,约是 2SK184 的 3 倍。

图 3.20 是图 3.1 电路中采用功率开关用 N 沟 MOSFET 2SK612(NEC)时的高频特性。电压增益出现了峰值,f_{ch} 为 800kHz 处的值降低。但是这是仅仅更换了 FET 的情况,如果重新设置工作点,还可以得到改善。

在高频范围电压增益下降的原因,如照片 3.8 所示主要是由于装机时装配不当,使高频特性受到影响。

为了改善高频特性,在实际装机时布线要短,尽量降低 GND 的高频阻抗,并且要采用屏蔽罩。

此外,与使用双极晶体管时情况相同,米勒现象也会使高频特性下降。

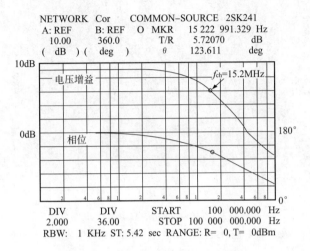

图 3.19 使用 2SK241 时的高频特性

(f_{ch} 为 15.2MHz。还是 VHF 频带放大用 FET 器件的高频特性好)

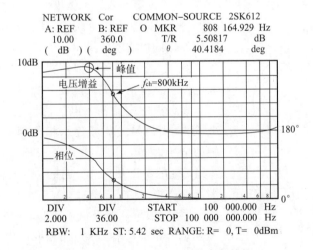

图 3.20 使用 2SK612 时的高频特性

(f_{ch} 为 800kHz。使用中功率开关用的 MOSFET 时仍然感到高频特性差。也许与使用方法有关吧)

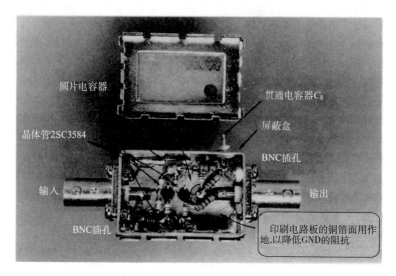

照片 3.8　实际装配的高频放大电路例

（实际装机技术对于高频电路性能的影响颇大。要注意制作屏蔽盒，布线要粗而短，尽量降低 GND 阻抗）

3.3.7　使输入电容变大的米勒效应

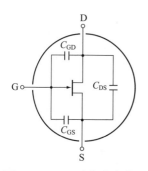

图 3.21　FET 内部存在的电容

（在 FET 的内部各极间的电容成分可看作是接入一个电容。当然这是 pF 量级的小电容）

　　图 3.21 是 FET 的内部电容。在 FET 内部各极间的极间电容有 C_{GD}、C_{GS} 和 C_{DS}。

　　图 3.22(a) 是考虑到这些电容时的源极接地放大电路。这里的主要问题是栅极-漏极间电容 C_{GD}。

　　设栅极的交流输入电压为 v_i，由于漏极的输出电压为 $-v_i \cdot A_v$（负号表示相位相反），所以 C_{GD} 两端的电压为 $v_i(1+A_v)$ [$=v_i-(-v_i \cdot A_v)$]。因此，流过 C_{GD} 的电流是只加 v_i 时的 $1+A_v$ 倍（因为 C_{GD} 两端加电压为 $v_i(1+A_v)$）。

　　因此，如果从栅极端看 C_{GD}，看到的是具有 $1+A_v$ 倍电容量的电容（因为加相同的电压 v_i 时 C_{GD} 流过 $v_i(1+A_v)$ 倍的电流）。这就是所谓的米勒(Miller)效应所产生的现象。

　　由于这种米勒效应，源极接地放大电路的输入电容 C_i 变为 $1+A_v$ 倍的 C_{GD} 与 C_{GS} 之和。这样，C_i 与信号源的输出阻抗 R_{gen} 就构成了低通滤波器。所以，在高频范围电路的放大倍数降低了。

　　在 FET 的数据表中，将 C_{GD} 叫做反馈电容 C_{rss}，将 C_{GS} 叫做输入电容 C_{iss}。

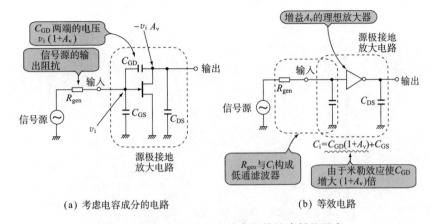

(a) 考虑电容成分的电路　　　　　　(b) 等效电路

图 3.22　导致源极接地电路高频特性降低的因素

(FET 的 C_{GD} 值很小,但是由于密勒效应,从栅极看到的是其值的 $(1+A_v)$ 倍。它与 C_{GS} 构成了电路的输入电容 C_i。C_i 与信号源阻抗 R_{gen} 构成低通滤波器,使高频增益降低)

表 3.1 中,$2SK184 C_{rss}=3pF$,$C_{iss}=13pF$,所以当电路的增益为 $A_v=3$ 时,输入电容 C_i 就为 25pF[$=3pF\times(1+3$ 倍$)+13pF$]。

在 2SK241 的数据表中,由于 $C_{rss}=0.035pF$,$C_{iss}=3pF$,所以这时的输入电容为 $C_i=3.14pF$。而对于 2SK612,由于 $C_{rss}=30pF$,$C_{iss}=500pF$,所以 $C_i=620pF$。

可以看出,由于这个输入电容大小不同导致图 3.16、图 3.19 和图 3.20 中的频率特性出现了差别。

就是说,在使用 FET 的电路中,为了获得良好的高频特性,应该选择数据表中 C_{rss} 和 C_{iss} 小的器件。还要注意电路中看到的输入电容 C_i 是由于密勒效应使 C_{rss} 增大了 $(1+A_v)$ 倍的电容。

3.3.8　如何提高放大倍数

这里设计的电路的放大倍数为 3,这个值并不大。在某些场合希望有更大的放大倍数。

由式(3.11)可知放大倍数由 R_D 与 R_S 之比决定。不过如果为了提高放大倍数而过分地增大 R_D 或者减小 R_S,将会破坏电路各部分之间的电位关系。其结果将会导致最大输出振幅的下降(因为 R_D 的电压降变大,漏极的直流电位将显著地偏向 GND),或者使偏置的温度稳定性变坏。

为了在提高交流增益的同时时不影响各部分之间的直流电位关系,可以如图 3.23(a)所示对源极电阻 R_S 并联接续电阻 R 和电容 C,或者如图 3.23(b)所示将 R_S 分为 $R_S{}'$ 与 R 两个电阻,并用 C 将 $R_S{}'$ 交流短路。

这样就减小了源极-GND 间的交流电阻值,提高了电路的交流增益。

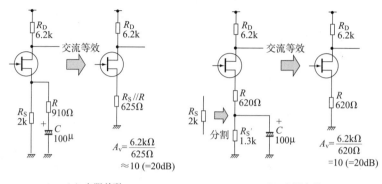

（a）电阻并联　　　　　　　　　　（b）电阻串联

图 3.23　提高交流放大倍数的方法

（如果使用电容使源极交流电阻减小，就能够在完全不改变直流电位关系的情况下提高交流放大倍数）

3.3.9　电压增益与频率特性的关系

图 3.24 是用图 3.23(a) 的方法改变图 3.1 电路的放大倍数时电压增益的频率特性。图中的 A_v 是由式 (3.11) 求得的计算值（$A_v = R_D/(R_D /\!/ R)$）。可以看出，当降低源极交流电阻值时，放大倍数将变大。

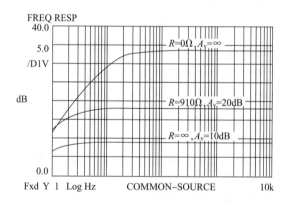

图 3.24　交流放大倍数变化时的频率特性

（这是用图 3.23(a) 的方法改变图 3.1 电路的增益。图中的 A_v 是用式 (3.11) 求得的计算值。特别是当 $R=0\Omega$ 时源极电阻也为 0Ω，得到该电路的最大增益约为 33dB，稍微小了些）

特别是当 $R=0\Omega$ 时，由于源极通过电容直接接地，理论计算的 A_v 将为 ∞。但是如图 3.24 所示，实际电路中的值为 33dB（约 45 倍）。这是该电路所能够得到的最大增益。

对于双极晶体管,这个最大增益值与 h_{FE} 有关;对于 FET 则与 g_m 有关。

当源极交流接地时,如图 3.25 所示,栅极-源极间电压 V_{GS} 的变化量 ΔV_{GS} 等于输入电压 v_i。而输出电压 v_o 为漏极电流的变化量 ΔI_D 与漏极电阻 R_D 之积,所以能够实现的最大增益 A_{vmax} 为:

$$A_{vmax} = \frac{v_o}{v_i} = \frac{v_o}{\Delta V_{GS}} = \frac{\Delta I_D \cdot R_D}{\Delta V_{GS}} = g_m \cdot R_D \tag{3.20}$$

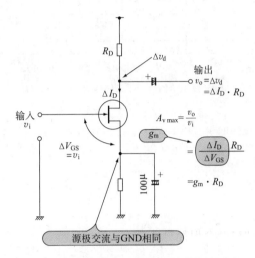

图 3.25 源极接地时的交流增益

(当源极通过电容接地时,交流增益达到最大值 A_{vmax}。A_{vmax} 是 g_m 与 R_D 之积)

这就是说,为了提高 A_{vmax},可以增大 g_m 或者增大 R_D。但是从电路结构上考虑,R_D 不能够很大(充其量 10kΩ)。所以,使用 JFET 单管放大电路能够得到的最大增益约为 30~40dB。

双极晶体管的 h_{FE} 值在 100~1000 范围,它的单管电路增大增益约为 40~60dB。所以用 JFET 得到的增益比用晶体管稍低些(但是功率 MOSFET 有些不同),这是 FET 的缺点之一。

3.3.10 噪声特性

图 3.26 是将输入端接 GND 时测得的输出端噪声频谱(0~10kHz)。

在千赫附近,为 −110dBm(换算为电压约为 0.7μV)。作为绝对值这个值是非常小的,所以噪声很小。

图 3.27 是将图 3.1 电路中的 2SK184 换为 2SK2458 进行测定得到的噪声特性。图 3.27 的值与图 3.26 基本相同,由此可以看出只要是单管放大器,FET 与双极晶体管的噪声特性基本相同。

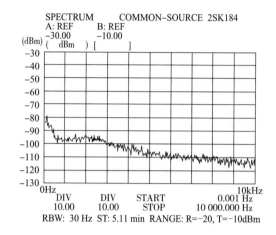

图 3.26　实验电路的噪声特性

(是将输入端短路,用频率分析仪测量输出时得到的噪声特性。噪声本来是用功率表示的。所以曲线的纵轴是表示功率的单位 dBm。0dBm 就是 1mW,如果电阻值为50Ω,－110dBm 就相当于 0.7μV)

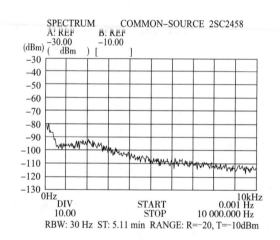

图 3.27　使用 2SK2458 时的噪声特性

(图 3.1 的电路中接入 2SK2458 时测得的噪声特性。这与图 3.26 的 FET(2SK184)基本相同)

从图 3.26 还可看出低频附近的噪声较大。这应该是实验中所使用的＋15V电源(三端调整器)引起的。

因此,如图 3.28 所示,在电源与 R_D 之间简单地接入 RC 滤波器以除去电源的噪声。

图 3.29 是这时的噪声特性。可以看到由于除去了电源的噪声,低频附近噪声

显著地被减小了。

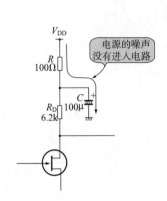

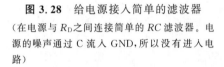

图 3.28 给电源接入简单的滤波器

(在电源与 R_D 之间连接简单的 RC 滤波器。电源的噪声通过 C 流入 GND,所以没有进入电路)

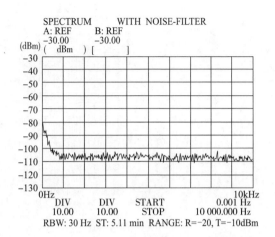

图 3.29 给电源接入滤波器后测得的噪声特性

(源极接地放大电路中电源的噪声从输出端流出,所以应该注意电源的噪声)

由于源极接地放大电路是将取出输出的电阻 R_D 直接与电源连接的,所以即使电源有噪声,这个噪声通过 R_D 流向输出端。

所以,当希望降低源极接地放大电路的噪声时,还应该注意电源的噪声。图 3.28 中那种简单的滤波器还是有效的。

3.3.11 总谐波失真

图 3.30 是总谐波失真(THD:Total Harmonics Distortion)对于输出电压的曲线。THD 表征输入的正弦波的高次谐波产生多大输出的特性(电路中的非线性因素会导致产生高次谐波)。它是音频电路中的重要特性。

THD 可以由下式求得:

$$THD = \frac{\sqrt{D_2{}^2 + D_3{}^2 + \cdots + D_n{}^2}}{D_1} \times 100\% \qquad (3.21)$$

式中,D_1 为基波频率成分,D_2 为 2 次谐波成分,D_3 为 3 次谐波成分,D_n 为 n 次谐波成分。

图 3.30 的曲线是改变输入信号为 20Hz、1kHz、20kHz 时,分别测定其谐波成分直到 5 次谐波,再用式(3.21)计算得到的曲线。

这个电路的 THD 约为 40dB(100 倍),比 OP 放大器要差些。FET 单管放大器就是这个水平。但是,THD 即使达到 1%,如果波形没有被限幅,人的听觉还是察觉不到失真的音。所以对于音频电路这种程度的 THD 就足够了。

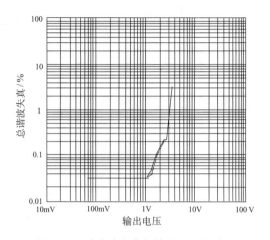

图 3.30　总谐波失真与输出电压的关系

(是用低失真信号发生器和失真计组合测定的。高次谐波失真是音频电路的重要特性。这个电路的性能比较 OP 放大器要差些,不过一般来说还是足够的)

3.4　源极接地放大电路的应用电路

3.4.1　使用 N 沟 JFET 和负电源的电路

图 3.31 是使用 N 沟 JFET 和负电源的电路。如果用负电源使 N 沟 JFET 工作,就成为这样的电路。即使使用负电源,基本的电路结构完全没有变化。

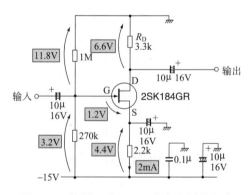

图 3.31　使用 N 沟 JFET 和负电源的电路

与使用正电源的电路不同之处只是正电源变为 GND,GND 变为负电源。但是必须注意电解电容器的极性。

这个图中,输入信号是以 GND 为基准,所以电路的电位比输入输出端低,耦合电容的极性是输入输出端一侧为正极性(电路侧为负极性)。如果这个电路的前后级电路也是采用负电源,那么必须在考虑耦合电路的直流电位后决定耦合电容的极性。

由于源极的电位比 GND 低,所以源极接地的电解电容器的 GND 一侧为正极性。

这个电路的源极是直接由电容器接地的,所以电路的增益为 $g_m \times R_D$(参照式(3.20))。如果希望电路的增益更大些,可以选用 g_m 更大的 FET。增大 R_D 值也可以提高增益,不过 R_D 过于大将会增大 R_D 上的电压降,导致取不出最大输出。

如果没有必要提高增益,那么可以去掉源极接地的电容器,通过调整源极电阻和漏极电阻值,重新设定增益。也可以采用图 3.23 所示的方法,即不改变电路的直流工作点只改变交流增益。

3.4.2　使用零偏置 JFET 的电路

第 2 章曾经讲过"JFET 的漏极电流不能够超过 I_{DSS}"。不过实际的 JFET 中能够流过大于 I_{DSS} 的电流。

图 3.32 列出了 N 沟 JFET 2SK330GR 传输特性的实测数据。如图 2.7 所示,JFET 的栅极-沟道间是一个 PN 结,就是说存在一个二极管。图 3.32 中,正的 V_{GS} 值处于这个二极管未导通的范围($V_{GS} < +0.6 \sim +0.7$V)。

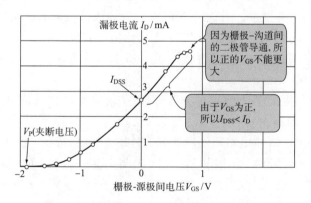

图 3.32　实际测得的 2SK330GR 的传输特性

这时,有大于 I_{DSS} 的电流流过漏极。而且在 I_{DSS} 附近 V_{GS} 为正的范围内漏极电流对于 V_{GS} 的变化是线性关系。当然,对于 P 沟 JFET 也是同样的(但是注意 P 沟 JFET 的 V_{GS} 的极性不同)。

这就是说,如果输入信号的振幅小,那么即使 $V_{GS} = 0$V(所谓的零偏置),JFET 也能够正常工作。

　　图 3.33 是利用 JFET 这种性质的零偏置源极接地放大电路。这个电路的结构简单,应用于话筒放大器或者高输入阻抗的前置放大器等。

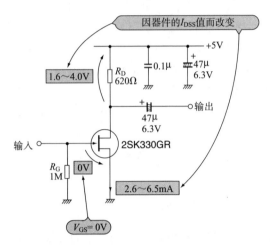

图 3.33　采用零偏置 JFET 的放大电路

　　栅极偏置电路只用一个 $R_G = 1M\Omega$ 的电阻,将栅极偏置为与源极电位相同的 0V(GND 电平)($V_{GS} = 0V$)。因此,没有信号输入时的漏极电流就变成 I_{DSS}。

　　如果输入端有电压输入,V_{GS} 就以 0V 为中心正负摆动(输入电压 = V_{GS}),漏极电流就以 I_{DSS} 为中心增减。后面的电路与一般的源极接地放大电路相同,这个漏极电流的变化部分在 R_D 上变换为电压,作为输出被取出。

　　由于是源极直接接地(没有源极电阻),所以这个电路的电压增益为 $g_m \times R_D$ (参看式(3.20))。

　　考虑到所使用 JFET 的 I_{DSS} 的分散性,取 I_{DSS} 最大时 R_D 上的电压降为适当的值,以此设定 R_D 的值。

　　表 3.2 是图 3.33 中电路所使用的 JFET 2SK330 的特性。由于 2SK330GR 的 I_{DSS} 分散在 2.6~6.5mA 之间,设 $R_D = 620\Omega$,当 $I_{DSS} = 6.5mA$ 时,R_D 上的电压降为 4V(= $620\Omega \times 6.5mA$)。这时的漏极电位为 1V(= 5V − 4V),所以漏极电位就以这个电压为中心摆动。

　　如果增大 R_D,电路的增益也提高。但是由于漏极电压接近 GND,所以取不出输出振幅(当然,R_D 上的电压降超过电源电压时也不能工作)。

　　当希望提高电路的增益时,不应该增大 R_D 的值,而应该选用 g_m 大的 JFET。

　　如果这个电路的输入电压为 +0.6~+0.7V,由于栅极-源极间的二极管将会导通(作为放大电路就不能工作),所以不太能够输入较大振幅的信号。由图 3.32 看出,线性输入的电压范围为 $1.2V_{p-p}$(−0.6~+0.6V)。

表 3.2　2SK330 的特性

（典型的通用型 N 沟 JFET。$|Y_{fs}|$（$=g_m$）和 I_{DSS} 是大约值，可以作为通用器件应用于各种电路。按照 I_{DSS} 的值分为 Y、GR、BL 共 3 档）

（a）**最大额定值**（$T_a = 25℃$）

项　　目	符号	额定值	单位
栅极-漏极间电压	V_{GDS}	-50	V
漏极电流	I_G	10	mA
容许损耗	P_D	200	mW
结区温度	T_j	125	℃
保存温度	T_{stg}	$-55\sim125$	℃

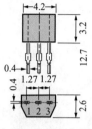

1. 源极　2. 栅极　3. 漏极

（c）**外形**

（b）**电学特性**（$T_a = 25℃$）

项　　目	符号	测定条件	最小	标准	最大	单位
栅极夹断电流	I_{GSS}	$V_{GS}=-30V, V_{DS}=0$	—	—	-1.0	nA
栅极-漏极间击穿电压	$V_{(BR)GDS}$	$V_{DS}=0, I_G=-100\mu A$	-50	—	—	V
漏极电流	I_{DSS}（注）	$V_{DS}=10V, V_{GS}=0$	1.2	—	14	mA
栅极-源极间夹断电压	$V_{GS(OFF)}$	$V_{DS}=10V, I_D=0.1\mu A$	-0.7	—	-6.0	V
正向传输导纳	$|Y_{fs}|$	$V_{DS}=10V, V_{GS}=0, f=1kHz$	1.5	4	—	mS
漏极-源极间导通电阻	$R_{DS(ON)}$	$V_{DS}=10mV, V_{GS}=0, I_{DSS}=5mA$	—	320	—	Ω
输入电容	C_{iss}	$V_{DS}=10V, V_{GS}=0, f=1MHz$	—	9.0	—	pF
反馈电容	C_{rss}	$V_{DG}=10V, I_D=0, f=1MHz$	—	2.5	—	pF

注：I_{DSS} 分档 Y：$1.2\sim3.0mA$，GR：$2.6\sim6.5mA$，BL：$6\sim14mA$。

3.4.3　150MHz 调谐放大电路

图 3.34 是选择 150MHz 附近的信号进行放大的调谐放大电路。在 150MHz 得到 20dB 的增益。可以应用于无线对讲机或者 FM 接收机的 RF 频段。

这个电路是将源极接地放大电路的栅极偏置电路和漏极电阻置换为 LC 并联共振电路（调谐电路）。

并联共振电路是一种在振荡频率 f_0 点从外部看到的阻抗是无限大，在其他频率处阻抗变小的电路。因此，如图 3.35 所示，电路的增益与并联共振电路的阻抗曲线形状完全相同，仅仅对振荡频率 f_0 附近的信号进行选择性放大。

f_0 可以由下式求得：

$$f_0 = \frac{1}{2\pi\sqrt{LC}} \quad （Hz）$$

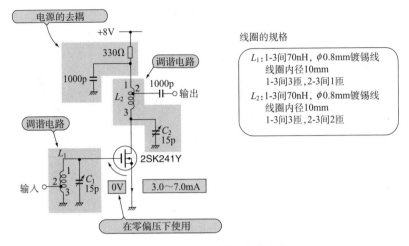

图 3.34   150MHz 调谐放大电路

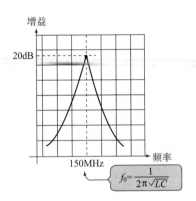

图 3.35   调谐放大电路的频率特性

图 3.34 的电路中，$L_1 = L_2 = 70\text{nH}$，所以当 $C_1 = C_2 \approx 16\text{pF}$ 时在 150MHz 谐振。实际的电路中，由于栅极的输入电容以及布线电容等，所以用 15pF 的微调电容器就能够在 150MHz 谐振。

在线圈上设置抽头是为了设定输入输出阻抗为 50Ω，进行阻抗匹配。

这个电路是将高频放大用 N 沟 MOSFET 2SK241 的源极直接接地。而且从直流角度看栅极是用 L_1 接地的，所以工作在 $V_{\text{GS}} = 0\text{V}$ 状态。就是说与图 3.33 的电路相同，都是在零偏置状态下工作的。

但是 2SK241 是耗尽型 MOSFET，所以对输入信号的振幅没有限制。

由于是在 $V_{\text{GS}} = 0$ 状态下，所以这时的漏极电流就是 I_{DSS}。2SK241 的 Y 档 $I_{\text{DSS}} = 3.0 \sim 7.0\text{mA}$，所以漏极电流分散在 $3.0 \sim 7.0\text{mA}$ 的范围之内。

由于是源极直接接地，所以电路的增益为 $g_{\text{m}} \times R_{\text{D}}$。这个电路中，$R_{\text{D}}$ 是谐振电

路的阻抗。

并联共振电路的阻抗在共振频率处为无穷大,所以理论上增益也是无穷大,不过实际电路的增益约为 20dB。其原因是 FET 的源极内部等效电阻不等于零,而且谐振电路的阻抗也并不是无穷大。但是,电路的增益与所使用 FET 的 g_m(也有作为正向传输导纳数据提供)成比例。

制作这个电路时,为了从谐振电路获得足够的增益,器件的选择是十分重要的。谐振电路中使用的线圈应该在谐振频率下具有足够高的 Q 值(Q 值是表征线圈质量优劣的参数,如果串联电阻为 r,则 $Q = \omega L/r$)。图 3.34 的电路中,使用的是用 $\phi = 0.8$ 的粗镀锡线绕成的线圈。

为了使频率特性向高频方向延伸,电路的布线方法是非常重要的。如照片3.8所示,各部分的布线都应该粗而短(特别应该注意电源的连接线),尽量降低 GND 的阻抗。

3.4.4 高增益、高输入阻抗放大电路

图 3.36 是 N 沟 JFET 与晶体管组合的放大电路。原理上采用输入阻抗高的 FET 作为初级源极接地放大电路,第 2 级采用能够提高放大倍数的双极晶体管发射极接地放大电路。电路的总增益通过输出端向初级源极施加的反馈来固定。

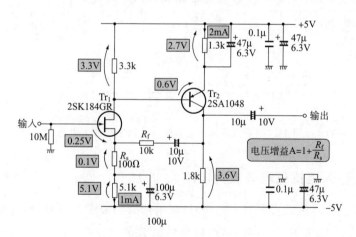

图 3.36 高增益、输入阻抗放大电路

初级 $\mathrm{Tr_1}$ 的栅极偏置电路使用了正负 2 个电源,所以构成了用一个电阻偏置为 0V 的简单电路结构。而且由于使用的是 FET,所以能够增大栅极偏置电阻的数值(因为 FET 没有栅极电流流动,即使偏置电阻的值很大,在输入端也不会产生直流电压)。

图 3.36 的电路中,栅极偏置使用了 10MΩ 的电阻,设定电路的输入阻抗值非常高(电路的输入阻抗高达 10MΩ)。另外,由于栅极电位偏置为 0V,所以输入端就没有必要插入耦合电容。

第 2 级的发射极接地放大电路中由于发射极电阻被电容旁路,所以该级的增益很大。

电路的总增益 A 由初级的源极电阻 R_s 和反馈电阻 R_f 决定。在这个电路中,R_s＝100Ω,R_f＝10kΩ,所以 A≈100＝40dB。

当需要改变电路的增益时,可以只改变 R_s 和 R_f 值。不过由于初级使用的是 JFET,它本身的增益比双极晶体管小,所以 40dB 的水平就是增益的上限。

当希望提高增益时,如图 3.37 所示,可以将第 2 级达林顿连接以提高视在的 h_{FE},使得提高整个电路施加负反馈之前的增益。这样,增益的上限差不多能够提高到 50～60dB。

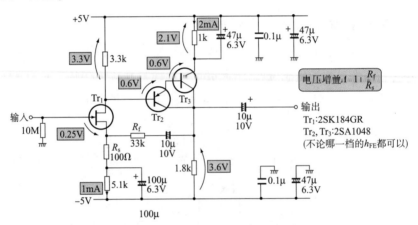

图 3.37　采用达林顿连接的高输入阻抗放大电路

3.4.5　高输入阻抗低噪声放大电路

制作高输入阻抗的直流放大电路时,如果初级是采用 FET 的 FET 输入型 OP 放大器(例如 TL082、LF356 等)就可以简单地完成。

但是,IC 化的 OP 放大器内部的 JFET 与分立器件的 JFET 相比,噪声特性较差。因此,使用 FET 输入型 OP 放大器放大电路难以获得良好的噪声特性。

图 3.38 是由 JFET 与具有良好噪声特性的晶体管输入型 OP 放大器组合构成的高输入阻抗低噪声放大电路。

初级采用 N 沟双 JFET 2SK389(东芝)差动放大电路(设定漏极电流比 I_{DSS} 的最小值小,所以 I_{DSS} 取哪一档都可以)。之所以使用双 JFET,是为了减小两个器件

的 V_{GS} 之差引起的输出偏移电压。OP 放大器使用双极晶体管低噪声输入 OP 放大器 NJM5532(JRC),从输出端向初级的差动放大电路的反相输入端施加负反馈。

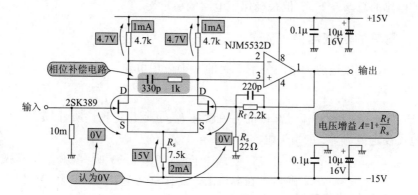

图 3.38 JFET 和 OP 放大器组合构成的高输入阻抗低噪声放大电路

电路总的电压增益 A 与采用 OP 放大器的非反转放大电路完全相同,可以由下式求得:

$$A = \frac{R_f}{R_s}$$

图 3.38 的电路中,$R_f = 2.2\text{k}\Omega$,$R_s = 22\Omega$,所以 A≈100=40dB。

由于电源电压比 FET 的 V_{GS} 大很多,所以差动放大电路部分的设计中按照 $V_{GS}=0$ 来计算各部分的电流。由于希望设定各 FET 的源极电流为 1mA(低于所使用的 JFET 的 I_{DSS} 的适当值),所以确定在源极电阻 R_s 的值时应使流过 R_s 的电流为 2mA(=1 mA×2)。如果认为 $V_{GS}=0$,那么 R_s 上的电压降为 15V,所以 $R_s=15\text{V}/2\text{mV}=7.5$ kΩ。

设定漏极电阻的值时,大约使漏极电流产生的电压降为几伏就可以(如果这个电压降过大,将会使大信号受到限制;反之如果过小,将会超过次级的 OP 放大器的输入电压范围)。图 3.38 的电路中,设定漏极电阻值为 4.7 kΩ,所以漏极电阻上的电压降为 4.7V。

如果将具有电压增益的电路追加到 OP 放大器上,全部施加负反馈,电路的稳定性将变坏,有时甚至会产生振荡。OP 放大器内部设计的相位补偿电路——为了防止产生振荡、调整电路内部信号的电路是为了在单独使用 OP 放大器的情况下维持电路工作稳定的,所以如果再从外部追加提高电压增益的电路将会导致电路的工作不稳定。

因此,由于追加了电压放大电路,就必须追加相位补偿电路,以确保电路的稳定性。

　　图 3.38 的电路中,差动放大电路的漏极-漏极间追加了简单的 RC 相位补偿电路(330pF＋1kΩ)。在高频范围,这个电路的工作由于衰减了 OP 放大器的输入信号而使电路的总增益下降,但是确保了电路的稳定性。

3.4.6　简单的恒流电路

　　这是与源极接地放大电路关系不大的一种应用电路。JFET 能够用作恒流电路。

　　JFET 在 $V_{GS}＝0$ 时流过漏极的电流就是 I_{DSS}。利用这种性质,固定 $V_{GS}＝0$,就成为电流设定值为 I_{DSS} 的恒流电路。

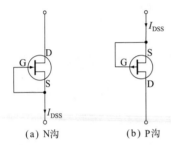

(a) N沟　　　　(b) P沟

图 3.39　应用 JFET 的恒流电路

　　具体来说,如图 3.39 所示,就是将栅极连接在源极上。这样一来 V_{GS} 被固定为 0V(因为栅极与源极连接),N 沟 JFET 就成为 I_{DSS} 流动方向为漏极→源极,P 沟 JFET 就成为 I_{DSS} 流动方向为源极→漏极的恒流电路。

　　图 3.40 是一例使用晶体管的恒流电路。对于晶体管来说,基极电位并不是 0V,必须是某一正值或负值,所以在晶体管以外还需要有基极偏置电路。

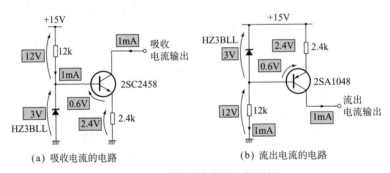

(a) 吸收电流的电路　　　　　(b) 流出电流的电路

图 3.40　用晶体管构成的恒流源

　　应用 JFET 的恒流电路是一种完全没有外加元件的 2 端恒流电路,所以这种电路在使用上要比晶体管恒流电路方便得多。

　　但是由于同一档次 FET 的 I_{DSS} 也有一定的分散性,所以作为恒流电路使用时电流的设定值也具有一定的分散性。因此,它适用于即使恒流电路的电流值有一定程度的分散性对电路的工作也没有什么影响的电路。

　　顺便指出,使用 JFET 的恒流电路的商品化名称叫做恒流二极管(当然它的内部电路与图 3.39 相同）。恒流二极管根据 I_{DSS} 的大小对设定电流进行细致分类，使用起来很方便。

图 3.41 是将 N 沟 JFET 恒流电路应用于简易齐纳二极管恒压电源的例子。

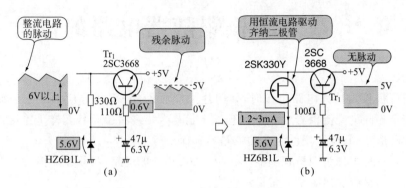

图 3.41 应用于简易恒压电路的例子

图 3.41(a)中流过齐纳二极管的电流受到电阻的限制，如果电源电路的输入有波动，那么流过齐纳二极管的电流将因这种波动而变化。其结果使齐纳二极管的电压降变化，导致输出的电压中残留有这个电压变化的脉动成分。

图 3.41(b)是用 N 沟 JFET 恒流电路替代这个电阻的电路。由于用恒定电流驱动齐纳二极管，所以齐纳二极管的电压降是一定值，输出端的残留脉动变为零。

流过齐纳二极管的电流比电源的控制晶体管 Tr_1 的基极电流大很多，所以即使因 I_{DSS} 的分散性引起恒流电路设定电流存在分散性，对于电路的工作也完全没有影响。

第 **4** 章　源极跟随器电路的设计

当源极接地放大电路工作时,如照片 2.5 所示,FET 的源极上产生与输入信号 v_i 完全相同的交流信号 v_s。如果把这个信号取出来将会是什么样子?这种输入输出的波形相同、电压增益为 1 的电路具有什么意义?

这是一种被称为源极跟随器(source follower)的电路(与双极晶体管的射极跟随器相当),具有输出阻抗非常低的优点。

它可以应用于电动机、扬声器等重负载(阻抗低的负载)的驱动。特别是近年来不断增加的功率用 MOSFET——所谓的功率 MOSFET 由于具有良好的抗热击穿能力,所以在驱动电动机等重负载的电路中应用它已经成为一种趋势。

所谓源极跟随器就是源极跟随(follow)输入信号(栅极电位)动作的意思。

4.1　源极跟随器的工作

4.1.1　与源极接地电路的不同之处

图 4.1 是一个实验性源极跟随器的电路图。电路本身看起来似乎与源极接地放大电路相同,但是重要的差别在于从 FET 的源极取出输出,而且电路中没有源极接地时决定增益大小的漏极电阻 R_D。

由于源极跟随器不是从漏极取出信号,所以没有必要在 R_D 上产生电压降。虽然有 R_D 时电路也工作,不过由于漏极电流流过 R_D 时所产生的电压降都成为电路的损耗(无用),所以就去掉了。

电路中没有了 R_D,所以漏极直接与电源连接。电源交流接 GND,所以漏极也是交流接地的。因此,这种电路也叫做漏极接地放大电路。

但是,使用名称更多的是源极跟随器(在国外也是如此)。之所以称为源极跟随器是因为它确切而且简明易懂地表达出电路工作的特点。即使在双极晶体管的情况下也是如此,与集电极接地相比,使用更多的名称是射极跟随器。

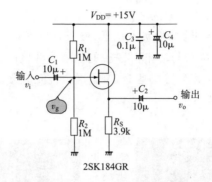

图 4.1 实验性源极跟随器电路

(与源极接地放大电路不同之处在于从源极取出信号,而且没有漏极电阻 R_D。因此使电路的性能发生了变化)

4.1.2 输出与输入的波形是相同的

照片 4.1 是图 4.1 的电路输入 1kHz、$2V_{p-p}$ 的正弦波时的输出波形。可以看出输出信号 v_o 与输入信号 v_i 的振幅、相位都相同。就是说,电压放大倍数 $A_v=1$(0dB)。

照片 4.2 是 v_i 与 FET 栅极电位 v_g 的波形。v_g 是 7.5V 的栅偏压上通过 C_1 叠加上输入信号 v_i 后的波形。

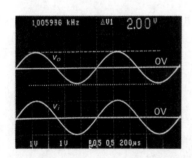

照片 4.1 v_i 与 v_o 的波形
(1V/div,200μs/div)

(源极跟随器的输出与输入波形、振幅的相位完全相同)

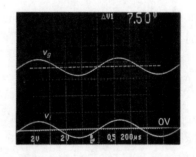

照片 4.2 v_i 与 v_g 的波形
(2V/div,200μs/div)

(栅极电位 v_g 的交流成分是通过耦合电容 C_1 的输入信号 v_i。直流成分是由 R_1 和 R_2 分压形成的 7.5V 偏压)

照片 4.3 是栅极电位 v_g 与源极电位 v_s 的波形。v_s 的交流成分与 v_g 相同(也就

是与 v_i 相同），直流成分是 FET 的栅极-源极间电压 V_{GS}，源极电位高。照片中 V_{GS} ＝－0.3V（以源极电位为基准，栅极电位低，所以有负号）。

　　照片 4.4 是源极电位 v_s 与输出信号 v_o 的波形。源极的直流电位比栅极的直流电位 7.5V 高出 V_{GS} 的 0.3V，所以是 7.8V。这个直流成分被 C_2 隔断，只取出 v_s 的交流成分成为输出信号 v_o。

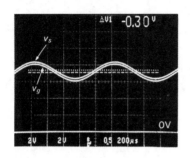

照片 4.3　v_g 与 v_s 的波形
（2V/div，200μs/div）

（v_s 跟随 v_g 动作。这就是源极跟随器的由来。v_s 与 v_g 之差是 V_{GS}，在本电路中为－0.3V，通常是一定值）

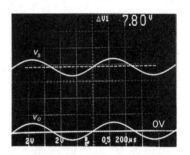

照片 4.4　v_s 与 v_o 的波形
（2V/div，200μs/div）

（v_s 的直流成分被 C_2 隔断，只有交流成分作为输出信号 v_o 被取出）

4.1.3　输出阻抗低的原因

　　如图 4.2 所示，源极跟随器接续的负载电阻 R_L 从交流角度看是与源极电阻 R_S 并联的。因此，所谓改变负载电阻 R_L 值与改变源极交流电阻值是相同的。

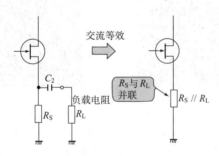

图 4.2　源极跟随器的负载

（如果认为电容器 C_2 的交流阻抗为零，那么源极跟随器的负载电阻 R_L 就与源极电阻 R_S 并联着）

　　通常认为 V_{GS} 是一定值（在本电路中 V_{GS} ＝－0.3V），由照片 4.3 看出源极电位

v_s只是由栅极电位v_g决定,而且与R_S,甚至输出端连接的负载电阻R_L的值没有关系。

因此,与源极电位交流成分相等的输出信号v_o的大小只由输入信号v_i决定,与负载电阻R_L没有关系。这就是说,可以认为源极跟随器的交流输出阻抗基本上为零。

4.2 源极跟随器电路的设计

下表是图4.1中电路的设计指标。这是很简单的指标,除最大输出电压和最大输出电流外没有别的要求。

源极跟随器的设计指标

最大输出电压	$2V_{p\text{-}p}$
最大输出电流	$\pm1mA(2k\Omega$ 负载$)$
频率特性	——
输入输出阻抗	——

求解各处电压和电流的方法与第3章的源极接地放大电路完全相同。

4.2.1 确定电源电压

在源极接地放大电路的场合,由于是从漏极取出输出,所以源极电阻R_S上的电压降对于输出电压来说是损耗(无用)。但是在源极跟随器的场合,由于是从源极取出输出,所以R_S上的电压降对于输出电压不再是损耗。因此,只要源极跟随器的电源电压V_{DD}稍大于输出电压值就足够了。

这个电路中由于输出电流小,所以可以只考虑最大输出电压。在输出电流为数百毫安以上的大输出电流电路中,就不能够忽视漏极-源极间的电压降$V_{DS(ON)}$,这时就必须提高电源电压。

这个电路的最大输出电压是$2V_{p\text{-}p}$,所以电源电压有3V就足够了。在这里与OP放大器的电源一起考虑,确定$V_{DD}=15V$。

4.2.2 选择 FET

源极跟随器通常是大电流输出,所以经常使用增强型功率MOSFET。不怎么使用JFET,这是因为它有时会限制电流的大小。

JFET不允许流过超过I_{DSS}以上的漏极电流(=源极电流),所以在以漏极电流为输出电流的源极跟随器中使用JFET时,无法取出超过I_{DSS}的输出电流。

JFET的I_{DSS}再大也不过十几毫安,所以不适于希望取出大输出电流的应用场合。

使用 JFET 的源极跟随器的输出阻抗要比使用 MOSFET 的电路高,这是它的优点(关于这一点将在后面说明)。

但是这里通过与源极接地放大电路进行性能比较,决定使用与源极接地电路相同的小信号用 JFET 2SK184GR。

4.2.3　对 FET 的要求

本电路是以电阻 R_S 作为源极负载的源极跟随器,所以要求无信号输入时的源极电流 I_S(叫做空载电流)要大于最大输出电流(其原因将在后面说明)。

按照设计指标最大输出电流为 $\pm 1\text{mA}$,所以设定源极电流 $I_S = 2$ mA(最大输出电流的 2 倍)。

当输入大振幅信号,栅极电位下降到 GND 电位时,栅极-漏极间的电压等于电源电压 $V_{DD} = 15\text{V}$。

因此,该电路中应选择 I_{DSS} 在 2mA 以上,栅极-漏极间电压的最大额定电压 V_{GD} 在 15V 以上的 JFET。显然,2SK184GR 满足这些条件(参看表 3.1)。

如果使用 MOSFET,那么就不是 I_{DSS},而是选择漏极电流的最大额定值小于流过电路的源极电流(＝漏极电流),V_{GD} 大于电源电压的器件。

这里选择 N 沟 JFET。使用 P 沟 JFET 的电路示于图 4.3。与源极接地时相同,电路中将 GND 与电源调换。

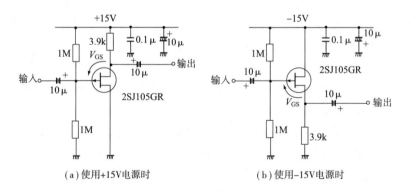

(a) 使用+15V电源时　　　　　　(b) 使用-15V电源时

图 4.3　使用 P 沟 JFET 的源极跟随器

(使用 P 沟 JFET 也可以构成与 N 沟性能相同的源极跟随器。选择使用 N 沟器件还是 P 沟器件视个人爱好而定)

4.2.4　偏置电路的设计

电路的栅偏置电压 V_G 取电源与 GND 的中间值 7.5V。这样的话,由于 2SK284 的 V_{GS} 相对于 7.5V 小很多,可以忽略不计(在确定源极电阻时可知 $V_{GS}=$

−0.15V),所以源极电位 V_S 差不多也处于电源与 GND 的中间值,会使最大输出电压更大。

为了使 V_G 处于电源与 GND 的中间值,令 $R_1 = R_2$。FET 与双极晶体管不同,没有电流流过栅极,所以 R_1 和 R_2 的电阻值取多大也无妨。

在这里为了提高输入阻抗以利于电路的应用,取 $R_1 = R_2 = 1M\Omega$。当然即使取 100kΩ 或者 10kΩ 也无妨,不过电阻值小将会降低电路的输入阻抗。

4.2.5 确定源极电阻 R_S 的方法

由图 4.4 可以看出,当取源极电流 I_S(等于漏极电流 I_D)为 2mA 时 2SK184GR 的 V_{GS} 为 −0.3～−0.05V。所以 V_{GS} 的值取这个范围的中间值,$V_{GS} = -0.15V$(实际的电路中,如照片 4.3 所示,V_{GS} 为 −0.3V,是该范围的上限值,可以认为在误差范围内)。

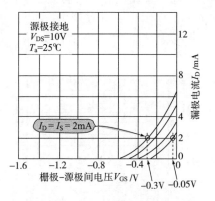

图 4.4 2SK184GR 的传输特性

(传输特性是 FET 电路设计中所必备的曲线,目的是为了求工作点处 V_{GS} 的值。在该电路中 $I_D = 2mA$,所以 V_{GS} 为 −0.3～−0.05V。计算电路常数时可以取其分散范围的中间值,即 $V_{GS} \approx -0.15V$)

如前所述,栅极电位 V_G 设定为 7.5V,所以源极电位 V_S 为 7.65V[= 7.5V − (−0.15V)]。因此,源极电阻 R_S 上加电压 7.65V 时源极电流为 $I_S = 2mV$,就得到(这是计算值,实际应取 E24 数列中靠近的电阻值)

$$R_S = \frac{V_S}{I_S} = \frac{7.65V}{2mA} \approx 3.9k\Omega \tag{4.1}$$

4.2.6 FET 的发热——计算漏极损耗

下面计算无信号时 FET 的漏极损耗 P_D。

漏极损耗 P_D 表示 FET 漏极-源极间消耗的功率。这个功率会全部变为热量，使 FET 的温度上升。如果器件的温度太高会发生热击穿而使器件损坏，所以在提高电路可靠性和安全性的意义上，漏极损耗 P_D 是一个重要的参数。

P_D 可以作为漏极-源极间电压 V_{DS} 与漏极电流 I_D 之积求得。由于 V_{DS} 是从电源电压 V_{DD} 减去源极电位 V_S 的值，所以 P_D 为：

$$P_D = V_{DS} \cdot I_D = (V_{DD} - V_S) \cdot I_D$$
$$= (15V - 7.65V) \times 2mA$$
$$= 14.7mW \tag{4.2}$$

从表 3.1 可知 2SK184 的 P_D 的最大额定值——容许损耗为 200mW，所以该电路的 P_D 很小。

4.2.7　确认最高使用温度

如图 4.5 所示容许损耗随环境温度有很大的变化。因此必须确认所设计的电路能够使用的环境温度范围。从图 4.5 可以看出，该电路能够工作的最高环境温度为 120℃。

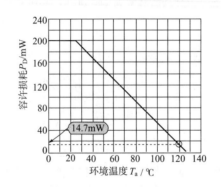

图 4.5　2SK184 的容许损耗对环境温度的关系曲线

（设计好电路后，必须确认这时的漏极损耗——由容许损耗确认环境温度到多高时器件仍能够工作。该设计电路工作到 120℃。是安全的）

设计电路中与最大额定值对容许损耗 P_D 的限制相比，容许损耗对环境温度关系曲线的边界值更重要。

FET 的数据表会提供这种容许损耗对环境温度的关系曲线，不过应该注意一部分功率 MOSFET 的数据是以装有散热器为前提的。

源极跟随器从电路特性来说，经常使用在大电流的情况下。因此必须注意 FET 和电阻的发热问题。

4.2.8 决定电容 C_1 和 C_2

C_1 和 C_2 是交流耦合电容。本电路中 $C_1 = C_2 = 10\mu\text{F}$，都是铝电解电容器。当然，铝电解电容器的极性都是以直流电位高——即电路一侧为 C_1、C_2 的正极。

由 C_1 与偏置电路的输入阻抗（是 R_1 与 R_2 的交流并联，在该电路中为 $1\text{M}\Omega /\!/ 1\text{M}\Omega = 500\text{k}\Omega$）构成的输入端高通滤波器的截止频率 f_{c1} 为：

$$f_{c1} = \frac{1}{2\pi CR} = \frac{1}{2\pi \times 10\mu\text{F} \times 500\text{k}\Omega}$$
$$= 0.03\text{Hz} \tag{4.3}$$

当输出端连接 $2\text{k}\Omega$ 负载电阻时，它与 C_2 形成的输出端高通滤波器的截止频率 f_{c2} 为：

$$f_{c2} = \frac{1}{2\pi CR} = \frac{1}{2\pi \times 10\mu\text{F} \times 2\text{k}\Omega}$$
$$= 8\text{Hz} \tag{4.4}$$

4.2.9 电源的去耦电容器

C_3 和 C_4 是电源的去耦电容器，$C_3 = 0.1\mu\text{F}$，$C_4 = 10\mu\text{F}$。

源极跟随器的频率特性好，由于输入输出信号同相以及栅极的输入阻抗非常高等原因，有时会发生同相信号从源极返回到栅极的现象——加正反馈，电路在高频下有时会产生振荡。

因此有必要切实地实行电源的去耦。特别是在高频情况下为了降低电源的阻抗，要将小容量电容器 C_3 以最短的距离连接在 FET 的漏极与源极电阻 R_S 的接地电之间。

4.3 源极跟随器的性能

4.3.1 输入阻抗的测定

照片 4.5 是当信号源的输出电压 $V_{gen} = 2\text{V}_{p\text{-}p}$ 时，用图 3.11 同样的方法测定输入阻抗时的波形。就是说这是 $R_{gen} = 500\text{k}\Omega$ 时的 V_{gen} 与电路输入信号 v_i 的波形。

可以看出，$v_i = 1\text{V}_{p\text{-}p}$，是 V_{gen} 的 $1/2$，所以输入阻抗 Z_i 与 R_{gen} 值相同，也就是说 $Z_i = R_{gen} = 500\text{k}\Omega$。这个值是 R_1 与 R_2 并联时的值。

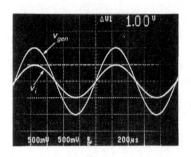

照片 4.5　输入阻抗的测定($0.5\mathrm{V/div}$, $200\mu\mathrm{s/div}$)

（输入端串联电阻 $R_{\mathrm{gen}}=500\mathrm{k}\Omega$ 时的信号源电压 V_{gen} 与电路的输入信号 v_i 的比较。
v_i 是 V_{gen} 的 $1/2$，所以电路的输入阻抗 Z_i 与 R_{gen} 值相等，等于 $500\mathrm{k}\Omega$）

4.3.2　输出阻抗

照片 4.6 是输出端所接负载电阻为 $R_{\mathrm{L}}=2\mathrm{k}\Omega$ 时的输入输出波形。源极接地放大电路中，当输出端接负载电阻时，由于电路的输出阻抗（漏极电阻）与负载对输出分压，导致输出信号的振幅降低。但是对于源极跟随器来说，如照片 4.6 所示，即使接了负载，输出信号的振幅也几乎不发生变化（增益为 1）。

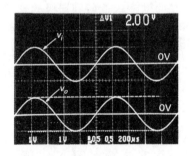

照片 4.6　输出阻抗的测定($0.5\mathrm{V/div}$, $200\mu\mathrm{s/div}$)

（看到的是输出端连接 $2\mathrm{k}\Omega$ 的负载时的输入输出波形。与照片 4.1 中无负载时的波
形相比，输出波形的振幅几乎没有变化。这是因为源极跟随器的输出阻抗非常低）

这就是说源极跟随器的输出阻抗 Z_o 比输出端所连接的 $R_{\mathrm{L}}=2\mathrm{k}\Omega$ 的负载低得多。

但是不为零。源极跟随器的输出阻抗 Z_o 与电路所用 FET 的跨导 g_{m} 之间具有如下关系：

$$Z_o = \frac{1}{g_{\mathrm{m}}}\ (\Omega) \tag{4.5}$$

如果 JFET 的 g_{m} 为 $10\mathrm{mS}$，按照该式计算得 $Z_o=100\Omega$。

采用双极晶体管的射极跟随器的实际输出阻抗约为几欧,与此相比采用 JFET 的源极跟随器的输出阻抗稍高些。所以源极跟随器中更多使用的是比 JFET 的 g_m 更大的功率 MOSFET(g_m 愈大输出阻抗愈低)。

4.3.3 负载电阻变重时的情况

本电路中,源极跟随器源极的负载是电阻 R_S。当负载变重,从输出端取出大电流时,必须注意输出波形下半周被限幅的现象。

照片 4.7 是负载电阻为 $R_L=3.9k\Omega$,输入 $10V_{p-p}$ 的正弦波时源极的波形 v_s。如果没有连接负载,v_s 当然是 $10V_{p-p}$ 的正弦波。由于连接了阻抗低的负载,所以波形的下半周被限幅。v_s 的交流成分是输出信号 v_o,所以这时 v_o 的下半周同样地被限幅。

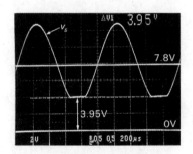

照片 4.7 负载电阻为 $3.9k\Omega$ 时 v_s 的波形($2V/div$, $200\mu s/div$)
(如果负载重,输出电流变大,源极电位的交流成分,即输出波形的下半周被限幅。它被源极电流(空载电流)所制约)

照片 4.7 的源极电位 v_s 是在无信号时的源极电位 $V_s=7.8V$ 与 GND 的中间值($3.95V$)处被切去的。

图 4.6 是输出波形变负时源极跟随器的等效电路。电流源上连接 R_S 和 R_L,使无信号时流过的源极电流达到 $I_D=2mA$。

图 4.6 输出波形下半周被限幅的原因
(源极电阻与负载电阻是交流并联的。如果把 FET 看作是流过电流达到空载电流的电流源,那么负载电阻两端的电压降,即输出电压将低于空载电流×电阻值。输出电压的下半周在这个电压处于被截止)

这个电路的电流源交流负载 R_S 和 R_L 是并联的,所以电阻两端的电压降不低于 $-3.9V(=2mA\times1.95k\Omega)$。

这样,电阻负载的源极跟随器如果没有把空载电流值提高到比最大输出电流还高程度,那么输出波形的下半周就会被限幅,也就得不到最大输出电压。

究竟空载电流需要提高多少,因最大输出电流和输出电压的不同而异(图4.3中使用 P 沟 FET 的电路则相反,是上半周被限幅)。这种情况与双极晶体管的射极跟随器是相同的。

4.3.4 推　挽

图4.7的电路是为了改善由于空载电流引起输出波形被限幅的缺点,用 N 沟 JFET 源极跟随器替代源极电阻的电路,称为推挽源极跟随器(Push Pull Source Follower)。

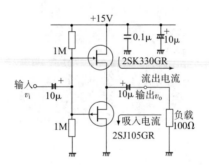

图 4.7　推挽源极跟随器

(上下分别使用 N 沟 FET 和 P 沟 FET 构成推挽电路。之所以叫做"推挽"是因为相对于负载来说 N 沟 FET 流出电流(推动负载),P 沟 FET 吸入从负载流出的电流(曳引负载))

这个电路的工作是对于负载来说 N 沟 FET 电流流出(推动负载),P 沟 FET 吸入从负载流出的电流(曳引负载),所以称为推挽电路。

与单管 FET 的源极跟随器不同,流过负载的电流全部通过上面或者下面的 FET,所以输出波形不会被限幅。

照片4.8是图4.7的电路接 $R_L=100\Omega$ 的负载,输入 1kHz、$2V_{p-p}$ 的正弦波时的输入输出波形。由于输出波形是 $0.8V_{p-p}(\pm0.4V)$,所以 100Ω 的负载上流过的电流为 $\pm4mA(=\pm0.4V/100\Omega)$。输出波形的正、负半周都没有被切去。

但是,如果是无负载情况,输出电平应该是 $2V_{p-p}$。而这个电路中是 $0.8V_{p-p}$,振幅降低了。这是因为电路的输出阻抗对于所接续的 100Ω 负载来说是一个不能够忽略的值。

顺便指出,如果由照片 4.8 计算出图 4.7 电路的输出阻抗 Z_o,Z_o 则为 150Ω（$(2V_{p-p}-0.8V_{p-p})\div(0.8V_{p-p}/100\Omega)$）。

显然,正如由式(4.5)所看到的那样,推挽电路中如果使用 g_m 大的 FET,例如功率 MOSFET,可以使 Z_o 降低。

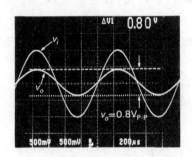

照片 4.8 推挽源极跟随器（负载 100Ω）

（$0.5V/div$, $200\mu s/div$）

（由于对电路的推挽作用,所以没有因空载电流制约而出现的限幅现象。输出波形的振幅之所以降低是因为负载重到电路的输出阻抗不能够忽略的程度）

4.3.5 使用功率 MOSFET

图 4.7 的电路中如果使用增强型 MOSFET（功率 MOSFET 几乎都是增强型的）时,电路有必要作些调整。

照片 4.9 是将图 4.7 电路中的 FET 置换为中功率增强型 MOSFET 2SK442（东芝）/2SJ123（东芝）时的输入输出波形（输入信号为 $8\ V_{p-p}$,负载为 100Ω）。

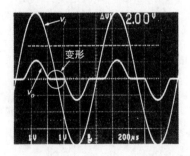

照片 4.9 使用增强型 FET 时的波形（负载 100Ω）

（$1V/div$, $200\mu s/div$）

（图 4.7 的电路中使用增强型 FET 时发生转换失真。其原因是增强型器件在 $V_{GS}=0V$ 时没有漏极电流流动）

　　由于是推挽电路,所以波形没有被限幅。不过在输出波形的中央附近正弦波的正、负半周出现了不连续部分。这叫做转换失真或者跨越失真。

　　出现这种失真的原因在于增强型 FET 的传输特性。

　　增强型器件在 $V_{GS}=0V$ 时不能够流过漏极电流(参见图 2.12),所以输入信号在交流 0V 附近形成了哪个 FET 都截止的无信号区(JFET 等耗尽型 FET 在 $V_{GS}=0V$ 时有电流流动,所以不截止)。在照片 4.9 中看到如果输入信号 v_i 达不到约 $\pm 2V$ 时就没有漏极电流流动,所以输出信号在这一段就变成 0V。

　　因此,在使用增强型 MOSFET 的场合,如图 4.8 所示,必须加偏置电路使得在没有输入信号时也能够加上栅极电压 V_{GS}。

　　照片 4.10 是图 4.8 的电路中接 100Ω 负载电阻,输入 $1kHz$、$8V_{p-p}$ 的正弦波时的输入输出波形。可以看出这时没有出现转换失真。

　　双极晶体管的推挽射极跟随器也存在完全相同的问题。不过由于晶体管的基极-发射极间电压 V_{BE} 与二极管的电压降相同,所以如图 4.9 所示对各晶体管来说,移动一个二极管的偏压就可以了。而 FET 的 V_{GS} 当然不止是一个二极管的偏压值。

　　图 4.8 的电路是实验性电路,它利用 30kΩ 电阻的电压降作为 MOSFET 的偏置电压。由于 FET 的 V_{GS} 也与晶体管的 V_{BE} 同样地随温度而变化,所以在要求取出大电流的应用中必须给偏置电路加温度补偿,并对上下 FET 接入源极电阻以限制电流。

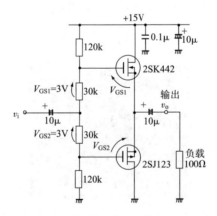

图 4.8　改善转换失真的推挽源极跟随器

(加栅偏压电路,使得在无信号输入时也能给各 FET 加上 V_{GS} 栅偏压。这样即使使
用增强型 FET 也不会发生转换失真)

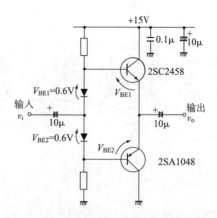

图 4.9 改善转换失真的推挽射极跟随器

(使用晶体管的推挽射极跟随器基极-发射极间电压 V_{BE} 如果不移动基极偏置电压也会产生转换失真。但是 V_{BE} 与二极管正向电压降值相同,所以偏置电路只需移动一个二极管的量就可以)

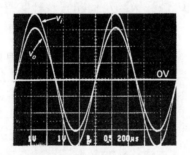

照片 4.10 改善转换失真的推挽源射极跟随器

(负载 100Ω)($1V/\mathrm{div}$, $200\mu s/\mathrm{div}$)

(加偏置电路使得没有输入信号时 FET 也不截止,所以不产生转换失真)

4.3.6 测定振幅频率特性

图 4.10 是图 4.1 的电路接 $2\mathrm{k}\Omega$ 负载电阻时测得的低频范围振幅频率特性。电路的增益略小于 $0\mathrm{dB}(=1$ 倍$)$。

低频截止频率 f_{cl} 约 $7.6\mathrm{Hz}$,与用式(4.4)计算得到的输出端形成高通滤波器时的截止频率($8\mathrm{Hz}$)基本一致。

输入端高通滤波器的截止频率比较低(由式(4.3)得到 $0.03\mathrm{Hz}$),在这个曲线中看不到。

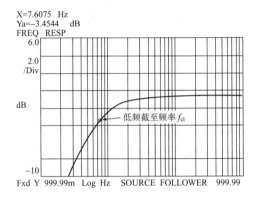

图 4.10　低频范围的频率特性

（这个特性是输出级的耦合电容 $C_2 = 10\mu$F 与负载电阻 $R_L = 2$kΩ 形成高通滤波器时的频率特性）

　　图 4.11 是高频范围（100kHz～100MHz）电压增益和相位的频率特性。电压增益差不多是 0dB，相位为 0°（输入输出同相），特性一直到 10MHz 附近完全是平直的。到 100MHz 附近电压增益下降，即使这样仅仅下降了约 1dB，而增益下降 3dB 的点——高频截止频率在频率更高的位置。

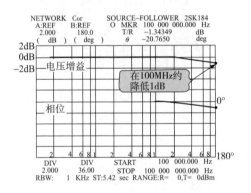

图 4.11　高频范围的频率特性

（在 100MHz 附近电压增益下降约 1dB，增益下降 3dB 的高频截止频率在更高的频率范围。源极跟随器的频率特性非常好）

　　如图 4.12 所示，在源极跟随器的场合电路的输入电容 C_i 与信号源的电阻等形成低通滤波器。但是由于电压增益为 1，不发生米勒效应，所以 C_i 非常小，所以像图 4.11 那样频率特性非常好。

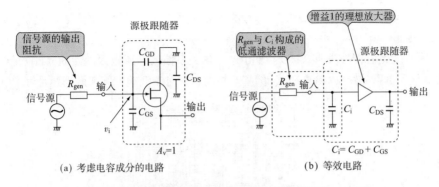

(a) 考虑电容成分的电路　　　　　　(b) 等效电路

图 4.12 源极跟随器高频特性下降的因素

（与源极接地电路不同,这是漏极接地,所以不发生密勒效应。因此频率特性非常好）

4.3.7　噪声和总谐波失真

图 4.13 是输入端接 GND 时测得的输出端噪声频谱。从图中可以看出,几乎没有发现源极接地放大电路的噪声频谱（参见图 3.26）中数 kHz 以下的电源噪声（两个电路使用相同的电源）。

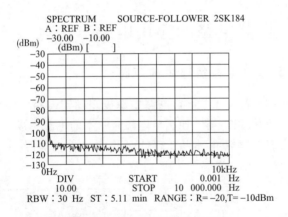

图 4.13 源极跟随器的噪声特性

（可以看出,与源极接地电路相比,电源的噪声没有出现在输出端。而且在 10kHz 附近的噪声也有几 dB 的改善。几乎可以认为没有噪声）

源极跟随器是源极电位随输入信号动作的电路。在噪声的测定中将输入端接 GND,所以源极电位也处于与交流接地相同的状态。因此,即使把噪声大的电源接到漏极,源极端——也就是输出端仍然不会出现电源的噪声。

另外,10kHz 附近的噪声与源极接地放大电路相比也有数 dB 的改善。

一般来说,放大电路的放大倍数愈大噪声愈高。这是因为放大电路内部产生的噪声一起被放大。放大倍数为 1 的源极跟随器的增益比源极接地电路低，所以噪声也就低。

图 4.14 是总谐波失真 THD 与输出电压的关系曲线。源极跟随器的 THD 量与源极接地放大电路的特性(参见图 4.30)基本相同。这对于低频电路来说已经足够了。

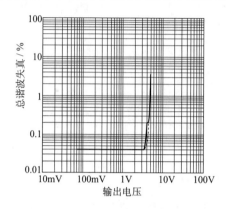

图 4.14   总谐波失真 THD 与输出电压的关系
(性能与源极接地放大电路基本相同。这对于低频电路无疑是足够了)

4.4   源极跟随器电路的应用电路

4.4.1   采用 N 沟 JFET 和负电源的电路

图 4.15 是采用 N 沟 JFET 和负电源的源极跟随器电路。即使用负电源也能够作成 N 沟 JFET 源极跟随器。使用负电源时基本的电路构成与图 4.1 的电路没有什么改变。与使用正电源电路的不同之处仅在于将正电源变为 GND，将 GND 变为负电源。

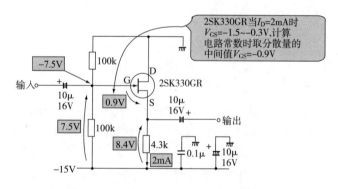

图 4.15   采用 N 沟 JFET 和负电源的电路

图 4.15 中,使用 2SK330GR,并设定漏极电流 $I_D = 2mA$。由 2SK330GR 的数据表中得到这时 $V_{GS} = -1.5 \sim 0.3V$。在计算电路常数时取其分散范围的中间值 $V_{GS} = -0.9V$。

为使电路简单起见,栅极电位设定为 GND 与负电位的中间值 $-7.5V$,源极电阻为 $4.3k\Omega$,所以设定 $I_D = 2mA$(实际上,由于 V_{GS} 值分散在 $-1.5 \sim 0.3V$ 之间,所以 I_D 也相应地存在分散值)。

在使用负电源的电路中必须注意电解电容器的极性。图 4.15 中,认为输入输出端的直流电位为 0V,所以耦合电容的极性是输入输出端一侧为正极性。当该电路前后还接续有其他电路时,要考虑所接续电路的直流电位来决定耦合电容的极性。

4.4.2 采用 P 沟 JFET 和负电源的电路

图 4.16 是采用 P 沟 JFET 和负电源的源极跟随器电路。电路构成正好与使用正电源时的 N 沟 JFET 电路以接 GND 线为对称。

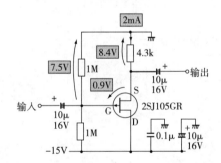

图 4.16 采用 P 沟 JFET 和负电源的电路

电路的设计方法与使用 N 沟 JFET 时完全相同。但是,对于 P 沟 JFET 必须注意 V_{GS} 的极性为正。

为了设定源极电流(为了计算源极电阻的值),需要从数据表中求 FET 的 V_{GS}。不过这里使用的 2SJ105(东芝)的数据表中没有提供 GR 档产品的传输特性。

2SJ105 与图 4.15 中使用的 2SK330 成互补对——电气特性相同的 N 沟和 P 沟对。所以 V_{GS} 值就可以采用 2SK330GR 的值(当然极性是相反的)。因为图 4.16 与图 4.15 的源极电流相同,所以 2SJ105GR 的 V_{GS} 也与图 4.15 相同,按 0.9V 计算源极电阻(因为源极电阻的值相同)。

由于该电路源极电阻的电压降比 V_{GS} 大,所以设计时即使按 $V_{GS} = 0$ 求源极电阻也没有问题(实际的源极电流不是 2mA,不过误差并不大)。

这样一来,即使数据表中没有提供器件的传输特性,通过设定 V_{GS} 的值也能够进行电路设计。

4.4.3　源极跟随器＋恒流负载

图 4.17 的电路中将源极跟随器的源极电阻置换成了恒流电路(叫做恒流负载)。

图 4.1 所示的电路中,使用电阻负载(R_S)的源极跟随器像照片 4.7 那样受到空载电流的制约,当负载重时输出波形的负半周被限幅。如图 4.6 所示,认为这个限幅的电压值就是源极电阻与负载并联接续时的电压降。

图 4.17 的电路在源极采用了恒流电路,所以可以认为源极电阻是无穷大(恒流电路的阻抗为无穷大),因此源极电阻与负载的并联值就是负载值。就是说,如果空载电流是相同的,那么恒流负载源极跟随器的输出电压可以大于电阻负载源极跟随器的输出电压。

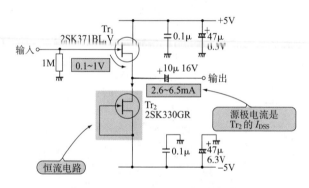

图 4.17　源极跟随器＋恒流负载

在设计电阻负载源极跟随器时,是从 FET 的传输特性中求得 V_{GS},计算源极电阻。但是在图 4.17 的电路中,恒流负载是利用 JFET 的 I_{DSS} 的恒流电路,所以确定源极电流的设定值时,只要选择其 I_{DSS} 与设定的恒流电路的源极电流相等的 JFET 就可以了。

因此,即使不知道这个电路中 Tr_1 的 V_{GS} 值也能够进行设计。但是必须确认 V_{GS} 为多大时才能够工作。图 4.17 的电路中,根据 Tr_1、Tr_2 的 I_{DSS} 的分散性,取值范围应该为 $-1 \sim -0.1V$(根据 2SK371BL,V 的传输特性)。

在设计上应该注意的是对于 Tr_2 的 FET 来说,要选择其 I_{DSS} 比 Tr_1 小的型号或者 I_{DSS} 档次。其目的是源极跟随器工作时 JFET 的源极电流设定值低于 I_{DSS}。

在这个电路中,Tr_1 采用 $I_{DSS} = 8 \sim 30mA$ 的 2SK371BL,V(东芝),Tr_2 采用

$I_{DSS}=2.6\sim6.5$mA 的 2SK330GR。

Tr_1 的栅极偏置电路采用正负二电源(±5V),将栅极电位设定为 0V(GND 电平),所以只需要一个 1MΩ 的电阻。

如果恒流电路使用 JFET,由于源极电流的设定值就是恒流电路中 JFET 的 I_{DSS},所以分散范围比较大(在图 4.17 中为 2.6～6.5mA)。

如果希望准确地设定源极电流,电路就变得稍微复杂。不过可以使用图 4.18 所示的晶体管恒流电路。在这种场合由于 Tr_1 也采用 JFET,所以恒流电路的设定电流($=Tr_1$ 的源极电流)必须设定为低于 Tr_1 的 I_{DSS} 值。

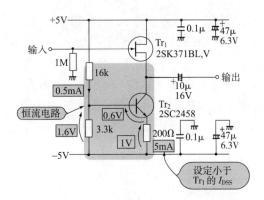

图 4.18　源极跟随器＋晶体管恒流负载

4.4.4　采用 JFET 的推挽源极跟随器

图 4.19 中是采用 JFET 的推挽源极跟随器。

这个电路的结构非常简单,而且由于是推挽结构,所以不会像照片 4.7 所示那样波形被限幅,使用也很方便。

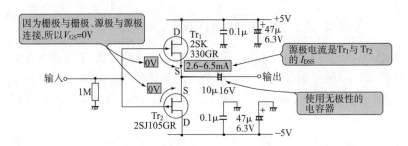

图 4.19　采用 JFET 的推挽源极跟随器

由于 N 沟 JFET 和 P 沟 JFET 的栅极与栅极、源极与源极相互连接，所以 Tr_1 和 Tr_2 都是在 $V_{GS}=0V$ 下工作。因此，Tr_1 和 Tr_2 的源极电流都是 I_{DSS}（$V_{GS}=0V$ 时的源极电流是 I_{DSS}）。

不过这是 Tr_1 和 Tr_2 的传输特性完全相同（当然极性是相反的）时的情况，实际的器件即使是互补对也不一定正好完全一致。

图 4.19 的电路中 Tr_1 的源极与 Tr_2 的源极相接续，所以 Tr_1 和 Tr_2 的源极电流完全相等。这时如果像图 4.20 那样将 N 沟 JFET 与 P 沟 JFET 的传输特性叠合，那么两条曲线的交叉点就成为实际的工作点（曲线交叉点处的漏极电流的值相同）。这时的源极电位将会偏离 V_{GS} 为 0V 的值。

这个电路的设计非常简单，只是选择 JFET。但是 JFET 必须使用互补对，而且 I_{DSS} 的档次必须一致。否则的话，将不会出现图 4.20 所示的传输特性的交叉点。

另外，由于使用的 JFET 的 I_{DSS} 分散性，不能确定源极电位是正还是负，所以为了从 Tr_1 和 Tr_2 的源极取出输出而使用的耦合电容必须采用无极性（双极性的）电容。

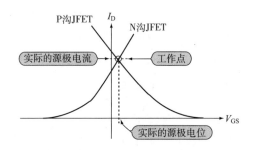

图 4.20 推挽源极跟随器的工作点

4.4.5 FET 与晶体管混合的达林顿连接

图 4.21 是将达林顿连接的晶体管用于射极跟随器使用的例子。达林顿连接是前级晶体管 Tr_1 的发射极电流全部成为后级晶体管 Tr_2 的基极电流，所以 h_{FE} 为 $h_{FE1} \times h_{FE2}$（h_{FE1}：Tr_1 的 h_{FE}，h_{FE2}：Tr_2 的 h_{FE}）。因此，Tr_1 的基极电流可以变得非常小。

但是，晶体管是由基极电流控制集电极电流的电流控制器件，必须有基极电流，所以器件的输入阻抗不可能很大。

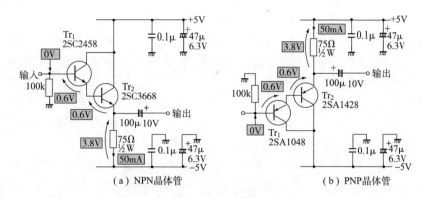

图 4.21 采用达林顿连接射极跟随器

图 4.22 是前级使用 JFET，后级采用晶体管的混合达林顿连接的源极跟随器（射极跟随器?）电路。这个电路是 Tr_1 的源极电流全部成为 Tr_2 的基极电流，所以是达林顿连接形式。

由于前级采用输入电流几乎为零的 FET（JFET 的输入电流约为 pA～nA 量级），所以电路的输入阻抗可以作的非常大。而且由于 Tr_2 使用晶体管，所以对发射极电流也没有限制（JFET 的源极跟随器的输出电流不超过 I_{DSS}）。就是说，这个电路是一个兼备了 FET 的高输入阻抗特性和晶体管的大输出电流特性的电路。

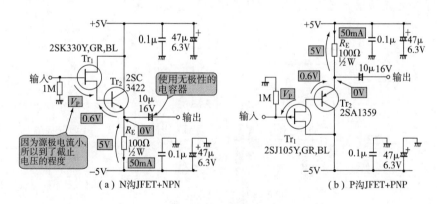

图 4.22 JFET 与晶体管混合的达林顿电路

这个电路是 N 沟 JFET 与 NPN 晶体管，P 沟 JFET 与 PNP 晶体管组合，所以 JFET 的 V_{GS} 与晶体管的 V_{BE} 极性相反，相互抵消。Tr_2 的发射极电位与 Tr_1 的栅极电位相同，其值接近 0V。实际的电路中，晶体管的 h_{FE} 稍大些，所以 Tr_2 的基极电流＝Tr_1 的源极电流，其值小，Tr_1 是在 V_{GS} 接近夹断电压的值下工作。

发射极电阻 R_E 可以在 Tr_2 的发射极电位为 0V 的情况下计算得到。图 4.22

的电路中,发射极电流设定为 50mA,所以 $R_E = 100\Omega (= 5V/50mA)$。

由于 JFET 的 V_{GS} 具有分散性,不能确定源极电位究竟是正还是负(V_{GS} <0.6V时为负,V_{GS}>0.6V 时为正),所以从 Tr_2 的发射极取出输出所用耦合电容必须采用无极性电容器。

Tr_1 使用的 JFET 选用栅极-漏极间电压的最大额定值 V_{GS} 大于电源电压的器件。不过由于 Tr_1 的源极电流成为 Tr_2 的基极电流,所以 JFET 必须选择 I_{DSS} 大于 Tr_2 所必要的最大基极电流(发射极电流/h_{FE})的器件。

对于 Tr_2,应该选择集电极-基极间电压和集电极-发射极电压的最大额定值 V_{CBO}、V_{CEO} 高于电源电压,而且集电极电流最大额定值大于设定的发射极电流值(近似集电极电流)的晶体管。不论哪个档次的 h_{FE} 都可以。

4.4.6 源极跟随器＋OP 放大器

某些 OP 放大器的输入级采用 JFET 或者 MOSFET,输入偏置电流(流过输入端的电流)非常小。这种 OP 放大器应用于对几乎不能够取出电流的信号源(例如,高阻抗传感器等)的输出进行放大的电路中。

前级采用 FET 的 OP 放大器要比前级采用晶体管的 OP 放大器的噪声特性差些。

图 4.23 是用恒流负载驱动的源极跟随器与晶体管输入 OP 放大器组合的电路。它可以形成输入偏置电流小而且噪声低的放大电路。

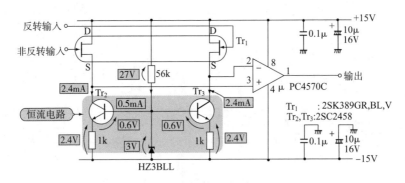

图 4.23　源极跟随器＋OP 放大器

源极跟随器部分的设计与一般的恒流负载源极跟随器完全相同。但是两个输入端(反转输入和非反转输入)的 FET 的 V_{GS} 之差成为电路输入偏置电压,所以两个源极跟随器使用的 FET 的 V_{GS} 应该尽量一致(在放大器中使用时,输入偏置电压被设定增益倍增后变成了电路的输出偏置电压——输出端不需要的直流成分)。

该电路中,使用单片双 JFET 2SK389(东芝),将两个电路的 V_{GS} 合起来(两个 2SK389 FET 的 V_{GS} 之差最大为 20mA)。

恒流电路中,采用能够正确设定电流的晶体管电路,这样可以使两个源极跟随器的源极电流一致,尽量减小 V_{GS} 之差。

这个电路是在 OP 放大器的反馈环中插入源极跟随器(当然,反馈是从 OP 放大器的输出端加到非反转输入侧的源极跟随器的栅极上),因为源极跟随器没有电压增益,所以没有必要为电路工作的稳定性而追加新的相位补偿电路。

4.4.7 OP 放大器+源极跟随器

功率放大用或者开关用的 MOSFET(所谓的功率 MOSFET)能够处理大的漏极电流,所以可以用这些器件制作大电流电路。

图 4.24 是将 OP 放大器和 MOSFET 推挽源极跟随器组合起来的电路。

由于 MOSFET 的输入阻抗高,所以采用一般的 OP 放大器就能够方便地驱动大电流器件。即使 Tr_1、Tr_2 都使用晶体管也能够作成同样的电路,不过由于必须由 OP 放大器提供输出电流 $1/h_{FE}$ 倍的基极电流,所以电路结构稍微复杂些(Tr_1、Tr_2 都必须采用达林顿连接,以提高从 OP 放大器看到的 h_{FE})。

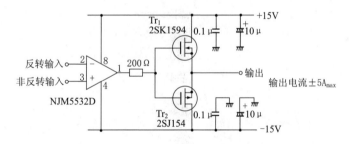

图 4.24 OP 放大器+源极跟随器

由于这个电路采用 N 沟与 P 沟 MOSFET 栅极共接的推挽源极跟随器,所以当不从输出端取出电流时就没有源极电流流动,电路的效率非常高。这是它的特点。因此它应用于 OP 放大器驱动小型电动机或线圈、执行元件负载等场合。

本来这种推挽源极跟随器会产生如照片 4.9 所示那样严重的转换失真。不过在该电路中由于与 OP 放大器组合接入反馈环(当然图 4.24 的电路中反馈是从输出端加到 OP 放大器的反转输入端的),反馈的结果大幅度减小了转换失真。

这个电路的设计非常简单,只是选择 MOSFET。选择 Tr_1、Tr_2 使用的 MOSFET 都要求漏极-源极间电压的最大额定值 V_{DSS} 高于电源电压(该电路中是 ±15V $=30$V),要求漏极电流的最大额定值大于最大输出电流。图 4.24 的电路中,Tr_1

采用 2SK1594（NEC），$V_{DSS} = 30V$，$I_D = 20A$；Tr_2 采用 2SJ154（NEC），$V_{DSS} = -60V$，$I_D = 5A$。

与图 4.19 的电路不同，并不要求 N 沟器件和 P 沟器件的 I_{DSS}、V_{GS} 一致，所以 Tr_1 和 Tr_2 没有必要使用互补对。

在 OP 放大器的输出插入电阻的目的是为了改善 OP 放大器工作的稳定性。由于大功率用 MOSFET 的输入电容非常大，所以对 OP 放大器来说变成了交流重负载。因此，需要插入电阻限制 OP 放大器的输出电流，使工作稳定。这个电阻值取决于使用的 OP 放大器的驱动能力，大约从几十到几百欧。本电路中为 220Ω。

第 **5** 章　FET 低频功率放大器的
设计与制作

通过第 4 章源极跟随器电路的实验,我们知道将 FET 应用于输出电路也是有效的。而且目前功率用的 MOSFET——功率 MOSFET 的应用也在不断扩展。

由于功率 MOSFET 适合于重负载,能够高速开关,所以作为大电流开关广泛应用于开关稳压电源和电动机驱动等电路。

这些用途中,MOSFET 专门作为开关实现 ON/OFF 动作。不过在线性电路——不是进行 ON/OFF 动作而是放大动作的电路中,例如功率放大电路等方面不怎么使用 MOSFET。

其理由是线性电路中没有使用高速开关的必要,不怎么能够发挥 MOSFET 的优势。

但是,MOSFET 的特点不仅是"高速开关",在功率放大电路中也能够发挥它的其他特点。

本章,将介绍使用功率 MOSFET 的低频功率放大电路的设计与制作,讨论将 MOSFET 应用于功率放大电路时的优点和缺点。

5.1　低频功率放大电路的构成

在进行具体的电路设计之前,先讨论功率 MOSFET 的特性,介绍要设计的低频放大器略图。

5.1.1　晶体管电路中的基极电流

MOSFET 最重要的的特点是输入端栅极中没有电流流过。双极晶体管必须给基极提供集电极电流的 $1/h_{FE}$ 的电流,而 MOSFET 只需要给栅极加上电压就可以工作。如果能够充分利用这个特点,就能够使电路简单化。

图 5.1 是本系列《晶体管电路的设计(上)》一书第 5 章中设计和制作的低频功率放大器,电路中使用的是双极晶体管,输出功率为 10W。这个电路中为了给 8Ω 的扬声器负载提供 10W 的输出,必须从输出级晶体管取出约 1mA 的电流。

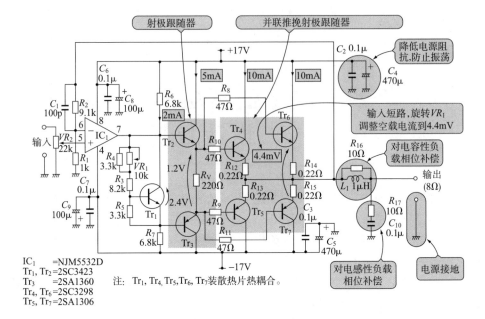

图 5.1 使用双极晶体管、输出为 10W 的低频功率放大器

（这是本系列《晶体管电路的设计（上）》一书第 5 章中设计和制作的电路。为了取出
10W 的输出，级联了 2 级射极跟随器，在输出级还作成并联驱动两个晶体管的并联
推挽射极跟随器。电路很复杂）

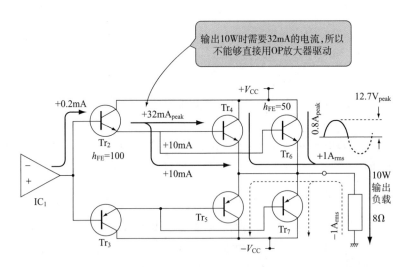

图 5.2 图 5.1 电路中输出级周围的电流关系

（给 8Ω 的负载提供 10W 的输出时，必须从输出级晶体管取出约 1Arms 的电流。由
于这时的基极电流合计为 20mA，OP 放大器无法直接驱动，所以在 OP 放大器和输
出级之间插入射极跟随器）

如图 5.2 所示,当要求向负载输出 1A 电流时,对于电流放大系数 h_{FE} 为 50 的输出级晶体管 $Tr_4 \sim Tr_7$ 来说需要 20mA 的基极电流。

通用 OP 放大器的输出电流一般的实用限度约为几毫安,20mA 的电流是无法由 OP 放大器提供的。所以这个电路中在 OP 放大器与输出级晶体管之间插入了射极跟随器,解决了 OP 放大器无法提供大输出电流的困难。这就是说,在使用双极晶体管的电路中为了向基极提供必要的电流,电路就必然复杂化(必须有 Tr_2、Tr_3 的射极跟随器)。

5.1.2 使用 MOSFET 能够使电路简单化

当输出级使用 MOSFET 时,由于没有必要提供栅极电流,所以如图 5.3 所示可以用 OP 放大器的输出直接驱动 MOSFET。

但是,对于功率 MOSFET 来说,器件的输入电容要比双极晶体管大得多(数千 pF 的量级),所以必须由 OP 放大器提供电容的瞬态充放电电流。因此,用 OP 放大器直接驱动 MOSFET 时稍微令人担忧的它的稳定性和高频特性(频率特性和失真特性)。

但是电路毕竟简单化了。这里,我们就用 OP 放大器直接驱动 MOSFET 的电路作以分析。

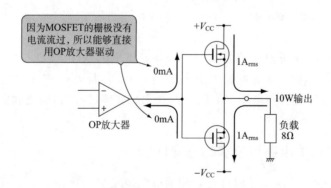

图 5.3 输出级使用 MOSFET 时的电流关系

(由于不需要向 MOSFET 的栅极提供电流,所以即使需要给负载提供 $1A_{rms}$ 的电流,也能够用 OP 放大器直接驱动)

5.1.3 晶体管电路中必须有防热击穿电路

功率放大电路中,工作时会产生许多热损耗。因此,当热损耗引起放大器件温度上升时,如何使电路稳定地工作是一个重要的设计课题。

对于低频功率放大器,由于热损耗会使输出级器件的温度发生变化,为了减小失真,即使不向负载输出电流,也必须经常有一定的电流流过输出器件。

为了实现这种工作,在输出级使用双极晶体管的电路中经常采用图 5.4 所示的具有温度补偿作用的偏置电路。

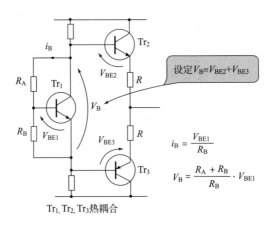

图 5.4　双极晶体管电路经常使用的
具有温度补偿作用的偏置电路

(由于 Tr_1、Tr_2、Tr_3 处于热耦合状态,所以当温度变化时,即使 V_{BE2}、V_{BE3} 变动,V_B
同样地也变动,仍然保持 $V_B = V_{BE2} + V_{BE3}$ 的关系)

这种电路中,偏置电路的晶体管 Tr_1 与输出级的晶体管 Tr_2、Tr_3 热耦合——处于相同的温度,由于发热而发生变化的 Tr_2、Tr_3 的基极-发射极间电压 V_{BE2}、V_{BE3} 与 Tr_1 的基极-发射极间电压 V_{BE1} 同样地变化。这样,就能够使空载电流经常保持一定值。

5.1.4　MOSFET 电路中没有热击穿问题

使用 MOSFET 时由于温度变化使漏极电流发生变化的关系曲线如图 5.5 所示。

这就是说,当栅极-漏极间电压保持一定而温度变化时,漏极电流在电流值小的时候具有正的温度系数(温度升高,漏极电流增加),而在电流值大的时候具有负的温度系数(温度升高时漏极电流减小)。

对于双极晶体管,不论集电极电流值大小如何,集电极电流的温度系数都是正值。因此,如果不进行切实的温度补偿将会发生热击穿(温度上升→集电极电流增加→温度进一步上升→集电极电流进一步增加→…所谓的恶性循环),最终有可能导致器件被烧坏。

对于 MOSFET 来说,由于漏极电流大的时候具有负的温度系数,所以不会发生热击穿。这也是 MOSFET 的优点之一。

当低频功率放大器的输出级使用 MOSFET 时,严格来说为了符合图 5.5 所示的温度特性,需要使偏置变动的温度补偿电路。

但是在原理上 MOSFET 不发生击穿,所以也就没有必要对偏置电路进行严格的温度补偿。只要有"如果温度升高,栅极-源极间电压将减小,从而抑制漏极电流"这样的补偿就足够了。

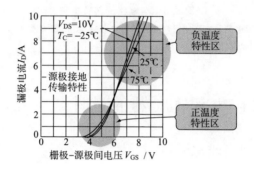

图 5.5 MOSFET 的温度特性例(日立 2SK413)
(MOSFET 漏极电流的温度特性是这个电流值小时为正(随着温度的升高而增加),
电流值大时为负(温度上升时减小)。所以,MOSFET 不会发生热击穿)

5.1.5 简单的温度补偿电路

如图 5.6 所示,这是与输出级使用双极晶体管的功率放大器完全相同的偏置电路(当然也必须使输出级的 MOSFET 与偏置电路的晶体管 Tr_1 热耦合)。但是,这个电路中 MOSFET 的 V_{GS} 的温度变化是由晶体管 V_{BE} 的温度变化补偿的,所以是不怎么准确的温度补偿。

这个电路的工作是由如下的循环过程进行控制的。

① 输出级温度上升;

② Tr_1 的温度同样也上升,V_{BE} 变小(晶体管的 V_{BE} 随温度上升而减小,温度系数约为 $-2.5mV/℃$);

③ MOSFET 的栅极-栅极间电压 V_B 减小;

④ 由于 MOSFET 的 V_{GS} 变小,所以漏极电流减小;

⑤ 器件的温度下降。

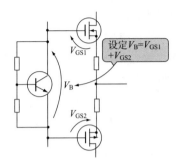

图 5.6　本电路的偏置电路

(本电路的偏置电路与末级使用双极晶体管电路完全相同。它是由 V_B 补偿 V_{GS},所以不是严密的温度补偿)

5.2　MOSFET 功率放大器的设计

5.2.1　放大器的设计指标

使用 MOSFET 的功率放大器的设计指标如下:

功率放大器的设计指标

电压增益	10 倍(20dB)
输出功率	10W(8Ω 负载)
频率特性	20Hz~20kHz(—3dB 带宽)
失真率 THD	0.1%以下
输入阻抗	约 10kΩ

　　顺便指出,这个设计指标与图 5.1 使用双极晶体管的 10W 输出低频功率放大器的内容几乎完全相同(参看本系列《晶体管电路的设计(上)》一书)。后面将对双极晶体管电路与 MOSFET 电路进行比较,分析它们各自的优缺点。

　　图 5.7 是设计的功率放大器总电路图。电压放大部分与图 5.1 相同,使用 OP 放大器。这样一来,得益于 OP 放大器本身的高增益,在施加负反馈时的失真率得到很大改善。

　　照片 5.1 是在普通印刷电路板上制作图 5.7 电路的实例。这个电路只有一个通道,要产生立体声的话还需要增加一个通道。

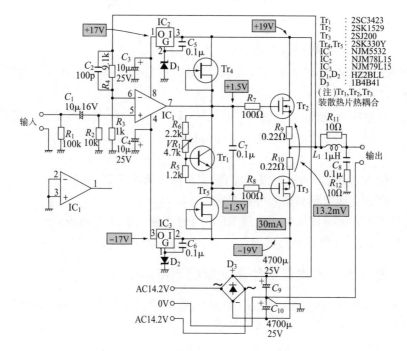

图 5.7 设计的功率放大器电路

（用 OP 放大器进行电压放大，输出级采用 MOSFET，所以电路非常简单）

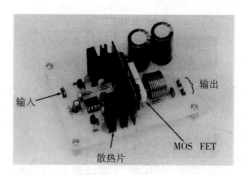

照片 5.1 制作的 10W 功率放大器的外观

（为了进行温度补偿，给输出级的 MOSFET 和偏置用晶体管设置一个散热片）

5.2.2 首先确定电源电压

首先确定电源电压。根据输出功率确定电源电压。

最大输出功率 P_0 是对 8Ω 负载（扬声器的阻抗）输出 $10W$，根据 $P = V^2/Z$，这时的输出电压为

$$V_O = \sqrt{(P_O \cdot Z)}$$
$$= \sqrt{(10\text{W} \times 8\Omega)} \approx 8.94 V_{\text{rms}} \tag{5.1}$$

式中,Z 为负载阻抗。这个值是有效值,当输出信号是正弦波时,输出波形的峰值应该为 12.6V(约 $8.94 V_{\text{rms}} \times \sqrt{2}$)。

这个电路中,电压放大级使用 OP 放大器。不过 OP 放大器的最大输出电压比电源电压低 1～2V。必须把这部分作为损耗加在最大输出电压上来确定电源电压。

为了使 MOSFET 流过漏极电流,偏置电路中要在栅极-源极间加大约1.5V的电压。这部分也必须作为损耗考虑在内。

所以本电路的电源电压应该是 12.6V(最大输出电压的峰值)+2V(OP 放大器的损耗)+1.5V(偏置电路的损耗)+1V(富裕量)≈17V。

5.2.3 OP 放大器的电源电路是 3 端稳压电源

为使电路简单起见,±17V 的 OP 放大器电源往往采用 3 端稳压电源。但是一般的 3 端稳压电源的输出电压值并不是这里需要的±17V。

输出为 +15V/−15V 的 3 端稳压电源比较容易得到。如图 5.8 所示,这里需要的电源是在这种 3 端稳压电源的 GND 端插入 2V 的齐纳二极管,使输出电压移动 2V 变为±17V 的电源。

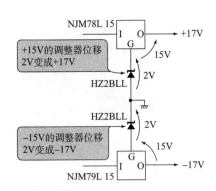

图 5.8　OP 放大器的电源电路

(OP 放大器的电源电压±17V 的值不是常规值。所以在 +15V/−15V 的 3 端稳压
电源的 GND 端插入齐纳二极管作 2V 电平移动,构成±17V 的输出电压)

由于这个电路的输出电流小(负载只是 OP 放大器,最多十几毫安),所以采用输出电流为 100mA 的 3 端稳压电源 μPC78L15、μPC79L15(NEC)就足够了。然后再用 2V 的齐纳二极管 HZ2BLL(日立)移动输出电压,就成了±17V 的电源。

3 端稳压电源也可以采用输出电流为 500mA 的 78M15/79M15 或者 1A 的 7815/7915。

5.2.4 关于源极跟随器级的电源

在 MOSFET 源极跟随器级,由于必须给负载(8Ω)提供 10W 的输出,所以流过的电流相当大。例如按照 $P = I^2 R$,10W 输出时的输出电流为

$$I_O = \sqrt{(P/R)} = \sqrt{(10W/8\Omega)}$$
$$\approx 1A_{rms} \approx 1.4A_{peak} \tag{5.2}$$

为了稳定地提供这个电流,需要有大规模的电源电路。所以,源极跟随器级的电源是由未稳定化处理的整流输出提供的。偏置电路的电源顺便也从这里取出。

所谓的未稳定化是指整流电路输出中含有较大的脉动成分。但由于是提供给源极跟随器,所以电源的脉动和噪声根本不会到达输出端。

通常功率放大电路输出级(源极跟随器或者射极跟随器)的电源几乎在所有的场合都是这样使用整流电路的输出的。否则的话,电路的损耗将会非常大。

5.2.5 整流电路的输出电压和电流

整流电路的输出是 3 端稳压电源的输入电压。78L/79L 型稳压电源要求输入输出间电压差在 2V 以上(最近输入输出间电压差在 1V 以下的 3 端稳压电源已经成为主流产品)。由于整流电路的输出中含有很大的脉动成分,所以脉动的基底电压必须在 19V 以上。

例如假定脉动的振幅为 0.5V(会因取出电流、平滑电容器、变压器的损耗等变化),那么整流电路的输出波形的峰值为 19.5V。

整流电路如图 5.9 所示,采用从变压器次级线圈的中间抽头,组成二极管桥式全波整流电路。

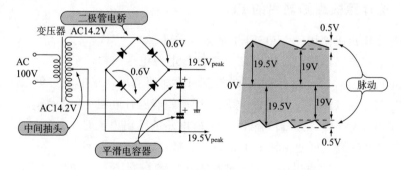

图 5.9 整流电路的构成

(是从变压器的次级线圈中间抽头,采用二极管电桥的全波整流电路。变压器次级线圈的输出电压可以由电容器平滑后的峰值电压和脉动电压推算得)

整流电路的输出电压是从变压器次级 AC 输出的峰值中扣除一个整流二极管的正向电压(约 0.6V)的值。所以变压器次级 AC 输出电压 V_{AC} 为：

$$V_{AC} = \frac{19.5V_{peak} + 0.6V}{\sqrt{2}} \approx 14.2V_{rms}$$

下面求变压器次级 AC 输出的电流容量。可以认为它是提供给负载的输出电流(从式(5.2)得到 $1A_{rms}$)。

因此,使用的变压器次级线圈的电压应在 $14.2V_{rms}$ 以上,电流应在 $1A_{rms}$ 以上(如果电压过大,会增加电路的热损耗,所以以 $17V_{rms}$ 为宜。电流容量没有上限)。

5.2.6　整流电路中的二极管与电容器

下面确定整流电路中使用的二极管。

由图 5.9 可以看出,当二极管截止时,加在电桥各二极管上的电压是变压器次级线圈的电压(准确地说是次级电压－0.6V)。在这个电路中是 $40.2V_{peak}$(约为 $14.2V_{rms} \times 2 \times \sqrt{2}$)。

因此二极管电桥应该使用最大额定值反向电压 V_{RRM} 在 40.2V 以上,正向电流 I_O 在 $1 A_{rms}$ 以上的器件。在这里使用 $V_{RRM} = 100V$, $I_O = 1 A$ 的电桥二极管 1B4B41(东芝)。

二极管电桥使用的平滑电容器 C_9、C_{10} 的电容值由从整流电路取出的电流、脉动的允许值、以及变压器的线圈电阻等因素决定(有根据这些因素求电容器值的计算式)。

由于变压器线圈电阻等的不确定因素很多,所以通常几乎都是给出经验性的确定方法:"如果有这么大输出的话,则使用××μF 的电容器"(容量大的话是没有问题的)。按照作者的经验,本电路中取 $C_9 = C_{10} = 4700\mu F$。

5.2.7　选择源极跟随器用的 FET

先讨论输出级使用的 MOSFET 的选择条件。

整流电路的输出就是源极跟随器部分的电源电压,即 $\pm 19.5V_{peak}$。当输出电压达到正负峰值时,Tr_2、Tr_3 的漏极-源极间所加的电压是正电源与负电源之间的电压。这就是说 Tr_2、Tr_3 的漏极-源极间所加的电压有可能达到 39V。

由于给 8Ω 负载(扬声器)输出 10W 时电路的输出电流是 $1.4A_{peak}$,所以 Tr_2、Tr_3 的漏极电流最大可能达到 1.4A。

再考虑器件的功率损耗。为了减小输出级源极跟随器的功率损耗,设定电路工作在 B 类状态。

一般来说,B 类工作状态的推挽射极跟随器中单管功率损耗 P_D 的最大值是电路最大输出功率的 1/5（详见参考文献［7］）。由于最大输出功率是 10W，所以 $P_D = 2W$。

因此，对于输出级 MOSFET 的 Tr_2、Tr_3 必须使用绝对最大额定值漏极-源极间电压 V_{DS} 在 39V 以上，漏极电流在 1.6A 以上，功率损耗 P_D 在 2W 以上的器件。这里就手头所有，选用低频功率放大用互补对 2SJ200，2SK1529。表 5.1、表 5.2 分别列出它们的特性。

表 5.1 2SJ200 的特性

（是一种能够应用在 100W 级低频功率放大器中的 MOSFET。应用在本电路中显得有些奢侈）

（a）**最大额定值**（$T_a = 25℃$）

项 目	符号	额定值	单位
漏极-源极间电压	V_{DSS}	−180	V
栅极-源极间电压	V_{GSS}	±20	V
漏极电流	I_D	−10	A
容许损耗（$T_c = 25℃$）	P_D	120	W
沟道温度	T_{ch}	150	℃
保存温度	T_{stg}	−55～150	℃

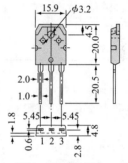

1. 栅极 2. 漏极（散热片）3. 源极

（c）**外形**

（b）**电学特性**（$T_a = 25℃$）

项 目	符号	测 定 条 件	最小	标准	最大	单位
漏极漏电流	I_{GSS}	$V_{DS} = 0, V_{GS} = ±20V$	—	—	±0.5	μA
漏极-源极间击穿电压	$V_{(BR)DSS}$	$I_D = −10mA, V_{GS} = 0$	−180	—		V
栅极-源极间夹断电压	$V_{GS(OFF)}$ GD	$V_{DS} = −10V, I_D = −0.1A$	−0.8	—	−2.8	V
漏极-源极间饱和电压	$V_{DS(ON)}$	$I_D = −6A, V_{GS} = −10V$		−1.5	−5.0	V
正向传输导纳	$|Y_{fs}|$	$V_{DS} = −10V, I_D = −3A$		4.0		S
输入电容	C_{iss}	$V_{DS} = −30V, V_{GS} = 0, f = 1MHz$	—	1300		pF
输出电容	C_{oss}	$V_{DS} = −30V, V_{GS} = 0, f = 1MHz$	—	350		pF
反馈电容	C_{rss}	$V_{DS} = −30V, V_{GS} = 0, f = 1MHz$	—	200		pF

注：$V_{GS(OFF)}$ 区分 O：−0.8～−1.6，Y：−1.4～−2.8。

2SJ200 和 2SK1529 器件按照截止时栅极-源极间电压 $V_{GS(OFF)}$ 的大小分为 O 和 Y 两档，无论使用哪一档都可以。

但是从上下两个器件的特性应该一致的意义上，Tr_2、Tr_3 的档次应该相同（如果上下两个器件的档次不同，失真率稍有影响，不过对电路的工作没有影响）。

从器件的最大额定值看出，这种大型器件应用于本电路中显得大材小用（在 100W 级的功率放大器中都能使用）。只要满足前面的条件（有一定的余量），可以使用比较小型的器件。

表 5.2　2SK1529 的特性

（是与 2SJ200 成互补对的 MOSFET。MOSFET 容易在静电作用下损坏，所以使用时需要注意）

（a）**最大额定值**（$T_a = 25℃$）

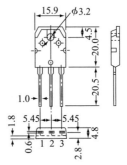

项　　目	符号	额定值	单位
漏极-源极间电压	V_{DSS}	180	V
栅极-源极间电压	V_{GSS}	±20	V
漏极电流	I_D	10	A
容许损耗（$T_c = 25℃$）	P_D	120	W
沟道温度	T_{ch}	150	℃
保存温度	T_{stg}	−55～150	℃

1. 栅极 2. 漏极（散热片）3. 源极

（b）**电学特性**（$T_a = 25℃$）　　　　　　　　　　　　　　　　　　（c）**外形**

项　　目	符号	测　定　条　件	最小	标准	最大	单位
漏极漏电流	I_{GSS}	$V_{DS} = 0, V_{GS} = ⊥00V$	—		+0.5	μA
漏极-源极间击穿电压	$V_{(BR)DSS}$	$I_D = 10mA, V_{GS} = 0$	180	—		V
栅极-源极间夹断电压	$V_{GS(OFF)}$ GD	$V_{DS} = 10V, I_D = 0.1A$	0.8	—	2.8	V
漏极-源极间饱和电压	$V_{DS(ON)}$	$I_D = 6A, V_{GS} = 10V$	—	2.5	5.0	V
正向传输导纳	$\|Y_{fs}\|$	$V_{DS} = 10V, I_D = 3A$	—	4.0		S
输入电容	C_{iss}	$V_{DS} = 30V, V_{GS} = 0, f = 1MHz$	—	700		pF
输出电容	C_{oss}	$V_{DS} = 30V, V_{GS} = 0, f = 1MHz$	—	150		pF
反馈电容	C_{rss}	$V_{DS} = 30V, V_{GS} = 0, f = 1MHz$	—	90		pF

注：$V_{GS(OFF)}$ 区分　O：0.8～1.6，Y：1.4～2.8。

5.2.8　需要有散热片和限流电阻

Tr_2、Tr_3 的的功率损耗合计最大能够达到 4W，所以必须设置散热片。

如照片 5.1 所示，这个低频放大器使用了能够充分散发 4W 热量的散热片 20CU050-C38（关于散热片的选择详见参考文献[7]）。

2SJ200 和 2SK1529 器件都是金属部分（漏极）露出外壳的，所以安装散热片时必须有绝缘片（电气绝缘，而导热性好）。需要注意绝缘片种类不同，有的需要涂敷硅酮之类涂料。

下面确定源极跟随器的限流电阻 R_9 和 R_{10}。如果该电阻值过大，电阻本身将产生热损耗，从而减少了输出功率。这里取 $R_9 = R_{10} = 0.22\Omega$。

由于输出电流会流过 R_9 和 R_{10}，最大输出时（10W）流过的电流将会达到 $1A_{rms}$。这时 R_9 和 R_{10} 上产生的热损耗可达到 0.22W，所以必须使用额定功率大于该值的电阻。

这里使用了额定功率为 2W 的金属板电阻器（用有孔金属板作电阻体）MPC78.22ΩK。

5.2.9 源极跟随器偏置电路的构成

图 5.10 表示偏置电路部分电压与电流的关系。偏置电路是用 JFET 恒流源夹住晶体管 Tr_1，这个晶体管产生加在输出级 MOSFET 的栅极-栅极间的偏置电压。

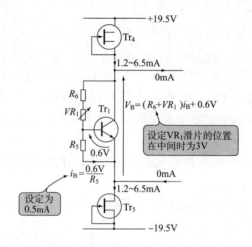

图 5.10 偏置电路部分的电压电流关系

（这个电路的特点是用 JFET 恒流电路夹住 Tr_1，通过 VR_1 调整偏置电压 V_B）

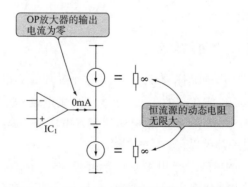

图 5.11 用 OP 放大器驱动偏置电路的情况

（OP 放大器的负载是偏置电路的恒流源。可以认为恒流源的电阻值无限大，所以 OP 放大器的输出电流为零）

可以认为恒流源的动态电阻（内阻）几乎是无限大，所以如图 5.11 所示，驱动偏置电路的 OP 放大器的负载是无限大,OP 放大器的输出电流为零(但是 OP 放大器必须提供 MOSFET 输入电容的充放电电流,所以交流不为零)。其结果,OP 放大器的工作比较轻松,失真率等电气特性也得到改善。

5.2.10   偏置用恒流源的讨论

作为恒流源使用的 JFET 的漏极-源极间电压即使大于绝对最大额定值 39V(正电源与负电源间的电压)也没有关系。这里选用通用的 JFET 2SK330(东芝)(关于 2SK330 的特性参看表 3.2)。

2SK330 是按 I_{DSS} 分档的。在该电路中 I_{DSS} 的值就成了恒流源的电流值。MOSFET 的栅极没有电流流过,所以电流源的电流值怎么设定都可以(如果必须给 MOSFET 的栅极提供电流的话,偏置电路中就必须流过大于它的电流)。

对于 JFET 来说即使同一档次的产品,I_{DSS} 值也存在一定的分散范围,所以图 5.11 的电路中上下电流源的电流设定值并不恰好一致(可以说几乎所有的场合都不一致)。

其结果,电路的电流均衡并没有崩溃。由于这个电流值的差分是由 OP 放大器提供的,所以能够保持电路电流的均衡。

但是,OP 放大器的输出电流也是有限的(通常希望在几毫安以内使用),所以电流差尽可能少就可以了。

从这个意义上,Tr_4、Tr_5 的 I_{DSS} 不太大就可以了(I_{DSS} 的档次愈高,同一档次内最小值与最大值之差就愈大)。

这里使用的是 2SK330 的 Y 档(1.2～3.0mA),或者 GR 档(2.6～6.5mA)。因此,电流源的设定电流为 1.2～6.5mA。

5.2.11   选择温度补偿用晶体管

下面确定温度补偿用的晶体管 Tr_1。只要这个晶体管集电极电流 I_C 的最大额定值在 6.5mA 以上(Tr_4 或 Tr_5 的 I_{DSS} 的最大值),集电极-发射极电压的最大额定值在几伏以上(=MOSFET 的栅极-栅极间的偏置电压值,关于这个值将在后面将作说明),什么样的器件都可以。

考虑到与 Tr_2、Tr_3 的热耦合,选用 TO126 全模封装——金属部分不暴露出的绝缘型封装的低频中功率放大用晶体管 2SC3423(东芝)。表 5.3 列出了 2SC3423 的特性。

这个电路中流过基极侧(R_5、VR_1、R_6)的电流 i_B 由 R_5 决定(因为 R_5 的电压降是 Tr_1 的 V_{BE})。为了可以忽略基极电流,取 i_B 大于集电极电流的 1/10。这里取 i_B = 0.5mA(集电极电流为从电流源的设定电流 1.2～6.5mA 扣除这个 0.5mA 的值)。所以,R_5 = 1.2kΩ(约 0.6V/0.5mA)。

表 5.3　2SC3423 的特性

（因为是全模封装，所以可以简单安装在散热片上。还可以作为温度补偿元件使用）

（a）最大额定值（T_a＝25℃）

项　目		符号	额定值	单位
集电极-基极间电压		V_{CBO}	150	V
集电极-发射极间电压		V_{CEO}	150	V
发射极-基极间电压		V_{EBO}	5	V
集电极电流		I_C	50	mA
基极电流		I_B	5	mA
集电极损耗	T_a＝25℃	P_C	1.2	W
	T_c＝25℃		5	
结区温度		T_j	150	℃
保存温度		T_{stg}	−55～150	℃

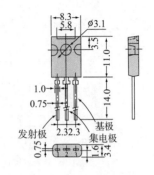

（c）外形

（b）电学特性（T_a＝25℃）

项　目	符号	测　定　条　件	最小	标准	最大	单位
集电极截止电流	I_{CBO}	V_{CB}＝150V，I_E＝0	—	—	0.1	μA
发射极截止电流	I_{EBO}	V_{EB}＝5V，I_C＝0	—	—	0.1	μA
直流电流放大倍数	h_{FE}（注）	V_{CE}＝5V，I_C＝10mA	80		240	
集电极-发射极间饱和电压	$V_{CE(sat)}$	I_C＝10mA，I_B＝1mA			1.0	V
基极-发射极间电压	V_{BE}	V_{CE}＝5V，I_C＝10mA			0.8	V
特征频率	f_T	V_{CE}＝5V，I_C＝10mA		200		MHz
集电极输出电容	C_{ob}	V_{CB}＝10V，I_E＝0，f＝1MHz			1.8	pF

注：h_{FE}分类　O：80～160，Y：120～240。

5.2.12　确定偏置电压 V_B

这个偏置电路中产生的 MOSFET 栅极-栅极间电压 V_B 可以从 MOSFET 的传输特性（I_D-V_{GS}）曲线中求得。

图 5.12 是 2SJ200 和 2SK1529 的传输特性。这个电路的输出级工作在 B 类状态——偏置使输出晶体管的某一个处于截止状态。为了改善失真率，只流过很小的空载电流。

考虑到发热和失真率，空载电流 I_D 的值取为 30mA。图 5.12 中 I_D＝30mA 时 2SJ200 和 2SK1529 的 V_{GS} 都是约 1.5V（但是这个曲线中 I_D 的刻度太粗，难以正确读取 V_{GS} 值）。

因此 V_B 必须为 3V[＝1.5V−(−1.5V)]。因为 V_B 是 R_5、VR_1、R_6 上的电压降之和，所以

$$V_B＝(VR_1＋R_6)i_B＋0.6V$$

由于 i_B＝0.5mA，所以

$$VR_1 + R_6 = \frac{(V_B - 0.6V)}{i_B} = \frac{(3V - 0.6V)}{0.5mA} = 4.8k\Omega$$

以调整到 $V_B = 3V$ 时 VR_1 的滑片位置为中心,而且预留一定的调整范围,所以取 $VR_1 = 4.7k\Omega$, $R_6 = 2.2k\Omega$。

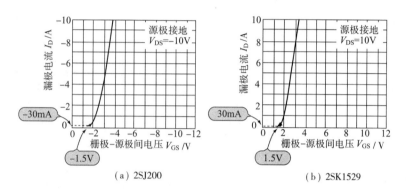

图 5.12 使用的 MOSFET 的传输特性

(MOSFET 所需要的偏置电压(栅极-源极间电压)可以从传输特性中求得。为了使 2SJ200 和 2SK1529 都流过 30mA 的漏极电流,需要约 1.5V 的偏置电压)

5.2.13 OP 放大器构成的电压放大级

电压放大级使用的 OP 放大器可以使用几乎所有电源电压为 ±17V 的通用产品。这里使用 2 路输入的 NJM5532D(JRC)。

由于是从 MOSFET 源极跟随器的输出端向 OP 放大器的反转输入端加负反馈,所以求解电路的总电压增益的方法与用 OP 放大器构成的非反转放大电路完全相同。

本电路的电压增益 A_V 由下式求得:

$$A_V = 1 + R_4/R_3$$

根据设计指标 A_V 必须为 10,所以 $R_3 = 1k\Omega$, $R_4 = 9.1k\Omega$。

与反馈电阻 R_4 并联的电容器 C_2 的作用是降低反馈电路的高频阻抗,使之具有低通滤波器特性。这样可以降低高频增益,使电路的工作稳定。

这里,取 $C_2 = 100pF$,所以低通滤波器的截止频率为

$$f_{CH} = \frac{1}{2\pi C_2 R_4} = \frac{1}{2\pi \times 100pF \times 9.1k\Omega} \approx 180kHz$$

设计指标中带宽的上限频率为 20kHz,所以充分满足设计的要求。

5.2.14 输入电路外围使用的器件

如果给扬声器加直流电压,将会损坏扬声器,所以通常低频功率放大器电路是

不放大直流信号的。

这里制作的电路的电压放大级使用了 OP 放大器,所以当输入端输入直流时直流成分将同时被放大。因此,需要增加隔断直流的隔直流电容。

按照设计指标,电路的输入阻抗必须为 $10\text{k}\Omega$,所以取 $R_2 = 10\text{k}\Omega$。

如果隔直流电容 C_1 的取值小,它与 R_2 形成的高通滤波器的截止频率就高。这里为了满足带宽的设计指标(下限频率为 20Hz),采用 $C_1 = 10\mu\text{F}/16\text{V}$ 的电解电容器。由于输入端加正、负信号的可能性都有,所以 C_1 用无极性的电解电容器。

取 $C_1 = 10\mu\text{F}$,$R_2 = 10\text{k}\Omega$ 时,高通滤波器的截止频率 f_{CL} 为:

$$f_{\text{CL}} = \frac{1}{2\pi C_1 R_2} = \frac{1}{2\pi \times 10\mu\text{F} \times 10\text{k}\Omega} \approx 1.6\text{Hz}$$

R_1 是 C_1 的放电电阻,只要值在几百 $\text{k}\Omega$ 以下就可以。但是当这个值过于小时,将会导致电路的输入阻抗降低,所以取 $R_1 = 100\text{ k}\Omega$(电路的交流输入阻抗为 $R_1 /\!/ R_2$)。

5.2.15 为使电路正常工作所加入的各元件

C_3、C_4 是 OP 放大器的电源去耦电容器。这里采用 $C_3 = C_4 = 10\mu\text{F}/25\text{V}$ 的电解电容器。

C_5 和 C_6 是防止三端稳压电源发生振荡所接入的电容。三端稳压电源也可以认为是与 OP 放大器相同的负反馈放大电路,为了不发生振荡同样也需要有电源去耦电容器。这里使用 $C_5 = C_6 = 0.1\mu\text{F}$ 的叠层陶瓷电容器。

R_7 和 R_8 是防止 MOSFET 发生振荡的重要电阻。由于 MOSFET 的栅极输入阻抗非常高,所以给栅极串联一个小的电阻不会产生不利影响。但是在高频范围 MOSFET 的输入阻抗将降低。而且在某一频率范围往往会成为负阻——其大小是负值的电阻成分,会发生振荡(关于负阻与振荡的关系将在第 14 章介绍)。

在 FET 的栅极插入电阻的作用就是抵消负阻成分防止振荡的发生。这个电阻通常取数十至数百欧。在这里取值为 $R_7 = R_8 = 100\Omega$。

C_7 的作用是对 Tr_1 交流旁路,使得从 Tr_2、Tr_3 的栅极看进去的阻抗相等。这样能够使 MOSFET 的输入电容与前级输出阻抗形成的低通滤波器的截止频率在 Tr_2 一侧和 Tr_3 一侧基本相等。其结果,在高频范围能够使 Tr_2 和 Tr_3 正确地互补工作,改善失真率。

C_7 的值愈大愈好。不过过于大的话电容器的体积也会增大,所以取 $C_7 = 0.1\mu\text{F}$的薄层电容器。

5.2.16 对于扬声器负载的措施

L_1 和 R_{11},C_8 和 R_{12} 的作用是抵消扬声器以及扬声器布线的电感成分和电容成分,使放大器稳定工作的相位补偿元件(用 L_1/R_{11} 抵消电容成分,用 C_8/R_{12} 抵消电感成分)。

但是扬声器及其布线是不确定因素,对它们无法一概利用计算确定。

这里根据作者的经验,取 $L_1 = 1\mu H$(空芯线圈),$R_{11} = 10\Omega$,$C_8 = 0.1\mu F$(薄层电容器),$R_{12} = 12\Omega$。

如果难以得到 $1\mu H$ 的线圈,可以采用直径 $0.5 \sim 1mm$ 搪瓷线(铜线或者镀锡线也可)绕成 10 匝直径为 16mm 的空芯线圈(不是准确的 $1\mu H$ 也可)。

5.3   功率放大器的调整及性能评价

调整点只有决定 MOSFET 空载电流的 VR_1。加电源之前先转动滑片使 VR_1 的值为最小。然后在无输入信号情况下加电源,调整 VR_1 使 R_9 和 R_{10} 上的电压降合计(Tr_2 与 Tr_3 的源极-源极间电压)为 $13.2mV$。

5.3.1   电路的工作波形

照片 5.2 是用 8Ω 负载电阻输出 $10W(12.6W_{peak})$ 功率时的输入输出波形(信号频率为 1kHz)。可以看出输入与输出同相,能够得到设计指标要求的 10W 功率。

照片 5.3 是无信号输入时测得的输出端偏置电压。可以看出输出偏置电压值非常小,仅有 $10.5mV$。这是电压放大级使用的 OP 放大器的特性所致。顺便指出,由于本电路的电压增益是 10 倍,所以这里使用的 OP 放大器的输入偏置电压是 $1.05mA$。

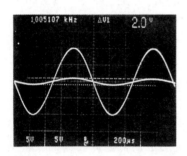

照片 5.2   10W 满功率时的输入输出波形
($200\mu s/div$, $5V/div$)

(8Ω 的负载电阻,输入 1kHz 的正弦波。看得出对于 8Ω 负载电阻,如设计指标要求的那样得到 10W($12.7W_{peak}$)的输出)

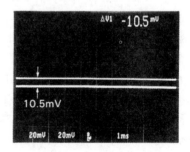

照片 5.3   输出偏置电压
($1ms/div$, $20mV/div$)

(输出偏置电压为 $10.5mA$。这是使用的 OP 放大器的性能所致)

照片 5.4 是加高电平输入信号时输出被限幅——饱和时的波形。如从图 5.7 看到的那样,因为是用 OP 放大器驱动 Tr_2 的栅极,所以对于正电源($= +19V$)的上空间——余量比对于负电源的上空间小,所以正半周被限幅。如果是用 OP 放

大器驱动 Tr_2 的源极,那么输出波形就变成负半周被限幅。

但是,不管哪个半周被限幅,对电路的工作几乎没有影响。

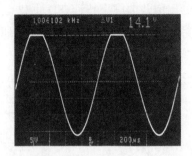

照片 5.4 输出被限幅时的波形($200\mu s/div$,$5V/div$)

(输出波形正半周被限幅。其原因是用 OP 放大器的输出直接驱动 Tr_2,使正侧上空间变小)

5.3.2 温度补偿电路的工作

该电路中是用与 MOSFET 温度特性完全不同的双极型晶管进行温度补偿的,这种补偿是否有效,需要验证。我们通过测定空载电流的温度变化,来确认温度补偿电路的工作。

图 5.13 是在恒温槽——能够改变测定物环境温度的装置中改变环境温度测得的空载电流随温度的变化(空载电流在室温下调整为 $30mA$)。

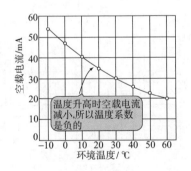

图 5.13 空载电流随温度的变化

(这里使用的 MOSFET 在 $I_D=30mA$ 时具有正的温度系数。但是电路整体呈现负温度系数。这表明温度补偿电路处于过补偿状态)

如从图 5.5 所看到的那样,对于这样的 MOSFET 空载电流为 $30mA$ 时应该具有正的温度系数。但是,图 5.13 表明温度愈高空载电流减小。这就是说电路整体呈现负的温度系数。

因此,补偿有些过度了。不过也能够说明温度补偿电路还是像设定的那样在工作着。

5.3.3　低频放大器的性能——频率特性和噪声特性

图 5.14 是低频范围电压增益的频率特性（8Ω 负载）。电压增益如计算的那样约为 20dB。低频截止频率 f_{CL} 约 1.4Hz，与由 C_1 和 R_2 构成的高通滤波器的截止频率（1.6Hz）基本相等。

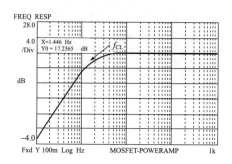

图 5.14　低频范围的频率特性（8Ω 负载）

（电路的电压增益约为 20dB，低频截止频率 f_{CL} 约 1.4Hz。这个高通特性是由 C_1 和 R_2 构成的滤波器的特性）

图 5.15 是高频范围电压增益的频率特性（8Ω 负载）。高频截止频率 f_{CH} 约为 186kHz，与由 C_2、R_4 构成的低通滤波器的截止频率（180kHz）基本相等。

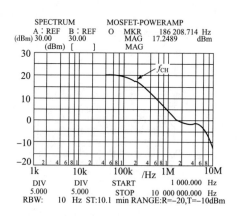

图 5.15　高频范围的频率特性（8Ω 负载）

（高频截止频率 f_{CH} 约为 186kHz，是由 C_2、R_4 形成的低通滤波器的特性）

图 5.16 是输入端短路时测得的输出端噪声频谱图（8Ω 负载）。由于 MOS-FET 作为电压增益为 0dB 的源极跟随器使用，可以认为 MOSFET 几乎不输出噪声。这就是说这个噪声特性就是电压放大级使用的 OP 放大器的特性。总之，作

为功率放大器噪声电平有些高。

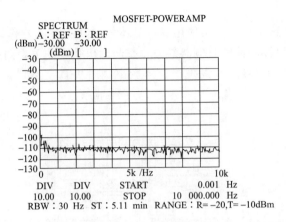

图 5.16 输入端短路时测得的输出端噪声特性(8Ω 负载)

(这个噪声特性是电压放大级使用的 OP 放大器的特性。作为功率放大器噪声电平有些高)

5.3.4 与晶体管放大器的失真率特性比较

图 5.17 是低频放大器中特别关注的失真率(THD)与输出功率的关系曲线。输出功率直到 12W 左右失真率仍然在 0.1％ 以下,所以能够充分满足设计指标的要求。由于输出功率超过了 12W,所以即使 OP 放大器的电源电压稍微降低(约 1V),也能得到 10W 的输出。

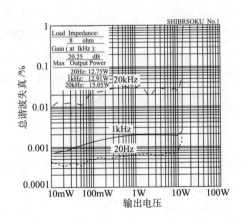

图 5.17 失真率与输出功率的关系曲线(8Ω 负载)

(在 20Hz 得到 0.001％ 以下非常好的性能。信号频率愈高失真率愈差,这是因为 MOSFET 大的输入电容所致)

　　失真率是电压放大级使用 OP 放大器的失真率,所以作为低频用功率放大器具有足够的特性。

　　最后,我们把这个失真率与使用双极晶体管的功率放大器作以比较。图 5.18 是图 5.1 中使用双极晶体管时电路的失真率与输出功率的关系曲线。

　　比较图 5.17 与图 5.18,发现当信号频率高时失真率出现差别。对于 MOS-FET 来说(参见图 5.17),信号频率愈高,失真率愈大。

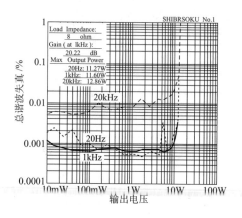

图 5.18　使用双极晶体管的电路的 THD

(与图 5.17 比较,当信号频率为 1kHz、20kHz 时 THD 较好。对电路规模与性能作以权衡,你们选择哪种电路?)

　　其原因是 MOSFET 的输入电容比双极晶体管大,有数量级的差别。这里大电路是用 OP 放大器直接驱动 MOSFET 的,但是用 OP 放大器不能够充分地驱动 MOS-FET 的输入电容(频率愈高,电容成分的阻抗愈小,使得 OP 放大器的负载变重)。

　　使用双极型晶管的电路虽然比较复杂不过性能良好,使用 MOSFET 的电路性能少差些但是比较简单——这对于设计者来说是需要权衡的事情! 不过不论怎样选择,总是要综合考虑用途、成本(简单的电路未必成本低)、电路的设计思想(也就是设计者的喜好)等因素来决定。

5.4　低频功率放大器的应用电路

5.4.1　并联推挽源极跟随器

　　图 5.7 所介绍的功率放大电路中,当必须的输出电流超过输出级所用 MOS-FET 的额定值时,如图 5.19 所示,可以将多个源极跟随器并联接续,由各源极跟

随器分散提供电流。

图 5.19 的电路只画出了并联推挽源极跟随器的部分。从这种电路中取出的电流可以比图 5.7 电路中输出电流多 2 倍。

源极跟随器并联接续时必须注意的问题是并联接续 FET 的 V_{GS} 要一致（图 5.19 中的 Tr_1 与 Tr_3、Tr_2 与 Tr_4 的 V_{GS}）。否则的话，就不能从各器件中流过均等的源极电流。特别是由于 FET 的 V_{GS} 与晶体管的 V_{BE} 不同，分散性很大，所以并联接续的 FET 不仅要求器件 V_{GS} 的档次相同（功率 MOS 中不是按照 I_{DSS} 而是按照 V_{GS} 分档的），而且必须在 mV 量级上一致。

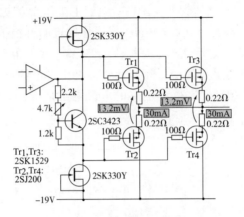

图 5.19 并联推挽源极跟随器

而且如图 5.20 所示当并联接续的源极跟随器数目较多时，不仅要求 V_{GS} 一致，还必须强化驱动 MOSFET 的电路。功率放大用 MOSFET 的输入电容很大，如果并联接续的器件多，那么用简单的电路就难以驱动 MOSFET 的输入电容。

图 5.20 的电路中，在 OP 放大器后面插入了射极跟随器以强化对 MOSFET 的驱动能力。

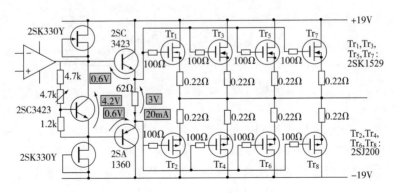

图 5.20 4 并联推挽源极跟随器

5.4.2 100W 低频功率放大器

图 5.21 是实用的 100W 低频功率放大器。

为了在 8Ω 的负载上获得 100W 的输出,最大输出电压必须达到 28.3V_{rms} (80V_{p-p})。这么大振幅,仅靠 OP 放大器是不能实现的(通用 OP 放大器的电源电压为 ±15V)。所以图 5.21 的电路中在 OP 放大器与源极跟随器之间接入发射极接地放大电路,对 OP 放大器的输出电压再进行放大,形成足够大的输出电压。

这样的话,由于发射极接地放大级的增益大(40~60dB),OP 放大器的输出电压可以适当减小,所以 OP 放大器在 ±15V 电源下工作完全没有问题。

发射极接地放大级是 NPN 与 PNP 晶体管构成的推挽电路。这样从 Tr_1 看 Tr_2 就是恒流电路,从 Tr_2 看 Tr_1 也是恒流电路(就是说相互看到的集电极电阻都是无穷大),这个电路的增益就变得相当大。但是由于电源电压高,所以要特别注意晶体管的最大额定值(图 5.21 的电路的电源电压是 ±45V,所以应该选择 V_{CEO} ≥90V 的晶体管)。

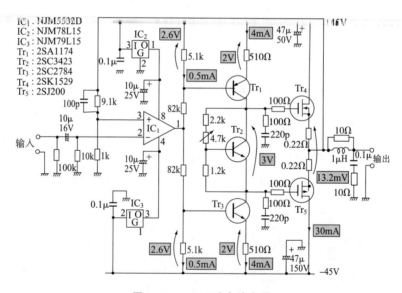

图 5.21　100W 功率放大器

由于图 5.21 的电路中给 OP 放大器追加了电压放大级,如果就这样从输出端向 OP 放大器施加负反馈的话,电路的稳定性将会变坏,甚至发生振荡。

因此,还必须对追加的电压放大级进行相位补偿,使电路稳定地工作。图 5.21 的电路中,在发射极接地放大电路的后面插入了一个用 RC(220pF,100Ω)构作成的简单的相位补偿电路。

这个相位补偿电路的工作原理是,在 C 起作用的高频范围内 Tr_1 和 Tr_2 的集电极用电阻接 GND(集电极负载电阻变小),从而降低了发射极接地放大级的增益。

至于其他部分的设计与图 5.7 所示电路的设计完全相同。

第6章 栅极接地放大电路的设计

应用 FET 的放大电路中基本的电路是第 2 章和第 3 章介绍的源极接地放大电路。从照片 2.5 可以看出,输入信号的形状作为交流成分原封不动地出现在源极端。这是因为 V_{GS} 基本上保持一定。

源极接地电路中如果信号不是输入到栅极,而是直接输入到源极时,这时是否还能够从漏极取出与源极接地电路同样的输出?

6.1 栅极接地的波形

6.1.1 实验电路的结构

按照前面所介绍的方法,信号输入到 FET 的源极,漏极作为输出,将栅极接地作为信号的基准电平(栅极接地具有非常重要的意义)。我们把这种电路称为栅极接地放大电路(Common Gate Amplifier 或者 Grounded Gate Amplifier)。

栅极接地放大电路与双极晶体管电路的基极接地放大电路相当,在设计上由于输入阻抗低,所以应用时有一定的难度。但是它的重要特点是频率特性好,所以用作高频电路的放大器。

图 6.1 是实验用栅极接地放大电路。由于栅极不加偏置就无法工作,所以与源极接地电路相同,用 R_1、R_2 加偏置,用电容器 C_5 交流接地。

栅极是交流接地,源极同样地也是交流接地,所以直接将信号加在源极时,就不能工作。这是因为 FET 工作时栅极上的交流成分原封不动地出现在源极上,所以栅极-源极间是处于交流短路的状态。

因此要介入源极电阻 R_S 后再输入信号。电阻 R_3 的作用是使源极电流流入地。

其他部分的结构与图 3.1 的源极接地放大电路完全相同。

照片 6.1 是组装在普通印刷电路板上的图 6.1 电路的照片。

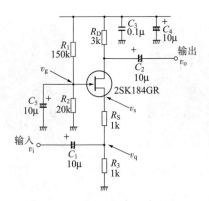

图 6.1 栅极接地放大电路

（源极接地电路中输入点栅极用 C_5 交流接地，所以称为栅极接地放大电路。接入 R_S 后再把输入信号加在源极。电路的工作将会如何变化？）

照片 6.1 实验性栅极接地放大电路

（与源极接地电路相比，多了栅极接地的大电容和源极电阻两部分，元件数增加了）

6.1.2 非反转 3 倍放大器

照片 6.2 是给图 6.1 的电路输入 $1kHz$、$1V_{p-p}$ 正弦波时的输入输出波形。输出信号 v_o 的振幅是 $2.7V_{p-p}$，所以电压放大倍数 A_v 为 2.7。可以看出它与源极接地电路不同，输入输出的相位差为零，就是说是同相的。

所以这个电路是电压增益约为 3 倍的非反转放大器。

照片 6.3 是输入信号 v_i 和 R_S 与 R_3 的中点的电位 v_q 的波形。v_q 是 1.1V 的直流上叠加与 v_i 完全相同的信号交流成分的波形。

由于 v_q 的交流成分与 v_i 相同，可以认为是介入 R_S 后 v_i 输入到源极上。

照片 6.4 是 v_q 以及源极电位 v_s、栅极电位 v_g 的波形。v_g 是电源电压被电阻 R_1 和 R_2 分压的值，约 1.7V，由于用大容量电容器 C_5 接地，所以不显现交流成分。

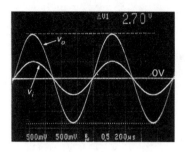

照片 6.2　v_i 与 v_o 的波形

（0.5V/div，200μs/div）

（v_i 为 $1V_{p\text{-}p}$，v_o 为 $2.7V_{p\text{-}p}$，所以电压增益为 2.7 倍。而且 v_i 与 v_o 相位差为零，是非反转放大器）

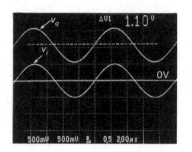

照片 6.3　v_i 与 v_q 的波形

（0.5V/div，200μs/div）

（v_i 是以 0V 为中心摆动的交流信号，v_q 是 1.1V 的直流偏置上再叠加与 v_i 完全相同的交流成分）

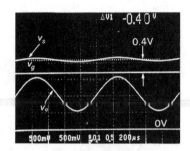

照片 6.4　v_q、v_s、v_g 的波形（0.5V/div，200μs/div）

（v_g，v_q 的电位差是 FET 的 V_{GS}，为 -0.4V。电流流过源极，不过由于源极电位 v_s 的交流振幅非常小，所以认为与源极交流接地相同）

　　v_s 处于比 v_g 高出 V_{GS} 的 0.4V 的高直流电位。在这一点只能看到很小的输入信号成分（v_q 的交流成分）。这是因为源极电流（＝漏极电流）因输入信号而变化，使 V_{GS} 的值改变的缘故。

　　但是如从照片 6.4 看到的那样，这个 v_s 的交流成分——V_{GS} 的变化部分比 v_i——v_q 的交流成分要小得多。

　　所以，尽管交流电流流过 FET 的源极，但是只产生非常小的交流电压，所以源极对 GND 的交流阻抗几乎为零，就是说可以认为源极与栅极同样地等效为交流接地。

6.1.3　源极波形与漏极波形同相

　　照片 6.5 是 v_q 和漏极电位 v_d 的波形。这张照片中需要注意的是它与源极接地放大电路不同，v_q 与 v_d 是同相的（参照照片 2.6 中 v_s 与 v_d 的波形）。

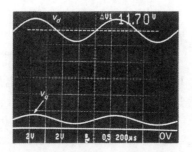

照片 6.5 v_q 与 v_d 的波形（2V/div，200μs/div）

（v_d是 11.7V 的直流电压上叠加 2.7 倍的 v_q交流成分的 2.7$V_{p\text{-}p}$。在源极接地中，
源极电位 v_s 与漏极电位 v_d 的波形反相，而在栅极接地电路中则是同相）

栅极接地电路中，v_s 的直流电位比 v_q 的直流电位高。所以，如果输入信号 v_i 相对于 GND 向正方向摆动，v_s 与 v_q 间的电位差——R_D 上所加的电压将减小，源极电流也就减少。

漏极电流与源极电流相同，所以漏极电流也减少。由于漏极电阻 R_D 上的电压降减少了，所以从 GND 看到的漏极电位 v_d 将增加，就是说也将向正方向摆动。

相反，如果 v_i 向负方向摆动，加在 R_S 上的电压将增加，使漏极电流增加，R_D 上的电压降也将增加，所以 v_d 向负方向摆动。

所以如照片 6.5 所示，v_d 相对于 v_i 的相位是同相的。

照片 6.6 是 v_d 和输出信号 v_o 的波形。可以看出直流成分被 C_2 隔断，只有 v_d 的交流成分作为输出被取出。

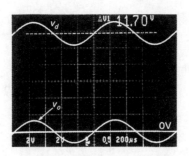

照片 6.6 v_d 与 v_o 的波形（2V/div，200μs/div）

（v_o是 v_d的直流成分 11.7V 被电容器隔断后的值。当然 v_d 与 v_o 的交流振幅是相等的）

6.2　栅极接地电路的设计

图 6.1 电路的设计指标如下表所示。为了便于对电路本身的性能进行比较，这些指标与第 3 章源极接地放大电路的设计指标相同。

栅极接地放大电路的设计指标

电压增益	3(10dB)
最大输出电压	3Vp -p
频率特性	——
输入输出阻抗	——

6.2.1　电源电压与 FET 的选择

与源极接地电路相同，电源电压取值应该比最大输出电压＋源极电阻（本电路中是 R_S+R_3）上的电压降（最低 1～2V）之和大。在这个电路中还要加上 OP 放大器的电源电压，所以取 $V_{DD}=15V$。

为了便于分析源极接地与栅极接地电路结构的性能差别，FET 也选用与源极接地电路相同的 N 沟 JFET 2SK184GR。

栅极接地电路中选择 FET 的基准也与源极接地电路相同：栅极-漏极间电压的最大额定值 V_{GD} 高于电源电压（在本电路中 $V_{GD}>V_{DD}=15V$），漏极饱和电流 I_{DSS} 要比电路中设定的漏极电流大（关于漏极电流，在选定 FET 后可以设定低于 I_{DSS}）。当然，使用 MOSFET 时就没有必要考虑 I_{DSS} 了。

6.2.2　求交流放大倍数

下面求图 6.1 电路的交流电压放大倍数。

如前所述，这个电路与源极交流接地情况相同（照片 6.4 中电流流过源极，所以几乎不产生交流振幅），输入信号全部加在 R_S 上。所以 v_i 引起源极电流 i_s 的交流变化量 Δi_s 为：

$$\Delta i_s = \frac{v_i}{R_S} \tag{6.1}$$

因为漏极电流 i_d 与源极电流相同，所以漏极电流的交流变化量 Δi_d 也与 Δi_s 相等，即

$$\Delta i_d = \Delta i_s = \frac{v_i}{R_S} \tag{6.2}$$

漏极电位 v_d 的交流变化量 Δv_d 可以由 Δi_s 在漏极电阻 R_D 上产生的电压降求得，即

$$\Delta v_{\mathrm{d}} = \Delta i_{\mathrm{d}} \cdot R_{\mathrm{D}} = \frac{v_{\mathrm{i}}}{R_{\mathrm{S}}} \cdot R_{\mathrm{D}} \tag{6.3}$$

而且输出信号 v_{o} 是隔断 v_{d} 的直流成分后的部分,即 $\Delta v_{\mathrm{d}}(v_{\mathrm{o}} = \Delta v_{\mathrm{d}})$,所以这个电路的交流电压增益 A_{v} 可由下式求得。

$$A_{\mathrm{v}} = \frac{v_{\mathrm{o}}}{v_{\mathrm{i}}} = \frac{\Delta v_{\mathrm{d}}}{v_{\mathrm{i}}} = \frac{R_{\mathrm{D}}}{R_{\mathrm{S}}} \tag{6.4}$$

该式与源极接地电路求增益的表达式是相同的,可以看出 A_{v} 与 V_{GS}、g_{m}、R_3 的值无关。

在本电路中 $A_{\mathrm{v}} = 3$,所以可以设定 $R_{\mathrm{D}} : R_{\mathrm{S}} = 3 : 1$。

6.2.3 确定 R_{S}、R_3、R_{D} 的方法

加在 $(R_{\mathrm{S}} + R_3)$ 上的电压 V_{S} 就是 $(R_{\mathrm{S}} + R_3)$ 上的电压降,在这种场合,考虑到温度的稳定性和 FET 的 V_{GS} 值的分散性等因素,源极的直流电位最低必须有 $1 \sim 2\mathrm{V}$,所以这里取为 $2\mathrm{V}$。

源极电流 I_{S}(=漏极电流)取值与第 3 章源极接地电路相同,即 $I_{\mathrm{S}} = 1\mathrm{mA}$(取相同的工作点,即相同的工作状态是为了便于对电路性能进行比较)。

因此 $(R_{\mathrm{S}} + R_3)$ 的值为

$$R_{\mathrm{S}} + R_3 = \frac{V_{\mathrm{S}}}{I_{\mathrm{S}}} = \frac{2\mathrm{V}}{1\mathrm{mA}} = 2\mathrm{k}\Omega \tag{6.5}$$

如果设定 $R_{\mathrm{S}} = 1\mathrm{k}\Omega$,则 $R_3 = 1\mathrm{k}\Omega$。

由式(6.4)得到 R_{D} 为

$$R_{\mathrm{D}} = R_{\mathrm{S}} \cdot A_{\mathrm{v}} = 1\mathrm{k}\Omega \times 3 \text{ 倍} = 3\mathrm{k}\Omega \tag{6.6}$$

6.2.4 求最大输出电压

现在分析当取 $R_{\mathrm{S}} = R_3 = 1\mathrm{k}\Omega$,$R_{\mathrm{D}} = 3\mathrm{k}\Omega$ 时最大输出电压究竟有多大?

由于 $I_{\mathrm{D}} = 1\mathrm{mA}$,所以 R_{D} 上的电压降为 $3\mathrm{V}(= 3\mathrm{k}\Omega \times 1\mathrm{mA})$,漏极的直流电位 V_{D} 只比电源电压低 R_{D} 上的电压降,即为 $12\mathrm{V}(= 15 - 3\mathrm{V})$。

因为源极直流电位 V_{S} 是 $2\mathrm{V}$,所以当漏极电位 v_{d} 以 $12\mathrm{V}$ 为中心向正方向摆动 $3\mathrm{V}$ 时受到电源电压的限制,向负方向摆动到 $10\mathrm{V}(= 12 - 2\mathrm{V})$ 时受到源极电位的限制。

v_{d} 以 $12\mathrm{V}$ 为中心摆幅在 $\pm 3\mathrm{V}$ 以内时才不受限制,所以这个电路的最大输出振幅是 $6\mathrm{V}_{\mathrm{p\text{-}p}}$,这已经充分满足设计的要求。如果最大输出振幅因电位关系取值不充分,那么可以尝试改变 R_{S}、R_3、R_{D} 以及 I_{D} 的设定值。

如果这样作还不行,姑且在保证取出最大输出电压前提下设定直流电位关系,而交流增益则按照图 3.23 的方法确定。

6.2.5　偏置电路的设计

从图 3.6 得到当 $I_D=1\text{mA}$ 时 2SK184GR 的 V_{GS} 在 $-0.4\sim-0.1\text{V}$ 的范围内。进行设计时取分散量的中间值,即 $V_{GS}=-0.25\text{V}$。

由于源极直流电位 V_S 取 2V,所以栅极的直流电位 V_G 可以按照式(3.3)取为 $1.75\text{V}(=2\text{V}+(-0.25\text{V}))$。

因此当用偏置电路电阻 R_1、R_2 对电源和 GND 分压时,这个电阻的阻值应该依据 $V_G=1.75\text{V}$ 来确定。

这里的栅极电压值与第 3 章源极接地电路完全相同(设定为同样的值),所以取 $R_1=150\text{k}\Omega$,$R_2=20\text{k}\Omega$(详细的计算方法可参看第 3 章)。

6.2.6　确定电容 $C_1\sim C_5$ 的方法

C_1 和 C_2 是隔断直流电压仅允许交流信号通过的耦合电容。这里取 $C_1=C_2=10\mu\text{F}$。本电路的输入阻抗与 FET 源极交流接地时等价,也是 R_S 与 R_3 的并联值 $R_S/\!/R_3$。

所以,C_1 与电路的输入阻抗构成的高通滤波器滤波器的截止频率 f_{cl} 为:

$$f_{cl}=\frac{1}{2\pi CR}=\frac{1}{2\pi\times C_1\times R_S/\!/R_3}$$
$$=\frac{1}{2\pi\times 10\mu\text{F}\times 500\Omega}=32\text{Hz} \tag{6.7}$$

C_3 和 C_4 是为了降低电源对 GND 阻抗的去耦电容。这里取 $C_3=0.1\mu\text{F}$,$C_4=10\mu\text{F}$。C_5 是栅极交流接地电容。这里取 $C_5=10\mu\text{F}$。

6.3　栅极接地电路的性能

6.3.1　输入输出阻抗的测定

照片 6.7 是信号源电压为 $1\text{V}_{p\text{-}p}$,串联电阻 $R_{gen}=500\Omega$ 时用图 3.11 的方法测得的 v_{gen} 和电路输入信号 v_i 的波形。$v_i=0.5\text{V}_{p\text{-}p}$,是 v_{gen} 的 $1/2$,所以输入阻抗 Z_i 与 R_{gen} 值相等,即 $Z_i=500\Omega$。如前所述,这个值是 R_S 与 R_3 的并联值。

照片 6.8 是输入信号为 $v_i=1\text{V}_{p\text{-}p}$,输出端接 $R_L=3\text{k}\Omega$ 负载电阻时的输入输出波形。输出信号 v_o 为 $1.35\text{V}_{p\text{-}p}$,是无负载时的 $1/2$(无负载时,如照片 6.2 所示 $v_o=2.7\text{V}_{p\text{-}p}$)。

由此可以看出,输出阻抗 Z_o 与 R_L 值相同,即 $Z_o=3\text{k}\Omega$。栅极接地放大电路的输出阻抗与源极接地放大电路相同,就是漏极电阻 R_D 的值。在一般应用中,这个值稍高些。

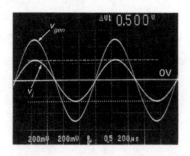

照片6.7　输入阻抗的测定

（0.2V/div，200μs/div）

（输入端插入串联电阻 $R_{gen} = 500\Omega$，对信号源电压 v_{gen} 与输入信号 v_i 比较。v_i 是 v_{gen} 的 1/2，所以输入阻抗与 R_{gen} 相等，是 500Ω。栅极接地的输入阻抗低）

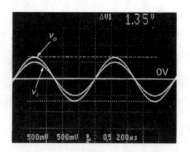

照片6.8　输出阻抗的测定

（0.5V/div，200μs/div）

（输出端接 3kΩ 负载电阻时测定输出电压 v_o。由于输出阻抗高，所以振幅比无负载时的照片 6.2 中的振幅小）

6.3.2　针对高输出阻抗的措施

由于栅极接地放大电路的输出阻抗值比较高，所以必须注意当输出信号引出线很长的时带来的问题。这个阻抗会与布线的分布电容构成低通滤波器，对栅极接地本来的频率特性造成影响。

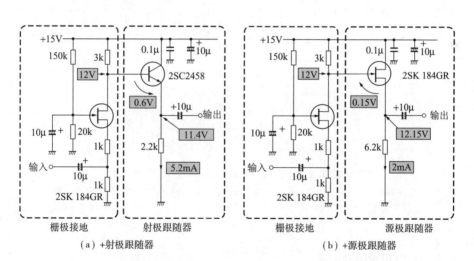

图6.2　降低栅极接地电路输出阻抗的方法

（由于栅极接地电路本身输出阻抗高，所以受后级接续电路或者布线的输入电容的影响会使电路本来的频率特性恶化。通过在栅极接地的后级接续输入阻抗高、输出阻抗低的射极跟随器或者源极跟随器，会使输出端不受所连接的电容的干扰，从而可以获得电路本来具有的频率特性）

例如,如果 $Z_o=3\mathrm{k}\Omega$ 时布线电容有 10pF,仅此将使高频截止频率变为5.3MHz。

在这种情况下,如图 6.2 所示,在栅极接地电路的后级接续射极跟随器或者源极跟随器。由于这种电路输入阻抗非常高,而且输入电容也小,所以不会因栅极接地电路的输出阻抗而造成频率特性的恶化。而且由于接入射极跟随器或者源极跟随器还能够降低电路的输出阻抗,所以就不容易受到布线等分布电容的影响。

6.3.3 放大倍数与频率特性

图 6.3 是低频范围(1Hz～1kHz)电压增益的频率特性。

设计的电路的电压增益 A_v 在 1kHz 处的值约为 2.7 倍(约 8.5dB),比设定值 $A_v=3\mathrm{dB}$ 约低 10％。这是由于 V_{GS} 通常是一定的(g_m 无穷大),与源极端接地时的情况相同(源极接地电路中也认为 V_{GS} 是一定值)。

但是,在实际的电路中,如照片 6.4 所示源极产生有很小的交流信号,所以并不是真正的接地点。但是,实测值与设计值之间的误差只有 10％,所以即使用式(6.4)求增益,也是十分实用的。

从图 6.3 看出低频截止频率 f_{cl} 约为 31Hz。这与用式(6.7)求得的由 C_1 和输入阻抗所构成的高通滤波器的截止频率(32Hz)基本一致。

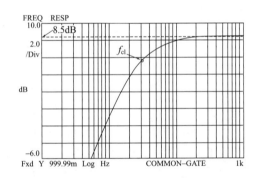

图 6.3 实验电路在低频范围的频率特性

(电路的电压放大倍数为 8.5dB。低频截止频率由输入端耦合电容 C_1 以及电路的输入阻抗所构成的高通滤波器决定)

6.3.4 高频范围的特性

图 6.4 是高频范围(100kHz～100MHz)电压增益和相位的频率特性。从该图中可以看出高频截止频率 f_{ch} 约为 8.3MHz。尽管使用的 FET 与第 3 章的源极接地放大电路相同,漏极电流和电压放大倍数也完全相同,但是由于是栅极接地,所以 f_{ch} 向高端延伸了 1.5 倍以上(源极接地的 f_{ch} 为 5MHz)。

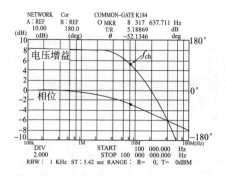

图 6.4 实验电路高频范围的频率特性

（高频截止频率 f_{ch} 为 8.3MHz，是源极接地电路的 1.5 倍以上。即使使用同样的
FET，在栅极接地情况下就可以作为宽带电路使用）

如果使用其他种类的 FET 其结果将会怎样？

图 6.5 是将图 6.1 电路中（不考虑更细致的细节）的 FET 由 2SK184 换为
2SK241 时测得的高频范围的频率特性。

对于 2SK241，源极接地时的 f_{ch} 为 15.2MHz（参见图 3.19），栅极接地时约为
14.5MHz，没有怎么变化。

如何解释这种现象？

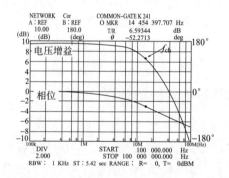

图 6.5 使用 2SK241 时高频范围的频率特性

（源极接地使用 2SK241 时的截止频率为 15.2MHz，栅极接地时的 f_{ch} 为 14.5MHz，
稍微低了些。这有 2SK241 内部结构的原因）

6.3.5　频率特性好的原因

图 6.6 是考虑到 FET 各电极间存在电容成分时画出的栅极接地放大电路。

简单地理解，由于 FET 的输入电容 C_i 是 C_{GS} 与米勒效应影响下 C_{DS}（C_{DS} 两端

加电压为 $v_i(A_v-1)$,所以从源极看到的 C_{DS} 增大了(A_v-1)倍!?)之和,所以信号源的输出阻抗 R_{gen}＋源极电阻 R_S 这些电阻成分与 C_i 构成了低通滤波器。

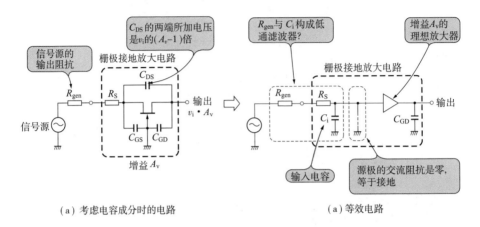

（a）考虑电容成分时的电路   （a）等效电路

图 6.6 栅极接地电路高频特性降低的因素

（栅极接了地与源极也交流接地是相同的。这样一来,由于输入电容 C_i 是接在 GND - GND 间的,所以与电路的工作没有关系。就是说,可以得到不受 C_i 干扰的宽带特性）

但是如照片 6.4 所示,FET 的源极端可以认为与交流极接地是等价的(尽管流过交流电流,但是几乎不产生交流电压)。栅极接地电路的源极端可以认为与使用 OP 放大器的反转放大器的假想接地点是同样的状态。

因此,即使源极与 GND 间接入电容器 C_i 也与 GND-GND 间接续电容器是相同的,所以不形成低通滤波器。

6.3.6 输入电容 C_i 不影响特性的证据

C_i 是否真的没有构成低通滤波器? 为了确认这一点,如图 6.7 所示在源极-GND 间连接了一个 $10\mu F$ 的电容器(如果 FET 的输入电容等效为 $10\mu F$)。

照片 6.9 是给图 6.7 的电路输入 1kHz、$1V_{p-p}$ 的正弦波时的输入输出波形。如果 FET 的输入电容影响到电路的工作,那么源极连接的 $10\mu F$ 电容器与 R_S 就应该构成低通滤波器(认为信号源的输出阻抗为零)。

这个低通滤波器的截止频率为 16Hz,那么 1kHz 的信号应该被充分衰减(计算得衰减量为 36dB),不应该出现输出信号。

但是,如照片 6.9 所示输出端出现了 $0.46V_{p-p}$ 的信号(实际的电路中,源极的阻抗对于 GND 不为零,所以本来的 $2.7V_{p-p}$ 降低为 $0.46V_{p-p}$,还出现了输入输出波形的相位差)。

由此可以说明在栅极接地放大电路中,输入电容并没有构成低通滤波器。

因此,栅极接地比源极接地的频率特性好。或者说,栅极接地的频率特性是 FET 本来的特性;源极接地时由于密勒效应而增大了输入电容使本来的频率特性被掩盖了。

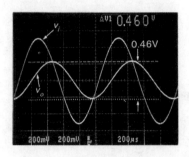

照片 6.9　源极-GND 间接电容时的输入输出波形

(0.2V/div, $200\mu\text{s/div}$)

(靠近源极接一个稍大的 $10\mu\text{F}$ 电容仍然有输出信号! 但是输出的振幅稍小些,还出现了相位偏离)

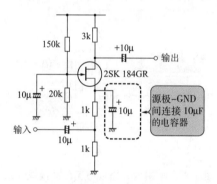

图 6.7　源极-GND 间接电容器

(源极是交流接地,所以给源极接上大容量的电容器电容不会对电路的工作造成影响)

6.3.7　使用 2SK241 时为什么没有变好?

如果将 2SK184 栅极接地,频率特性的确比源极接地时好。但是 2SK241 的频率特性在哪个电路中都没有多少改变(相反栅极接地时还稍差些)。这是为什么?

图 6.8 是 2SK241 的内部等效电路。如图所示,实际上 2SK241 的内部上下排列着两个 FET。上面 FET 的栅极连接下面 FET 的源极,这叫做栅-阴放大连接。

如果将 2SK241 用于源极接地放大电路,如图 6.9 所示,下面的 FET 是增益为零的源极接地、上面的 FET 作为栅极接地工作。所以电路整体的频率特性是栅极接地的特性。

回忆图 3.19 的 2SK241 的源极接地电路的频率特性,实际上就应该是栅极接地电路的特性。所以,对于 2SK241 来说即使以栅极接地电路使用,其频率特性基本上与源极接地电路相同。

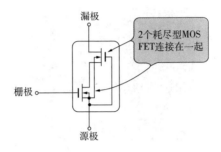

图 6.8 2SK241 的内部等效电路

(2SK241 的内部是两个 FET 上下排列,上面 FET 的栅极与下面 FET 的源极连接——叫做栅-阴放大连接)

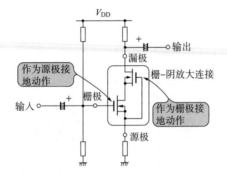

图 6.9 栅-阴放大连接用于源极接地电路

(如果以栅-阴放大连接用于源极接地电路,下面的 FET 作为源极接地工作,上面的 FET 作为栅极接地工作。总的频率特性与栅极接地相同)

6.3.8 噪声和总谐波失真

图 6.10 是图 6.1 电路输入端接地时测得的输出端噪声频谱图。使用的 FET (2SK184)以及工作点、电压增益等与第 3 章源极接地放大电路完全相同,所以噪声特性也几乎完全相同。

栅极接地电路与源极接地电路相同也是从漏极取出输出,可以看出电源的噪声通过漏极电阻 R_D 漏到输出端。

所以,栅极接地电路也应该注意电源的噪声。当然,可以像图 3.28 那样将滤波器接到电源上。

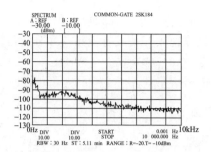

图 6.10 栅极接地电路的噪声特性

(使用的 FET 以及工作点、电压增益与源极接地电路相同,所以噪声特性也几乎相
同。在数 kHz 以内是电源噪声。这也与源极接地电路情况相同)

图 6.11 是总谐波失真 THD 与输出电压的关系曲线。这个特性也具有与第 3
章源极接地电路基本相同的值。

栅极接地电路由于良好的频率特性经常用于高频电路。几乎不存在失真率问
题,而失真率正是低频电路的的重要特性。实际测定的话,可以看出其特性几乎不
逊于源极接地电路(但是由于输入阻抗低,在低频电路中应用有困难)。

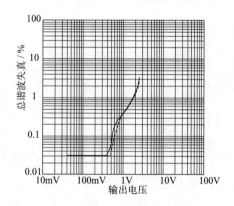

图 6.11 总谐波失真与输出电压的关系

(这个特性也与源极接地电路几乎相同。栅极接地电路的频率特性优良,常用于高
频电路。即使应用于低频也能得到足够的特性)

6.4 栅极接地放大电路的应用电路

6.4.1 视频放大器

栅极接地放大电路的频率特性比源极接地放大电路好,所以应用于处理较高
频率信号的电路。

图6.12是一个电压增益为2倍的视频放大器,它采用N沟JFET栅极接地放大电路。这个电路可以用作视频开关或者视频信号分配器。

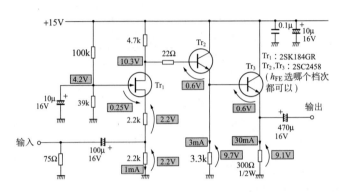

图6.12　视频放大器

如图6.13所示,视频信号是从DC到几MHz具有非常宽频带的信号。栅极接地最适合于放大这种宽频带信号。

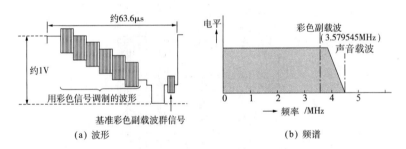

（a）波形　　　　　　　　　　　　　（b）频谱

图6.13　视频信号(NTSC方式)

而且栅极接地与源极接地不同,输入输出的相位并不反转,所以便于视频信号的放大(如果视频信号相位反转的话,将会使画面的明暗反转)。

为了进行阻抗匹配,图6.12的电路用75Ω的输入阻抗接受视频信号,原封不动地输入到栅极接地放大电路(栅极接地放大电路的输入阻抗与75Ω并联,所以实际的输入阻抗比75Ω小)。栅极接地放大电路的输出接射极跟随器,以降低输出阻抗。

电路总的电压增益就是栅极接地放大电路的电压增益,所以是2倍(约 $4.7k\Omega/2.2k\Omega$)。

该电路的设计方法与一般的基极接地放大电路的情况完全相同。视频信号的振幅约 $1V_{p-p}$ 左右,所以确定工作点时只要信号不被限幅就可以了。

如果考虑这个电路的放大器向机器外部输出,那么输出级的射极跟随器将流过约 30mA 的大空载电流(如果进行阻抗匹配,以 75Ω 的输出阻抗输出,75Ω 的输入阻抗接受,放大器的负载变重为 75Ω+75Ω=150Ω)。这时如果只有一级射极跟随器,从栅极接地放大电路取出的基极电流就比较大(=30mA/h_{FE}),所以采用二级射极跟随器以减轻栅极接地放大电路的负载。

6.4.2 栅-阴放大连接

如前面图 6.8 中简单介绍过的那样,栅-阴放大连接是源极接地放大电路与栅极接地放大电路纵向配置形式的电路。

源极接地放大电路能够提高输入阻抗,但是频率特性较差(由于密勒效应降低了高频范围的响应)。另一方面,栅极接地放大电路的频率特性好,不过由于它的输入阻抗低而在应用上有困难。

栅-阴放大连接是将栅极接地与源极接地两种电路的优点集中起来的电路。就是说,输入部分是源极接地,因而能够提高输入阻抗;输出部分是栅极接地,因此改善了频率特性(源极接地的负载是输入阻抗为零的栅极接地,所以源极接地部分的增益为零,只有栅极接地部分获得增益)。

图 6.14 是使用 N 沟 JFET 栅-阴放大连接的放大电路。这个电路中 Tr$_1$ 是源极接地,Tr$_2$ 是栅极接地。

电路的总增益与源极接地和栅极接地相同,可以由 Tr$_1$ 的源极电阻 R_S 与 Tr$_2$ 的漏极负载电阻 R_D 之比求得。所以图 6.14 电路的电压增益为 3 倍(约 6.2kΩ/ 2kΩ)。

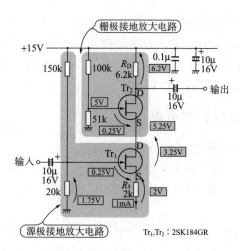

图 6.14 栅-阴放大连接

关于栅-阴放大连接电路的设计方法,在 Tr_1 的周围与源极接地放大电路完全相同,在 Tr_2 的周围与栅极接地放大电路完全相同。就是说 Tr_1 与 Tr_2 的源极电流(＝漏极电流)由 Tr_1 的栅偏压与源极电阻 R_S 决定(源极接地放大电路的设计),Tr_2 的源极电位由 Tr_2 的栅偏压决定(栅极接地放大电路的设计)。

确定栅-阴放大连接的工作点时需要注意的是加在 Tr_1 的漏极-源极间的电压有多大。

图 6.15 是 2SK184 的输入电容 C_{iss} 与漏极-源极间电压 V_{DS} 的关系曲线。当 V_{DS} 小时,C_{iss} 变大,这成为电路频率特性恶化的原因(C_{iss} 是形成低通滤波器的重要因素)。因此,对于一般的 JFET 应设定 V_{DS} 在 1V 以上。图 6.14 的电路中设定 $V_{DS}=3.25V$。

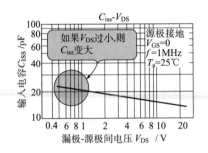

图 6.15　SK184 的输入电容 C_{iss} 与漏极-源极间
电压 V_{DS} 的关系曲线

不过一般的栅极接地放大电路中栅极是用电容器接地的(图 6.1 的 C_5),而图 6.14 的 Tr_2 的栅极却不是用电容器接地。这是因为连接到 Tr_2 的信号源,也就是 Tr_1 的阻抗比 Tr_2 的栅偏置电路的阻抗大得多(源极接地的漏极阻抗被认为是无穷大),所以栅极接地的电容器可以略去。

6.4.3　栅-阴放大连接自举电路

图 6.16 的电路称为栅-阴放大连接自举电路。

电子电路中,"以自身力量工作,或者使自身能力提高"的电路称为自举电路。

该图与图 6.14 所示栅-阴放大连接电路的不同之处只是 Tr_2 的栅极与 Tr_1 的源极连接。

一般的栅-阴放大连接中是给 Tr_2 的栅极加直流偏压,所以 Tr_1 的漏极电位由 Tr_2 的源极决定,通常是固定值。因此 Tr_1 的漏极-源极间电压与输入信号有关,经常是变化的(变化部分与输入信号的振幅相同)。

所谓漏极-源极间电压经常变化也就是 FET 的工作点经常变化,所以从输入端看到器件的输入电容 C_{iss} 和 g_{m} 等也会发生微妙的变化。

但是图 6.16 所示的电路中把 Tr_2 的栅极连接在 Tr_1 的源极上，Tr_2 的栅极电位与输入信号对应地变化。如果 Tr_2 的栅极电位发生变化，同时要保持 V_{GS} 的值一定，Tr_2 的源极电位就要变动，其结果就能够经常保持 Tr_1 的漏极-源极间电压一定。这时 Tr_1 的漏极-源极间电压就与输入信号无关，变成 Tr_2 的 V_{GS} 值。

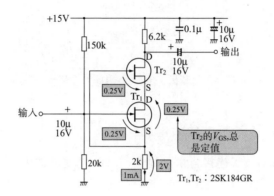

图 6.16 栅-阴放大连接自举电路

就是说，这个电路通过自身的输出（Tr_1 的源极），总能够保持自身工作点一定，从而提高电路的特性。

如果能够保持源极接地的 FET 漏极-源极间电压为一定值，使电路的工作点固定，那么当输入信号变大时的频率特性和输入输出间的线性关系也能够得到改善，使得一直到高频范围都能够保持电路的工作稳定。所以，栅-阴放大连接自举电路经常应用在高频放大电路或者 OP 放大器的内部。

与栅-阴放大连接电路相比，由于少了栅极接地 FET 的栅极偏置电路，所以电路的设计简单了（只是把 Tr_2 的栅极连接在 Tr_1 的源极上）。所使用的 FET 选择 I_{DSS} 高于设定的漏极电流的器件（Tr_1、Tr_2 都是这样）。图 6.16 中 Tr_1、Tr_2 使用相同的 FET，只要满足 I_{DSS} 的条件，改变这两个 FET 的型号也完全没有问题。

如图 6.17 所示，使用晶体管的基极接地也能够将源极接地栅-阴放大连接自举化。但是，由于晶体管 V_{BE} 的极性与 JFET 的 V_{GS} 极性相反（如果把图 6.17 中 Tr_2 的基极直接与 Tr_1 的源极连接，将不会产生 Tr_1 漏极-源极间的电压），还必须保证有基极电流流动等原因，所以电路稍微复杂些。

在栅极接地一侧也可以使用 MOSFET 实现栅-阴放大连接自举化。不过必须注意 V_{GS} 的极性也可能与 JFET 相反（必须慎重选择工作点，或者作成如图 6.17 那样的电路）。

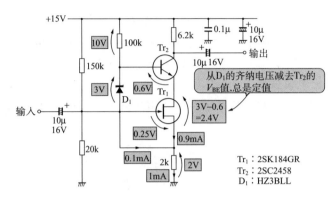

图 6.17　采用基极接地的栅-阴放大连接自举电路

6.4.4　低噪声高输入阻抗放大电路

图 6.18 是栅-阴放大连接自举化的 N 沟 JFET 差动放大电路与 OP 放大器组合的低噪声高输入阻抗放大电路。

差动放大电路也能够栅-阴放大连接自举化。如图 6.18 所示,在连接 OP 放大器加负反馈时,由于栅-阴放大连接自举化使差动放大电路的频率特性得到改善,电路的工作稳定,相位补偿也变得容易。

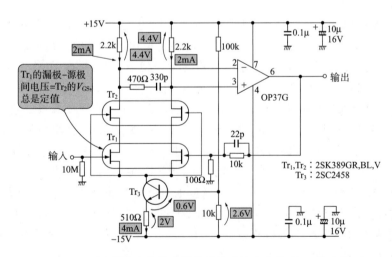

图 6.18　栅-阴放大连接自举化的差动放大电路＋OP 放大器

使用 JFET 使差动放大电路栅-阴放大连接自举化时应该注意的是,不只是差动放大的输入部分采用单片双器件,作为栅极接地工作的上侧的 JFET(参见图

6.18的 Tr_2)也要采用单片双 FET 器件。

否则的话,由于差动输入部分 FET 的漏极-源极间电压出现了大的差值(栅极接地部分使用的两个 FET 的 V_{GS} 差值原封不动地变成差动输入部分漏极-源极间电压的差值),差动输入部分的输入电容 C_{iss} 出现了大的差值,在高频范围 CMRR(共态抑制比,表征能够在多大程度上排除加到两个输入端上的同一信号成分的特性)将变坏。

当然,如图 6.19 所示,使用晶体管的基极接地也能够使差动放大电路栅-阴放大连接自举化。不过如图 6.17 所说明的那样,偏置电路将变得复杂化。

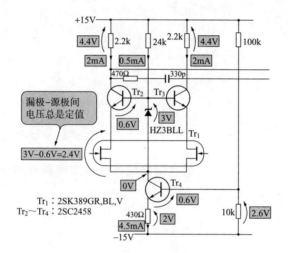

图 6.19　使用晶体管的栅-阴放大连接自举化

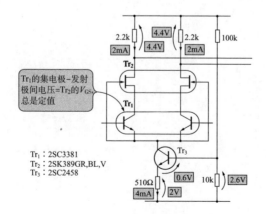

图 6.20　用 JFET 将晶体管的差动放大电路
栅-阴放大连接自举化的例子

　　图 6.18 的电路中，为了提高电路的输入阻抗，采用 JFET 的差动放大电路。而使用 JFET 能够使晶体管的差动放大电路栅-阴放大连接自举化。

　　图 6.20 是一例晶体管差动放大电路的栅-阴放大连接自举化。这种场合栅极接地使用的 JFET 如果是单片双 FET 器件会更好些。

第 **7** 章 电流反馈型 OP 放大器的设计与制作

对于放大视频信号(从数兆赫到数十兆赫的频率范围)放大器(OP Amplifier, Discrete Amplifier)本章将介绍一种新的设计思想。过去的 OP 放大器存在的问题是如果提高了高频范围的增益,频率特性就会发生变化。现在在理论上解决了这个问题,因此也改进了适于高频放大的电路技术。

采用这种设计思想的 OP 放大器、视频放大器已经商品化,并取得广泛的应用。本章就用 Discrete 电路设计这种视频放大器,与过去的 OP 放大器的设计思想进行比较,介绍最流行的技术。

7.1 电流反馈型 OP 放大器

7.1.1 过去的 OP 放大器——电压反馈型

图 7.1 是普通 OP 放大器的原理图。

差动放大器的(+)、(-)两个输入端是晶体管的基极或者 FET 的栅极。由于输入阻抗高,流入的电流非常小,所以反馈不是以电流形式而是以电压形式进行的。因此称为电压反馈型 OP 放大器。

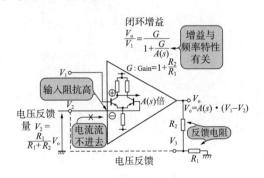

图 7.1 过去的 OP 放大器

(输入阻抗高,以电压形式施加反馈。所以称为电压反馈型。OP 放大器的开环增益具有频率特性——不理想,所以用 $A(s)$——具有频率特性的拉普拉斯变换符号表示)

但是电压反馈型 OP 放大器的缺点是频率特性随着设定的增益而变化。实际上，从图 7.2 所示 OP 放大器的频率特性可以看出，如果增益增加 20dB，那么频率特性就会下降－20dB 即减少到 1/10。

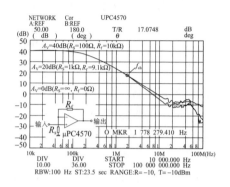

图 7.2　电压反馈型 OP 放大器的放大倍数及频率特性

(电压反馈型中，频率特性随增益(图上是 A_v)的大小变化。如果增益增加 20dB，频率特性就会下降－20dB 即减少到 1/10)

7.1.2　新型的 OP 放大器——电流反馈型

这里将讨论的新型 OP 放大器的反馈形式与过去的电压形式不同，是以电流形式施加反馈，称为电流反馈型，其原理如图 7.3 所示。

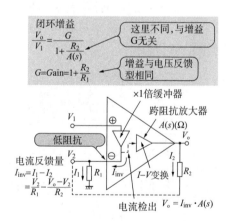

图 7.3　新型的电流反馈型 OP 放大器

(反馈不是以电压形式而是从电流形式进行。缓冲输入具有低阻抗，实现电流反馈。检出这个电流并用跨阻抗放大器进行 $I{\rightarrow}V$ 变换)

（＋）、（－）两个输入端与过去的差动放大电路的输入端不同，（＋）端是增益为 1 的缓冲输入端，（－）端是输出端。反馈输入端（－）是缓冲器的输出，所以（＋）端的输入电压与（－）端的电压相等，而且（－）端的输出阻抗非常低。

如果从输出端连接电阻 R_2 到（－）端，那么电流将从输出端向（－）端流动。由于（－）端是缓冲器的输出，所以通过 R_2 反馈的电流不能够从（－）端流到 OP 放大器中。

这里使用了一个设定增益的电阻 R_1，使反馈电流和来自缓冲器的输出电流 I_{inv} 流向地。这样一来，由于 R_1 和 R_2 的关系，与电流反馈量对应的缓冲输出电流 I_{inv} 从（－）端输出。

通过一个叫做跨阻抗放大器的将电流变换为电压的 $I\text{-}V$ 变换器，把这个输出电流 I_{inv} 变换为输出电压 V_o。

7.1.3　电流反馈型 OP 放大器与电压反馈型 OP 放大器的比较

根据图 7.3，如果认为 $V_1 = V_2$，即

$$V_2 = \frac{R_1}{R_1 + R_2} V_o = V_1$$

那么电流反馈型 OP 放大器的增益 G 为：

$$\frac{V_o}{V_1} = 1 + \frac{R_1}{R_2} = G \tag{7.1}$$

与电压反馈型 OP 放大器相同。

但是，这个增益 G 与电压反馈型 OP 放大器的不同在于它对频率特性没有影响。如图 7.4 所示，如果增益为 20dB，前面电压反馈型的频率特性从原理上将减少 -20dB，而电流反馈型的频率特性没有变化。

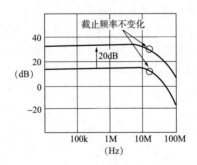

图 7.4　电流反馈型 OP 放大器的频率特性
（理论上，即使改变增益 G 也不会给频率特性带来影响）

这是电流反馈型 OP 放大器的重要特点。所以它适于高频放大，并且广泛地被 IC 化。

电流反馈型放大器的设定增益 *G* 与
频率特性的数学解析

下面通过数学解析说明设定增益 G 与电压反馈型 OP 放大器和电流反馈型 OP 放大器的频率特性有怎样的关系。

对于电压反馈型放大器，可看图 7.1。对这个电路，当接上反馈电阻时考虑到 OP 放大器的开环增益具有频率特性，用 $A(s)$ 表示，从

$$V_2 = \frac{R_1}{R_1 + R_2} V_o$$

$$V_o = A(s)(V_1 - V_2) = A(s)\left(V_1 - \frac{R_1}{R_1 + R_2} V_o\right) \tag{a}$$

得到电压增益为

$$\frac{V_o}{V_1} = \frac{\dfrac{R_1 + R_2}{R_1}}{1 + \dfrac{\frac{R_1 + R_2}{R_1}}{A(s)}} = \frac{G}{1 + \dfrac{G}{A(s)}} \tag{b}$$

该式表明设定增益 G 由 $1 + R_1/R_2$ 给出，而且对决定 OP 放大器频率特性的开环增益 $A(s)$ 带来影响。

对于电流反馈型放大器，可参看图 7.3。该图中，V_1 与 V_2 是缓冲器输入与输出的关系，所以 $V_1 = V_2$，而且缓冲器的输出电流 I_{inv} 是电流反馈量 I_2 与电阻 R_1 所决定的 I_1 之差，在反转输入端应用基尔霍夫定则，得到

$$I_{inv} = I_1 - I_2 = \frac{V_2}{R_1} - \frac{V_o - V_2}{R_2} = \frac{V_1}{R_1} - \frac{V_o - V_1}{R_2} \tag{c}$$

利用跨阻抗放大器将这个电流 I_{inv} 变换为电压。但是由于这个放大器仍然具有频率特性，所以与电压反馈型 OP 放大器的开环增益相同，也用 $A(s)$ 表示。

跨阻抗放大器的输出 V_o 为：

$$V_o = I_{inv} \cdot A(s)$$

所以

$$I_{inv} = \frac{V_o}{A(s)} \tag{d}$$

将式(d)代入式(c)，并且将 V_1 与 V_o 分离，即

$$V_o\left(\frac{1}{A(s)} + \frac{1}{R_2}\right) = V_1\left(\frac{1}{R_1} + \frac{1}{R_2}\right) \tag{e}$$

就得到 OP 放大器的电压增益为

$$\frac{V_o}{V_1} = \frac{\dfrac{R_1+R_2}{R_1}}{1+\dfrac{R_2}{A(s)}} = \frac{G}{1+\dfrac{R_2}{A(s)}} \tag{f}$$

从该式可以看出,设定增益 G 与电压反馈型相同,都是用$(1+R_1/R_2)$表示,但是值得特别注意的是 G 没有影响到与频率特性相关的 $A(s)$。

G 与 $A(s)$ 无关说明即使改变 G 值对于频率特性也没有影响。电流反馈型 OP 放大器通过固定 R_2 改变 R_1 而改变增益,能够不影响频率特性改变增益。

7.2　电流反馈型 OP 放大器的基本构成

电流反馈型放大器的构成是采用缓冲器输入,用跨阻抗放大器将缓冲器的输出电流变换为电压。实际的基本电路如图 7.5 所示。

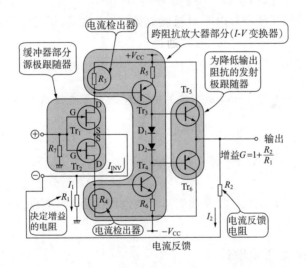

图 7.5　实际的电流反馈型放大器

(输入是由 FET 源极跟随器构成的缓冲器。由 R_3 和 R_4 电流检出,然后用发射极接地放大器进行电流-电压变换。为了降低末级的输出阻抗采用射极跟随器)

7.2.1　输入缓冲与跨阻抗

输入级采用缓冲器。这里使用推挽源极跟随器电路。正相输入端是栅极,反转输入端是源极跟随器的输出源极。R_7 是 FET 的偏置电阻,采用高阻值。

这部分也可以采用双极晶体管的射极跟随器,这时必须给晶体管加偏置电压。为了提高了正相输入端的输入阻抗,电路的结构将会变得稍稍复杂。这将在 7.5

节的应用电路中作详细说明。

如图 7.5 所示,由 FET 源极跟随器构成输入缓冲器,这是一种正相输入端输入阻抗高、反转输入端阻抗低的缓冲器。

其次是电流检出和将这个电流变换为电压的跨阻抗放大器。

I_{inv} 流过源极跟随器的漏极电阻 R_3 和 R_4。这时产生电压降 $I_{inv} \cdot R_3 (= I_{inv} \cdot R_4)$。它被 Tr_3 和 Tr_4 的发射极接地电路放大。

这个 R_3 和 R_4,Tr_3 和 Tr_4 就构成了跨阻抗放大器。

7.2.2　输出级的构成——射极跟随器

跨阻抗电路最终是通过射极跟随器输出的。如果把射极接地电路的输出原封不动地作为放大器的输出,那么就形成集电极电阻＝负载,造成前面所说的不希望的高增益,而且也只能取出少量的输出电流。

因此,要提高从发射极接地电路看到的电阻值,也就是次级的输入阻抗,而且能够取出大的输出电流,就需要接射极跟随器。

这个放大器的开环增益由发射极接地级的 h_{FE} 决定。不过实际使用时的闭环增益由反馈电流的电阻值决定,可以通过下式求得:

$$G = 1 + \frac{R_2}{R_1} \tag{7.2}$$

R_2 关系到频率特性,所以要把它的值固定。为了改变增益将反转输入端接地改变 R_1。

7.3　电流反馈型视频放大器的设计、制作

现在以上述图 7.5 的电流反馈型 OP 放大器为基础,进行视频放大器的设计与制作。

7.3.1　视频放大器的设计

在制作视频放大器这样的高频电路时,必须考虑输入输出阻抗的匹配。如果像图 7.6 那样如果输出设备和输入设备的阻抗与传输线(同轴电缆)的阻抗不匹配,那么将会产生驻波,使传输功率的一部分返回来(反射);传输电路也具有频率特性,会使传输波形产生失真。

所以,在确定图 7.5 所示电流反馈型放大器的电路常数时,应该考虑到这些因素。

图 7.7 是设计的视频放大器。看看它与图 7.5 的不同在哪里。

首先非反转输入端与输出端采用 75Ω 的电阻进行阻抗匹配。

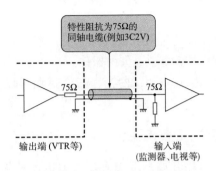

图 7.6　视频信号的传送

（含有视频信号的高频信号的传送，姑且不考虑损耗，如果传输线与输入输出阻抗不匹配就会产生失真。波形失真是无法恢复的，所以阻抗匹配非常重要）

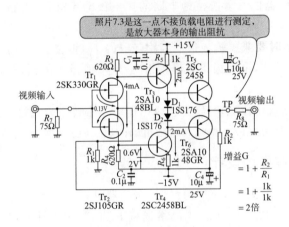

图 7.7　制作的视频放大器

（图 7.5 基本电路的输入输出采用阻抗为 75Ω 的匹配用电阻。增益为 2 倍，抵偿阻抗匹配所带来的损失）

　　由于阻抗匹配产生损耗，为了抵偿它设定放大器的放大倍数是 2 倍。由前面的式(7.2)得到 R_1 与 R_2 值相同，取 1kΩ。

　　如果这个值太小，将会加重输出射极跟随器的负担。如果太大，将减小电流 I_{inv}，由于它是跨阻抗放大器的输入电流，所以会导致无法提高跨阻抗放大器的放大倍数（跨阻抗（Ω））。这里的取值可以从 1kΩ 到 10kΩ。

7.3.2　电源电压和晶体管的选定

　　视频信号以 75Ω 为终端负载。但是振幅约 $1V_{p-p}$，所以即使考虑到晶体管的损耗，电源电压有 5V 也就足够了。不过还应该考虑到 OP 放大器用电源，所以取为±15V。

视频放大器的性能关系到跨阻抗放大部分射极接地电路的性能,所以使用的晶体管应选择 C_{ob} 小、频率特性好、h_{FE} 大的器件。

暂且先使用通用的 2SA1048BL,2SC2458BL,后面再以高频用器件替代,比较其频率特性。

7.3.3　由发射极电流决定各电阻值

先从容易设计的输出端开始。考虑有多大的电流从输出端流出。当输入为 $1V_{p-p}$ 时,输出端将是它的 2 倍,即 $2V_{p-p}$。从放大电路看输出端的阻抗是 $75\Omega+75\Omega=150\Omega$。由于加有 $2V_{p-p}$ 的输出,所以从放大器流出的电流为 $13.3mA_{p-p}$。如果认为射极跟随器级晶体管的 h_{FE} 为 100,那么基极电流就是 $133\mu A_{p-p}$。这样,它的前级跨阻抗放大器的发射极接地电路的集电极电流就是上面基极电流的 10 倍左右,定为 2mA。

确定 R_5 与 R_6 时要兼顾输入级源极跟随器的 I_{DSS} 取值。如果这个值过大,将使 FET 的源极电位过高,最大振幅减小。相反,这个值过小的话,将使漏极电阻变得很小,漏极电流的变化不能够变换为大的电压,降低了跨阻抗。

现在选取的电源电压比较高,为±15V,所以不必过于介意这一点。如果电源电压低,设计时就需要考虑最大振幅和跨阻抗的问题。这里,取 R_5 与 R_6 的值为 1kΩ。

7.3.4　源极跟随器的设计

如果输入级源极跟随器使用跨导 g_m 大的器件,可以降低反转输入端的阻抗,提高电路的性能。但是,对于 g_m 大的增强型 FET,如果不注意输入偏置的话将会发生转换失真。而且如图7.8所示,如果用电阻分配偏置电压,那么由于电源的

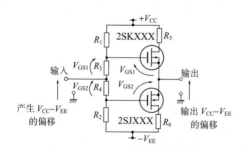

图 7.8　增强型 FET 源极跟随器的偏移电压

(如果使用增强型 FET,由于 g_m 大而使输出阻抗降低。但是,可以在偏置上作改进。
在简单的电阻构成的偏置电路中,在输出会产生偏移,其偏压量是(＋)电源和(－)
电源电压绝对值之差。所以需要作以改进才能应用)

（＋）、（－）的电位值之差,将会把电源的电位差加在栅极,也就是非反转输入端上。其结果在输出端,也就是反转输入端将发生 DC 偏移,信号以外的电流将从反转输入端通过 R_1 流入地。这个电流作用于跨阻抗放大器,使视频放大器的输出发生大的偏移。为了避免电路复杂化,使用 JFET 也能够获得足够的性能,所以使用通用器件：Tr_1 使用 2SK330GR,Tr_2 使用 2SJ105GR。

选择 FET 的 I_{DSS} 档次时的要点是有一定程度的电流流动,这对于构成跨阻抗放大器是有利的。这里选择 GR 档 FET,其 I_{DSS} 在 2.6～6.5mA 之间。

按照上面 GR 档器件,源极跟随器的空载电流平均值为 4mA。所以 Tr_4 的集电极电流取 2mA,R_6 取 1kΩ 时,基极电位为

$$V_B = 1kΩ \times 2mA + 0.6 = 2.6V$$

这里流过 4mA,所以电阻 R_4 值为 $R_4 = 2.6V \div 4mA \approx 620Ω$。$R_3$ 同样也取 620Ω。

7.4 视频放大器的性能

7.4.1 电路的检验

制作这个电路时需要注意这是高频电路。高频电路中,要按照电路图的位置设置元器件,输入与输出要清楚地分开。在靠近源极跟随器的地方,0.1μF 的 C_1 和 C_2 要采用陶瓷电容器以最短的距离连接电源和地,以降低电源的高频阻抗。

输入、输出的波形如照片 7.2 所示。这里没有用 75Ω 作为终端负载,所以得到设计要求的增益 6dB(2 倍)。

输入的 $2V_{p-p}$ 电压值放大成 $4V_{p-p}$ 的输出后并没有被限幅,所以可以说是具有余裕的电路。

7.4.2 输出阻抗的测定

输出阻抗的测定是将图 7.7 电路中的输出 R_8 去掉,在 TP 点连接负载电阻测定电流反馈型放大器本来的输出阻抗。

TP 点连接的负载电阻为 7.3Ω,其测定结果如照片 7.3 所示。它是无负载时 400mV 的一半,即 200mV。

由此可知输出为阻抗 7.3Ω。就是说为了视频放大器的输出阻抗为 75Ω,取 R_8 ＝68Ω 就可以。

照片 7.1 采用电流反馈型放大器的视频放大器

(如果像电路图那样配置元器件,将输入与输出清楚地分开,就能够获得良好的性能。增益为 6dB)

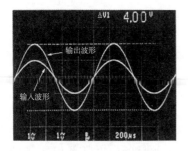

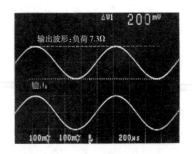

照片 7.2 输入输出波形(输入 1kHz,2V$_{p-p}$)

(达到设计值,获得 6dB(2 倍)的增益。输入为 2V$_{p-p}$,输出为 4V$_{p-p}$时也没有被限幅。作为视频放大器,是足够的电压值)

照片 7.3 求输出阻抗

(电压为无负载值的一半时的负载电阻值为输出阻抗。这时增益为 2 倍,所以与下面输入波形大小相等时的负载就是输出阻抗。是 7.3Ω)

7.4.3 增益及频率特性的测量

图 7.9 是实测得到的增益及其频率特性的变化。

实测了增益分别为 6dB、10dB、15dB、20dB 时的频率特性。

图中的符号"○"是电流反馈型放大器各种增益下的截止频率。即

6dB 时为 8MHz

10dB 时为 6MHz

15dB 时为 5MHz

20dB 时为 4MHz

在理论上,相对于增益的变化,频率特性不应该发生变化。不过实测发现增益增大到 5 倍(14dB)时截止频率下降了 1/2。这是由于跨阻抗放大器是由发射极接地电路构成。发射极接地电路存在着密勒效应,当增益大时密勒效应使得截止频率下降。

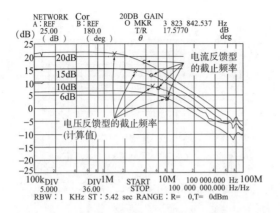

图 7.9 电流反馈型放大器的增益及其频率特性

（在理论上即使增益变化频率特性也不应该发生变化。这里之所以发生变化其原因
是跨阻抗放大器大多是发射极接地。如果与电压反馈型的截止频率（图中的符号
"×"）作比较，还是电流反馈型的性能好）

因此，如果在 Tr_3 和 Tr_4 使用 C_{ob}——集电极输出电容小的器件，在这种频率范围内就可以制作出截止频率不随增益变化的电流反馈型放大器。关于这个问题在后面还将会讨论。

7.4.4 与电压反馈型 OP 放大器比较

下面讨论电压反馈型放大器与电流反馈型放大器在增益和频率特性上的不同之处。

图 7.9 中的"×"处表示电压反馈型放大器的增益与截止频率的关系。对于电压反馈型，当增益增大时频率特性下降，增益增大 2 倍，截止频率降低 1/2。图中的"×"点是当增益为 6 倍时截止频率以 8MHz 为基准计算得到的。当增益为 5 倍时，计算得截止频率降为 1/5，即 1.6MHz。

电流反馈型中增益变化时相对应的截止频率用"○"表示，与电压反馈型的"×"点比较，可以看出在高频范围还是电流反馈型放大器更优越。

7.4.5 频率特性的改善

上面测定频率特性时，曾经说到构成跨阻抗放大器的发射极接地电路的 C_{ob} 支配着频率响应。那么当减小这个发射极接地电路的晶体管的 C_{ob} 时，频率特性将会怎样变化呢？我们通过实验来说明。

图 7.10 是 Tr_3 采用通用的晶体管 2SA1048，Tr_4 采用 2SC2458 时的频率特性。从图中可以看出截止频率为 8MHz。在这个数值下视频放大器会有良好的特性。

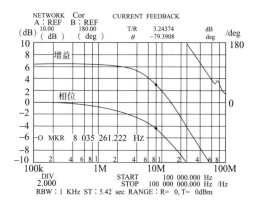

图 7.10　使用通用晶体管时的频率特性

（发射极接地用晶体管 Tr₃采用 2SA1048，Tr₄采用 2SC2458 时的频率特性。这时的
频率延伸到 8MHz。对于视频放大器是足够的）

下面用 2SA872（日立）置换 Tr₃，用 2SC1775（日立）置换 Tr₄，观察其频率特性
与 C_{ob} 的关系。我们避忌使用高频器件，不过这两种器件的 C_{ob} 比通用晶体管要小。

图 7.11 是这时的频率特性。截止频率与置换前相比提高了 2MHz。置换前使
用的通用晶体管的 C_{ob} 为 2pF，置换后 2SC1775 的 C_{ob} 是 1.6pF。当 C_{ob} 减小时，截止频
率向高频方向移动。如果这个电流反馈型放大器的频率特性如上所述是由于发射极
接地晶体管的 C_{ob} 的原因所致，由于 2pF 的 0.8 倍是 1.6pF，那么截止频率就应该变
化它的倒数倍即 1.25 倍，为 10MHz。正如预想的那样，图 7.11 的截止频率是
11MHz。这就是说发射极接地电路的晶体管的 C_{ob} 决定着这个放大器的频率特性。

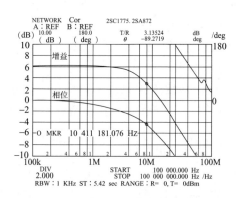

图 7.11　使用高频用晶体管时的频率特性

（使用了 C_{ob} 小的晶体管 2SA872 和 2SC1775 时的频率特性。2SC2458 的 C_{ob} 是 2pF，
2SC1775 的 C_{ob} 是 1.6pF。使用 2SC1775 时的频率特性比使用 2SC2458 时提高了
25%，达到 10MHz。发射极接地放大器的 C_{ob} 决定频率特性）

如果是这样的话,就可以通过选用 C_{ob} 更小的各种晶体管继续把截止频率提高 5 倍,10 倍……。实际的情况并没有想像的那么美好,截止频率提高到 14MHz 附近就停滞了。到了数十兆赫时,不仅是发射极接地电路,还涉及到电流供给能力,即源极跟随器能够流过多大的电流,也许还有射极跟随器的工作极限等许多因素使得问题复杂化。这里就不再作深入讨论。

7.4.6　方波的响应

照片 7.4 是输入 1MHz、$1V_{p-p}$ 的方波时的输出波形(输出端开路)。这个波形没有迟延,是非常好的响应波形。之所以能够得到这样的波形是由于采用具有良好频率特性的源极跟随器电路作为输入,用不具有频率特性的电阻器从电源变换电压,再用发射极接地进行放大。由于它的构成是用具有良好频率特性的射极跟随器变换输出阻抗,涉及到影响频率特性的因素只有发射极接地晶体管的 C_{ob}(基极-集电极间电容),所以获得没有迟延的非常好的响应波形。我们把这个方波响应的上升沿、下降沿放大,计算其转换速率。

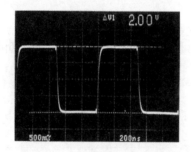

照片 7.4　输入方波(1MHz)时的输出波形

(是没有迟延,很漂亮的响应。这是因为支配频率响应的因素只有跨阻抗放大器晶体管的 C_{ob})

照片 7.5 是放大了的上升沿和下降沿的波形。转换速率表示方波响应从最大输出电压的 10％ 上升到 90％ 所需要的时间。它是表征放大器处理视频信号性能的重要参数,制约着最大响应频率。

照片 7.5(a)中从最大输出电压 2V 的 10％ 到 90％,也就是上升 80％ 时横轴上时间变化为 40ns。所以,

$$转换速率 SR = 2V \times 80\% / 40ns$$
$$= 40V/\mu s$$

从照片 7.5(b)也可以得到下降时的转换速率,它与上升时相同,即

$$转换速率 SR = 2V \times 80\% / 40ns$$

$$=40V/\mu s$$

40V/μs 的数值比较快的,与商品化的视频放大器或高速 OP 放大器的性能基本相等。顺便指出,通用 OP 放大器的转换速率大约是 4V/μs 到 10V/μs。

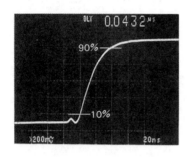

照片 7.5(a)　上升特性

(测定转换速率时移动横轴,并对准测量线。从 2V 的 10% 上升到 90％需要 40ns,所以转换速率为 40 V/μs)

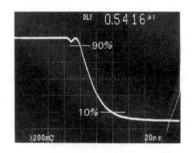

照片 7.5(b)　下降特性

(下降时与上升的方法相同,得到转换速率也是 40 V/μs。这个 40V/μs 的值与商品化的视频放大器性能基本相等)

7.4.7　视频放大器的噪声特性

图 7.12 是电流反馈型视频放大器的噪声频谱。噪声值从 $-$ 110dB 到 $-$120dB,这对于增益为 6dB 的放大电路来说是无可挑剔的。

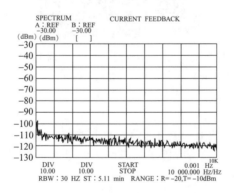

图 7.12　电流反馈型视频放大器的噪声特性

(其性能对于电路的工作是足够的。仔细观察就会发现与图 4.13 源极跟随器的噪声特性完全相同。这说明这个放大器的噪声是由源极跟随器产生的。其他电路的噪声值比它小得多)

我们来探讨它的噪声源。射极跟随器一般的噪声特性在本系列《晶体管电路设计(上)》一书的图 3.12 中示出过,其值在-130dB 到-140dB,性能很好,所以它不应该是噪声源。对于射极接地电路,同样在本系列《晶体管电路设计(上)》一书的图 2.24 中示出过它的噪声特性,其值在-130dB 到-140dB,也不应该成为噪声源。这样一来,问题就集中在用作输入的源极跟随器上了。源极跟随器一般的噪声特性在本书图 4.13 中有测量结果。进行比较后就会发现它们的噪声频谱几乎完全相同。

由此可以看出,这个视频放大器的噪声特性是由用作输入的源极跟随器决定的。

7.4.8 跨阻抗的测定

现在测定由发射极接地电路与 R_3、R_4 构成的跨阻抗放大器的跨阻抗,它是构成电流反馈型放大器的重要部分。

跨阻抗是电流-电压变换器(I-V 变换器)的性能参数,表示由电流向电压变换的程度。其单位为 $V/I=\Omega$。

照片 7.6 是电流检出部分 R_4 的电压,也就是 Tr$_4$ 2SC2458 的基极电压与电压变换输出部分,即集电极电压的比较。从照片看出基极电压是 $7\mathrm{mV_{p\text{-}p}}$。

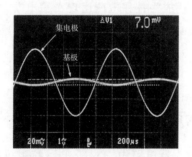

照片 7.6 跨阻抗的测定

(跨阻抗(Ω)表征由电流变换为电压的放大器的性能。虽然说是放大器,实际上代替电阻器将电流变换为电压,所以表征性能的单位是阻抗(Ω)。这里的值比较大,是 $354\mathrm{k\Omega}$)

就是说 620Ω 的 R_4 上发生的电压就为 $7\mathrm{mV_{p\text{-}p}}$,所以电流 I 为:
$$I=7\mathrm{mV_{p\text{-}p}}/620\Omega=11.3\mu\mathrm{A_{p\text{-}p}}$$
由于输出 $4\mathrm{V_{p\text{-}p}}$,所以计算得跨阻抗 Z_r 为:
$$Z_r=4/11.3\mu=354\mathrm{k\Omega}$$

7.4.9 输出偏移的原因是什么

照片 7.7 是以包含 DC 的形式表示的输入波形和输出波形。尽管输入的并不是 DC 电压,却出现－140mV 的 DC 偏移电压。视频放大器中,DC 范围的变动是所谓黑色电平的变动。一般来说对于视频本身的处理没有什么影响,不过产生的原因还是让人挂心。这是因为输入级源极跟随器两个 FET 的 I_{DSS} 存在差别。

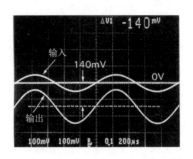

照片 7.7　输出偏移电压的情况

（输出出现偏移电压（直流电压）。电压为－140mV）

正如图 4.20 中所说明的那样,两个 FET 传输特性的交叉点是电路的工作点,在这个工作点的 V_{GS} 之差就成为偏移电压出现在输出端。

所以,为了减小偏移电压重要的是选择的两个 FET 应该有很好的相似性。

7.5　电流反馈型 OP 放大器的应用电路

7.5.1　栅-阴放大连接自举化的视频放大器

图 7.7 所示的视频放大器电路中,Tr_3 和 Tr_4（跨阻抗级）因为密勒效应制约了频率特性的高端响应。因此只要消除了 Tr_3 和 Tr_4 的密勒效应,就能够进一步提高电路的频率特性。

图 7.13 是将跨阻抗级栅-阴放大连接自举化的电路。结果在跨阻抗级不再发生密勒效应,所以电路的频率特性得到大幅度的提高。

栅-阴放大连接自举部分的设计中,为了提高电路工作的稳定性,将 Tr_3 和 Tr_6 的集电极-发射极间电压 V_{CE} 设定在 1V 以上。在图 7.13 的电路中,D_1 和 D_2 采用 3V 的齐纳二极管（HZ3BLL）,所以 Tr_3 和 Tr_6 的 V_{CE} 是 2.4V（＝3V－0.6V）。

Tr_7 和 Tr_8 的发射极所接 4.7Ω 电阻限流电阻的作用是当 D_3 和 D_4 的正向电压降 V_F 比 Tr_7 和 Tr_8 的 V_{BE} 大的时候（由于器件的分散性或者温度变化）限制发射极电流。

其他部分的设计方法与示于图 7.7 的电路完全相同。

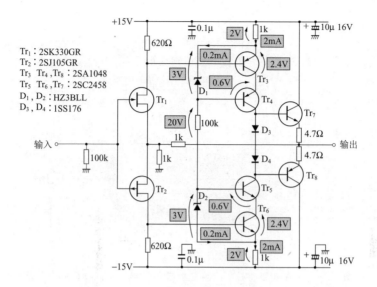

图 7.13　栅-阴放大连接自举化的电路

7.5.2　输入级采用晶体管的电流反馈型放大器

　　图 7.7 所示的电路中,为了简化电路结构,输入部分的缓冲放大器使用了 JFET 的推挽源极跟随器。但是,JFET 的源极跟随器的输出阻抗不怎么低。因此,它的工作距理想的电流反馈有一定的偏离(因为电流反馈型放大器反转输入端的输入阻抗可以认为是零)。

　　另外源极跟随器本身的输出电流也被 FET 的 I_{DSS} 限制。而且由于 N 沟 JFET 和 P 沟 JFET V_{GS} 存在的分散性,导致发生比较大的输出偏移电压(在本章的实验中,如照片 7.7 所示,也发生了 140mV 的输出偏移电压)。

　　图 7.14 是将 JFET 推挽源极跟随器置换为 2 级直接耦合推挽射极跟随器的电路。这个电路反转输入端的输入阻抗非常低,所以能够在接近理想的状态下进行电流反馈。另外由于晶体管的 V_{BE} 没有 JFET 的 V_{GS} 那样大的分散性,所以电路的输出偏移电压也比使用源极跟随器时小得多。

　　设计推挽射极跟随器时,流过 Tr_1 和 Tr_2 的发射极电流仅由发射极电阻(图 7.14 中为 7.5kΩ)决定。Tr_1 和 Tr_2 的基极偏置电压都为零,所以加在发射极电阻上的电压是从电源电压各自减去 0.6V 的值(图 7.14 中是 14.4V=15V－0.6V)。这个电压除以设定该电压所希望的发射极电流,就可以求得发射极电阻值。

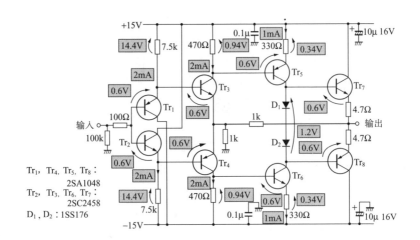

图 7.14   采用 2 级直接耦合推挽射极跟随器的电流反馈放大电路

如果 Tr_1 和 Tr_4 以及 Tr_2 和 Tr_3 分别采用互补对,那么流过 Tr_3,Tr_4 的发射极电流等于流过 Tr_1,Tr_2 的发射极电流。这是因为 Tr_3 与 Tr_4 的发射极相互连接,所以 Tr_1 和 Tr_3 以及 Tr_2 和 Tr_4 的 V_{BE} 的绝对值相等($V_{BE1} = V_{BE3}$,$V_{BE2} = V_{BE4}$)的缘故(如果晶体管的特性相同的话,V_{BE} 的值相同时流过的发射极电流也相同)。图 7.14 中,Tr_3 和 Tr_4 的发射极电流与流过 Tr_1 和 Tr_2 的发射极电流相同,都是 2mA。所以 Tr_1 和 Tr_4 以及 Tr_2 和 Tr_3 有必要采用互补对。这里使用的是通用晶体管 2SA1048/ 2SC2458 互补对。在输入端与 Tr_1、Tr_2 的基极间串联 100Ω 的电阻目的是为了防止射极跟随器产生振荡。跨阻抗级以下电路的设计方法与图 7.7 所示的电路完全相同。

7.5.3 使用电流反射镜的电流反馈型放大器

前面图 7.3 的说明中曾经提到电流反馈型放大器是检出反转输入端的电流,再由跨阻抗级变换为电压。图 7.7 的电路是在源极跟随器的漏极插入电阻,通过检出它的电压降等效地检出电流。

图 7.15 是使用电流反射镜直接检出反转输入端电流的电路。由于这种电路的跨阻抗大,所以能够改善电路的高频特性。图 7.15 的电路中,Tr_5 和 Tr_6、Tr_7 和 Tr_8 的部分是电流反射镜。电流反射镜工作时两个晶体管的 V_{BE} 相等,如果这两个晶体管的特性完全相同,那么电路中流过两个晶体管的发射极电流就相等。因此,图 7.15 中流过跨阻抗级的电流与流过 Tr_3 和 Tr_4 的发射极电流完全相等。

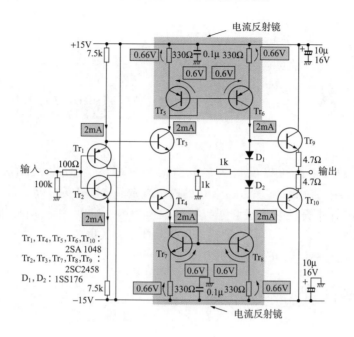

图 7.15 采用电流反射镜的电路

图 7.15 中的 Tr_5 和 Tr_6 以及 Tr_7 和 Tr_8 只能使用相同型号的晶体管。所以如果在这里采用单片双晶体管（例如 2SA1349/2SC3381 等），还可以进一步提高电路的跨阻抗。

如果是使用单片双晶体管，如图 7.16 所示还可以去掉接入单片双晶体管的发射极电阻（330Ω）（330Ω 是为了消除晶体管的 V_{BE} 的分散性而接入的）。

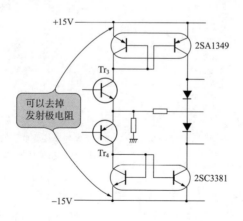

图 7.16 采用单片双晶体管的电流反射镜部分

第 8 章　晶体管开关电路的设计

　　晶体管开关电路可以说是数字电路的基本电路。74LS、74ALS 等著名的 TTL(Transistor Transistor Logic)IC 的内部就是晶体管开关电路。

　　但是，IC 中的开关并不适合于直接处理大功率。所以开关、调整器的开关器件、各种电动机或继电器的驱动等仍然使用晶体管开关电路。

　　本章将进行晶体管开关电路的基本实验。

8.1　发射极接地型开关电路

8.1.1　晶体管的开关

　　图 8.1 是一例发射极接地放大电路，这种电路能够通过输入信号（电压）连续地——模拟地控制流过集电极-发射极间电流，获得输出电压。

　　但是开关电路，如图 8.2 所示是一种计数地接通/断开晶体管的集电极-发射极间的电流作为开关使用的电路。

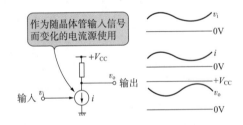

图 8.1　放大电路的考虑方法

（对于发射极接地电路，可以看到模拟地控制集电极-发射极间电流，得到输出电压）

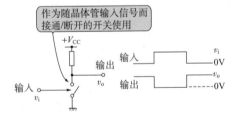

图 8.2　开关电路的考虑方法

（对于发射极接地电路的情况，作为使流过集电极-发射极间的电流计数地接通/断开的开关）

　　图 8.3 是电压增益（放大倍数）$A_v = 10$ 的发射极接地型放大电路。

　　照片 8.1 是给这个电路输入 1kHz、1V_{p-p} 信号时的输入输出波形。这时的输出波形不是通过介入耦合电容取出的，而是集电极电位。由于 $A_v = 10$，所以输出应

该是 $10V_{p-p}$。但是由于电源电压以及发射极电阻上电压降的缘故,如照片所示,波形的上下部分均被截去(输出饱和)。

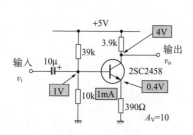

图 8.3 发射极接地放大电路

(这是一个集电极电阻为 $3.9k\Omega$,发射极电阻为 390Ω,放大倍数约为 10 的放大器。输入 1V 的正弦波时,应该输出 10V 的正弦波)

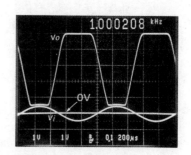

照片 8.1 给发射极接地放大电路输入 $1V_{p-p}$ 正弦波时的情况

($200\mu s/\mathrm{div}$, $1V/\mathrm{div}$)

(在 5V 电源、放大倍数是 10 倍的放大器上加 1V 的正弦波,输出波形饱和(被截去))

输出波形的上半周被截去的情况是由于输出电平与电源电压相等,所以集电极电阻上没有了电压降,也就是说晶体管的集电极-发射极间没有电流流过(集电极电流为零)。换句话说,晶体管处于截止状态。

相反,输出波形的下半周被截去的情况是因为输出电平处于更接近 GND 电平的电位(集电极电阻上的电压降非常大),晶体管的集电极电流处于最大值。也就是说,晶体管处于导通状态。

这样的开关电路只要利用输入信号使输出波形被限幅就可以实现(使晶体管处于接通/断开状态就可以),所以可以认为只要放大电路具有非常大的放大倍数,或者加上很大的输入信号就可以。但是,这样的开关电路必须是直流的接通/断开状态(这样的用途非常多),所以必须具有一定的直流的放大倍数。

8.1.2 从放大电路到开关电路

图 8.4 是从发射极放大电路演变到开关电路的示意图。首先为了获得直流增益(放大倍数),从图 8.4(a)的一般发射极放大电路中去掉输入输出的耦合电容 C_1、C_2,得到图 8.4(b)的电路。进一步为了提高放大倍数,去掉发射极电阻 R_E,变成图 8.4(c)的电路。这样一来,也就没有必要加基极偏置电压。当输入信号为 0V 时,晶体管处于截止状态,所以集电极就没有必要流过无用的电流——空载电流。因此,如图 8.4(d)所示去掉偏置用的 R_1。

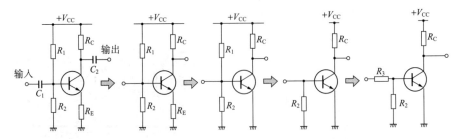

(a) 普通的AC输入发射　　(b) 直流耦合　　(c) 去掉R_E提高　(d) 不需要输入偏置　(e) 限制输入电流
　　极接地放大电路　　　　　　　　　　　　放大倍数

图 8.4　发射极接地放大电路演变为开关电路

(开关需要有高的直流放大倍数。也不需要耦合电容。常用的典型电路形式如图 8.4(e)所示)

为了确保没有输入信号时晶体管处于截止状态,需要保留使基极处于 GND 电位的电阻 R_2。但是,图 8.4(d)的电路中如果输入信号超过 +0.6V,晶体管基极-发射极间的二极管将处于导通状态,就开始有基极电流流过。也就是说,这样的状态不能限制电流,会有非常大的基极电流流过。因此,如图 8.4(e)所示还需要插入限制基极电流的电阻 R_3。这样就可以将发射极接地放大电路变形成开关电路。

8.1.3　观测开关波形

图 8.5 是上述电路代入了具体数值的实际开关电路,照片 8.2 是给这个电路输入 1kHz、$2V_{p-p}$ 的正弦波时的输入输出波形。输入信号是正弦波。但是由于电路的放大倍数足够大,所以输出波形变成了方波。当输入信号电平在 +0.6V 以下时晶体管处于截止状态,输出电平是 +5V(电源电压)。当超过 +0.6V 时,晶体管处于导通状态,输出基本上是 GND 电平。

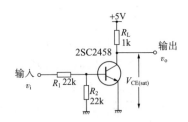

图 8.5　发射极接地型开关电路

(这个电路当 v_i 大于 0.6V 时晶体管导通,输出 v_o 为 0V)

通常开关电路的输入信号只是控制开关的接通/断开,所以采用与接通/断开电平相对的二值信号,即方波。经常用 TTL 或 CMOS 等数字电路的输出直接控制开关电路。

照片 8.3 是给图 8.5 的电路输入 1kHz、0V/+5V 方波时的输入输出波形。由于用 0V/+5V 的方波使晶体管于接通/断开状态,所以输出波形也是+5V/0V的方波。这个电路可以认为是发射极接地放大电路的变形,所以与放大电路一样,输入输出信号的相位是反转的。

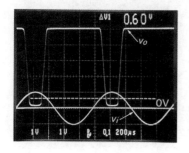 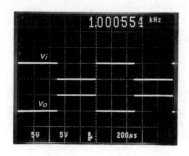

照片 8.2 给图 8.5 的电路加 $2V_{p-p}$
正弦波时的波形

($200\mu s/div$, $1V/div$)

(可以看出当 v_i 大于 0.6V(指示的位置)时晶体管趋于导通)

照片 8.3 给图 8.5 的电路加 0V/+5V 的
方波时的波形

($200\mu s/div$, $1V/div$)

(输入是方波——饱和的波形时输出也是方波,与数字电路的倒相器波形相同)

从照片 8.3 看到的输入输出波形简直就是数字电路中倒相器(NOT 电路)的输入输出波形。所以这个电路可以作为倒相器使用。但是,为了能够像数字 IC 那样高速动作还需要作一些改进。这将在后面介绍。

如果电源设置为+15V,由于输入信号是 0V/+5V 的 CMOS(TTL)电平,所以可以作为向 0V/+15V 的 CMOS 电平变换的逻辑电平变换电路。当然反过来也可以由 0V/+15V 变换为 0V/+5V。

8.1.4 如果集电极开路

图 8.5 的电路中集电极连接着负载电阻 R_L。如图 8.6 所示,当不连接负载电阻时这个电路的集电极就原封不动地变成输出端。把这个电路叫做开路集电极,它广泛应用于以继电器或灯泡等为外部负载的开关电路。

如图 8.6 所示,在使用 NPN 晶体管的电路中,如果在电位高于 GND 的电源与集电极(输出端)之间连接负载,这时就像是吸入负载电流。在使用 PNP 晶体管的电路中,如果在比正电源电位低的电源(在图 8.6(b)中是 GND)与集电极间连接负载,这时就像负载电流在流出。因此,这个开路集电极能够接通/断开负载电流而与负载连接几伏的电源没有关系,所以是一个对于开关外部负载非常方便的电路。

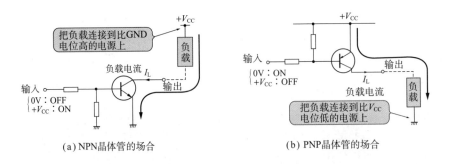

(a) NPN晶体管的场合   (b) PNP晶体管的场合

图 8.6   开路集电极电路

(开路集电极的负载可以是继电器、灯泡或者 LED 等。如果是 NPN 晶体管则在输入 0V 时截止,如果是 PNP 晶体管则在输入 0V 时导通)

8.2 　发射极接地型开关电路的设计

上面图 8.5 所示电路的设计指标如下。输入采用 0V/＋5V 的 4000B 系列 CMOS 逻辑电路的信号,接通/断开 5mA 的负载电流(＋5V 电源上连接 R_L＝1kΩ)。

发射极接地型开关电路的指标

负载电流(集电极电流)	5mA(给＋5V 连接 1kΩ 的负载电阻)
输入信号	V_{IL}＝0V,V_{IH}＝＋5V(4000B 系列 CMOS 逻辑电路的输出)

8.2.1 　开关晶体管的选择

由于负载电流(集电极电流)的指标是 5mA,所以晶体管集电极电流 I_c 的最大额定值必须大于 5mA。当晶体管处于截止状态时,连接负载的电源的电压(这里是＋5V)加在集电极-发射极之间和集电极-基极之间。因此应选择集电极-发射极间和集电极-基极间电压最大额定值 V_{CEO}、V_{CBO} 大于连接负载的电源电压的晶体管。

这里按照 V_{CEO}＞＋5V,V_{CBO}＞＋5V,I_c＞5mA 的条件,选择 2SC2458(东芝)。表 8.1 是 2SC2458 器件的特性。

顺便指出,使用 PNP 晶体管时的电路就变成图 8.7 那样。当然使用时并不介意选择 NPN 晶体管还是 PNP 晶体管。

图 8.5 的电路已经在集电极与＋5V 电源间连接了负载(R_L＝1kΩ),所以是根

据这个电源电压和负载电流来决定晶体管的。在开路集电极的场合选择的方法也完全相同。由外部负载连接的电源电压和从输出端(集电极)吸入或流出的最大负载电流共同选择晶体管。

表 8.1　2SC2458 的特性

(是典型的通用小信号晶体管。用于放大或开关。按 h_{FE} 细分为 $0\sim BL$ 共 4 个档次)

(a)**最大额定值**($T_a = 25$℃)

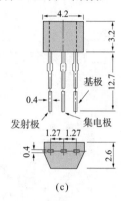

项　　目	符　　号	额定值	单位
集电极-基极间电压	V_{CBO}	50	V
集电极-发射极间电压	V_{CEO}	50	V
发射极-基极间电压	V_{CBO}	5	V
集电极电流	I_C	150	mA
基极电流	I_B	50	mA
集电极损耗	P_C	200	mW
结区温度	T_j	125	℃
保存温度	T_{stg}	$-55\sim125$	℃

(c)

(b)**电学特性**($T_a = 25$℃)

项　　目	符　　号	测定条件	最小	标准	最大	单位
集电极截止电流	I_{CBO}	$V_{CB}=50\text{V}, I_E=0$	—	—	0.1	μA
发射极截止电流	I_{EBO}	$V_{EB}=5\text{V}, I_C=0$	—	—	0.1	μA
直流电流放大倍数	h_{FE}(注)	$V_{CE}=6\text{V}, I_C=2\text{mA}$	70	—	700	
集电极-发射极间饱和电压	$V_{CE(sat)}$	$I_C=100\text{mA}, I_B=10\text{mA}$	—	0.1	0.25	V
特征频率	f_T	$V_{CE}=10\text{V}, I_C=1\text{mA}$	80	—	—	MHz
集电极输出电容	C_{ob}	$V_{CB}=10\text{V}, I_E=0,$ $f=1\text{MHz}$	—	2.0	3.5	pF
噪声系数	NF	$V_{CE}=6\text{V}, I_C=0.1\text{mA},$ $f=1\text{kHz}, R_g=10\text{k}\Omega$	—	1.0	10	dB

注: h_{FE} 分类 O:70～140,Y:120～240,GR:200～400,BL:350～700。

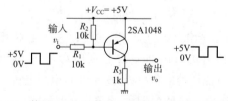

图 8.7　使用 PNP 晶体管的发射极接地型开关电路

(当这个电路输入电压比 $V_i + V_{CC}$ 低 0.6V 以上时晶体管置导通。这时 $v_o \approx V_{CC}$)

8.2.2　当需要大的负载电流时

发射极接地型开关电路的负载电流就是集电极电流,所以必须能够从输入端

提供大于 $1/h_{FE}$ 的基极电流。对于图 8.5 的电路由于负载电流小,只有 5mA,所以没有什么问题。但是当负载电流达数百毫安以上时驱动基极的电路(接续输入端的电路)就有可能无法提供足够的基极电流。

在这种情况下,需要采用称为"超 β 晶体管"的 h_{FE} 非常大的晶体管(例如2SC3113(东芝)的 h_{FE} 可达到 600~3600),或者如图 8.8 所示将两个晶体管达林顿连接。

如图 8.8 所示,采用达林顿连接时 Tr_1 的发射极电流全部变成 Tr_2 的基极电流,所以总的 h_{FE} 是各自晶体管的 h_{FE} 之积($h_{FE1} \cdot h_{FE2}$)。

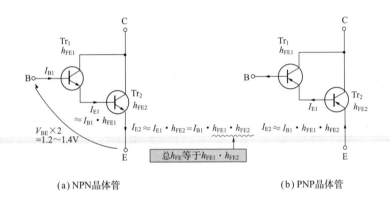

(a) NPN晶体管   (b) PNP晶体管

图 8.8　晶体管的达林顿连接

(是一种赚取 h_{FE} ——减少基极电流的应用手段。在功率应用中,也有在一个管壳内部作成达林顿连接的晶体管)

例如,如果 $h_{FE1} = h_{FE2} = 100$,那么总的 h_{FE} 就是 10000,用 1mA 的基极电流就能够开关 10A 的集电极电流。但是在计算达林顿连接电路的基极电流时需要注意的是,当晶体管导通时基极-发射极之间的电压降是 1.2~1.4V(两个 V_{BE})。

图 8.9 是一例采用达林顿连接的开关电路,是一个电灯开关电路。由于晶体管是达林顿连接,所以可以用 0.5mA 的基极电流开关 0.9A 的负载。在设计大负载电流的电路时,还需要注意晶体管的集电极-发射极间饱和电压 $V_{CE(sat)}$。尽管晶体管处于导通状态时的集电极-发射极间电阻值非常小,但还不是零,所以当集电极电流流过时会产生电压降。这就是集电极饱和电压 $V_{CE(sat)}$(sat 是 saturation 的简写)。

图 8.10 是 2SC2458 的集电极流过 100mA 的负载电流时的开关电路。照片8.4 是给这个电路输入 1kHz,0V/+5V 控制信号时的集电极波形 v_c。这个电路中,$V_{CE(sat)} = 0.16V$。晶体管处于导通状态时的功率损耗是 $V_{CE(sat)}$ 与集电极电流之积,它们全部变成热损耗。所以当负载电流大时,必须注意晶体管的发热问题。

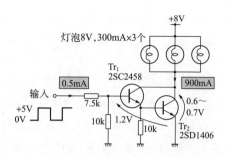

图 8.9 采用达林顿晶体管的电灯开关电路

(尽管要驱动 900mA,当采用达林顿连接时输入电流只需要 0.5mA 就可以了! 它的特点就是输入电流很小)

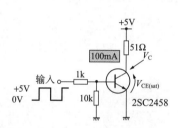

图 8.10 集电极饱和电压 $V_{CE(sat)}$ 的测定电路

(数据表中 2SC2458 的 $V_{CE(sat)}$ 为 0.1V(typ),0.25V(max)——$I_C = 100$mA,$I_B = 10$mA 时的测量结果)

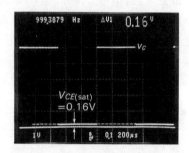

照片 8.4 给图 8.10 的电路加 1kHz,0V/+5V 方波时的波形

(200μs/div, 1V/div)

(集电极饱和电压 $V_{CE(sat)}$ 是 0.16V。这时集电极-发射极间流过的电流约为 100mA)

另外如图 8.9 所示,当发射极接地型开关电路中采用达林顿连接时,Tr_2 的集电极-发射极间电压并不是 $V_{CE(sat)}$ 而是 Tr_2 的 $V_{BE}(=0.6\sim0.7V)$。这是因为 Tr_2 的集电极电位如果不是与 Tr_1 的发射极电位($=Tr_2$ 的基极电位)同电位,那么 Tr_1 的基极-集电极间的 PN 结将处于导通状态。因此,采用达林顿连接处理大电流时,特别要注意晶体管的热损耗问题($0.6\sim0.7V\times$集电极电流=热损耗)。

8.2.3 确定偏置电路 R_1、R_2

如果能使基极电流达到集电极电流的 $1/h_{FE}$ 倍,晶体管将处于导通状态。考虑到 h_{FE} 的分散性或者基极电流受温度影响而变化等因素(因为 V_{BE} 具有温度特性,所以基极电流也随温度变化),应该使流过的基极电流稍大些。这叫做过驱动,通常设定为按所使用晶体管 h_{FE} 的最低值计算得到的基极电流的 1.5~2 倍以上。

由表8.1得知2SC2458的h_{FE}最低值是70,图8.5中电路的负载电流为5mA,所以可以设定流过的基极电流大于0.1mA((5mA/70)×1.5)～0.14mA((5mA/70)×2)。

如图8.11所示,由于基极电位是+0.6V,所以输入信号为+5V时R_1上产生的电压降为4.4V(但是要注意,达林顿连接时基极电位为+1.2V)。

按照上述条件,为使晶体管处于导通状态要求流过的基极电流为0.2mA,所以R_1=22kΩ(=4.4V/0.2mA)(但是忽略了流过R_2的电流)。

R_2是输入端开路时确保晶体管处于截止状态的电阻。如果R_2过大,将容易受噪声的干扰,过小则在晶体管处于导通状态时会有无用电流流过R_2。这里设定R_2=22kΩ(与R_1值相同)。

最近,已经有些厂家产生出如图8.12所示那样内藏有偏置电阻的晶体管产品。R_1、R_2电阻也有各种取值。如果使用内藏电阻的晶体管将会减少电路的元件数目,这对于开关电路是很方便的。

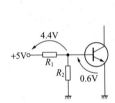

图8.11　R_1的电压降

(R_1的作用是决定基极电流。基极电流等于4.4V/R_1)

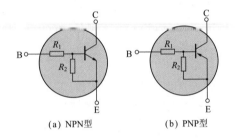

(a) NPN型　　　　(b) PNP型

图8.12　内藏电阻的晶体管

(适于开关(数字)电路应用的晶体管。不在意基极附近的电阻,所以便于在印刷电路版上安装。实例见表10.2)

8.2.4　开关速度慢——μs量级

照片8.5是给图8.5的电路输入100kHz、0V/+5V方波时的输入输出波形。当输入信号v_i从0变化到+5V时,晶体管立即由截止状态变化到导通状态,输出信号v_o也立即响应,从+5V变化到0V。但是,当v_i从+5V变化到0V时,晶体管从导通状态变化到截止状态时却花费时间,v_o从0V变化到+5V时间滞后了2.8μs。

晶体管处于导通状态时有基极电流流过,所以在基区内积累有电子。因此,在这种状态下即使输入信号变成了0V,基区中的电子并不能立即消失(电荷存储效应)。而且在基极限流电阻R_1的作用下,也不可能立即从基区取出全部电子,这就是造成时间滞后的原因。在开关调节器之类使负载高速开关的应用电路中,这种时间滞后是很不利的。

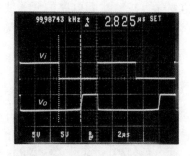

照片 8.5   给图 8.5 的电路输入 100kHz、0V/＋5V 方波时的输入输出波形
($2\mu s$/div，5V/div)

(晶体管由截止到导通(v_o：H→L)时速度快,但是导通→截止时 v_o：L→H 需要约 $2.8\mu s$)

8.3   如何提高开关速度

使用晶体管开关时,上述图 8.5 电路的开关速度往往不能满足要求。许多应用需要高的开关速度。这里就提高速度的基本技术进行实验。

8.3.1   使用加速电容

图 8.13 是给基极限流电阻 R_1 并联小容量电容器的电路。这样,当输入信号上升、下降时能够使 R_1 电阻瞬间被旁路并提供基极电流,所以在晶体管由导通状态变化到截止状态时能够迅速从基区取出电子(因为 R_1 被旁路),消除开关的时间滞后。这个电容器的作用是提高开关速度,所以称为加速电容。

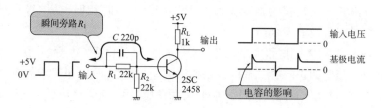

图 8.13   加速电容

(并联在基极电阻 R_1 上的电容器 C 能够在波形上升、下降时基极电流变大,加速开关过程)

照片 8.6 是给图 8.13 的电路输入 100kHz、0V/＋5V 方波时的输入输出波形。可以看出由于加速电容的作用,已经看不到照片 8.5 中的时间滞后。照片 8.6

中还看得不很清楚,实际上晶体管由截止状态到导通状态的时间也缩短了。由于所使用的晶体管以及基极电流、集电极电流值等因素,加速电容的最佳值是各不相同的。因此,加速电容的值要通过观测实际电路的开关波形决定。

对一般的晶体管来说,容量约为数十皮法至数百皮法。

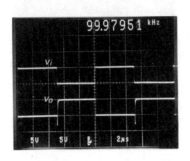

照片 8.6　给图 8.13 的电路输入 100kHz、0V/＋5V 方波时的输入输出波形
(2μs/div, 5V/div)

(与照片 8.5 相比较,可以清楚地看出开关速度加快了。这是加速电容的作用)

8.3.2　肖特基箝位

提高晶体管开关速度的另一个方法是利用肖特基二极管箝位。这种方法是 74LS、74ALS、74AS 等典型的数字 IC TTL 的内部电路中所采用的技术。

图 8.14 是对图 8.5 的电路进行肖特基箝位的电路。所谓肖特基箝位在基极-集电极之间接入肖特基二极管。这种二极管不是 PN 结,而是由金属与半导体接触形成具有整流作用的二极管,其特点是开关速度快,正向电压降 V_F 比硅 PN 结小,准确地说叫做肖特基势垒二极管。这里的肖特基二极管采用 1SS286(日立)。

照片 8.7 是给图 8.14 的电路输入 100kHz、0V/＋5V 方波时的输入输出波形。可以看出其效果与接入加速电容(参见照片 8.6)时相同,晶体管从导通状态变化到截止状态时没有看到时间滞后。

图 8.15 是图 8.14 的电路中晶体管处于导通状态(输出为 0V)时的动作。如图8.16所示,肖特基二极管的正向电压降 V_F 比晶体管的 V_{BE} 小(图 8.14 电路中的 $V_F \approx 0.3$V),所以本来应该流过晶体管的大部分基极电流现在通过 D_1 被旁路掉了。这时流过晶体管的基极电流非常小,所以可以认为这时晶体管的导通状态很接近截止状态。

因此,如照片 8.7 所示从导通状态变化到截止状态时的时间滞后非常小(基极电流小,所以电荷存储效应的影响小)。照片 8.7 中,输出波形由 0V 变化到＋5V 时之所以波形上升沿不很陡,是由于 R_1 与晶体管密勒效应构成低通滤波器的影响,与电荷存储效应没有关系。

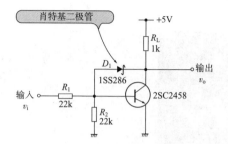

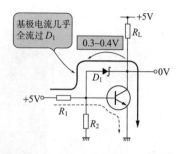

图 8.14 进行肖特基箝位的电路

（发射极接地型开关电路中在基极-集电极之间连接肖特基二极管能够提高开关速度。这就是肖特基箝位）

图 8.15 晶体管导通时的状态

（晶体管处于导通状态时（输出为 0V），本来应该流过晶体管的基极电流的大部分流过 D_1。这时晶体管处于很接近截止状态的导通状态）

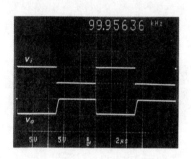

照片 8.7 给图 8.14 的电路输入 100kHz、
0V/+5V 方波时的输入输出波形
（$2\mu s/div$，$5V/div$）

（由于肖特基箝位，晶体管由导通变化到截止时的时间滞后几乎为零。V_c 的上升沿不是很陡是由于密勒效应增大了晶体管输入电容的结果）

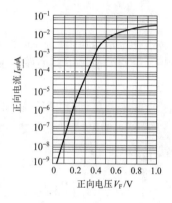

图 8.16 肖特基二极管 1SS286 的
正向电压降 V_F

（肖特基二极管与一般的硅二极管相比它的正向电压降 V_F 小。在图 8.14 的电路中如果 0.1mA 的基极电流全部流过 D_1，那么可以由这个曲线得出 V_F $\approx 0.3V$）

8.3.3 如何提高输出波形的上升速度

照片 8.8 是图 8.14 所示的电路中 $R_1 = 1k\Omega$ 时的开关波形（输入信号是 100kHz、0V/+5V 的方波）。可以看出当 R_1 小时由于低通滤波器的截止频率升高，所以输出波形从 0V 变化到 +5V 时的上升速度加快了。

加速电容是一种与减小 R_1 值等效的提高开关速度的方法（减小 R_1 值，也会加快输出波形的上升速度）。肖特基箝位可以看作是改变晶体管的工作点，减小电荷存储效应影响，提高开关速度的方法。

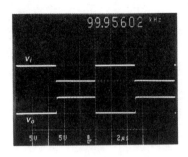

照片 8.8　图 8.14 电路中 $R_1 = 1\mathrm{k}\Omega$ 时的开关波形

（2μs/div，5V/div）

（由于 R_1 值小，R_1 与晶体管输入电容构成的低通滤波器的截止频率提高了。其结果
加速了 v_0 的上升速度）

由于肖特基箝位电路不像接入加速电容那样会降低电路的输入阻抗，所以当
驱动开关电路的前级电路的驱动能力较低时，采用这种方法很有效。

在设计这种电路时需要注意肖特基二极管的反向电压 V_R 的最大额定值。肖
特基二极管中某些器件的 V_R 最大额定值非常低（高频电路中应用的某些器件仅为
3V）。图 8.14 的电路中因为晶体管截止时电源电压原封不动地加在 D_1 上，所以
必须使用 V_R 的最大额定值大于 5V 的器件（1SS286 是 25V）。

8.4　射极跟随器型开关电路的设计

8.4.1　给射极跟随器输入大振幅

射极跟随器是电压放大倍数为 1 的放大电路。这种电路具有直流增益，利用
输入大振幅的方波可以起到与开关电路相同的作用。

图 8.17 示出将射极跟随器演变为开关电路的过程。首先，为了获得直流增益
从图 8.17(a)一般的射极跟随器中去掉输入输出耦合电容 C_1 和 C_2，变成图 8.17
(b)所示的电路。由于没有必要给基极加偏置电压（因为输入信号为 0V 时晶体管
处于截止状态），所以如图 8.17(c)所示再去掉 R_1。但是，为了确保没有输入信号
时晶体管处于截止状态，所以保留使基极处于 GND 电位的电阻 R_2。这样就把射
极跟随器变成了开关电路。

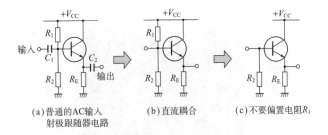

图 8.17 射极跟随器演变为开关电路

(a)普通的AC输入　(b)直流耦合　(c)不要偏置电阻R_1
射极跟随器电路

(开关要求具有直流的放大倍数,所以没有必要保留耦合电容。常用的典型电路是
图 8.17(c))

图 8.18 的电路是给图 8.17(c)的电路赋予具体电路常数值的射极跟随器型开
关电路。

照片 8.9 是给这个电路输入 1kHz、$4V_{p-p}$ 的正弦波时的输入输出波形。当输入
信号 v_i 的振幅在 $+0.6V$ 以下时晶体管处于截止状态,所以只有 v_i 的正半周波形作
为输出波形 v_o 出现。而且 v_o 的振幅值总比 v_i 低 $0.6V$(晶体管的 V_{BE})。

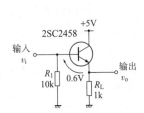

图 8.18 射极跟随器型开关电路

(直流耦合射极跟随器简单的电路结构。因为是以
GND 为基准,所以输出值是从大于 $0.6V$ 的输入电
压中减去 $0.6V$,而且输入输出同相)

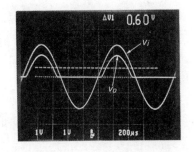

照片 8.9 给图 8.18 的射极跟随器加 $4V_{p-p}$
的正弦波时的输入输出波形

($200\mu s/div$, $1V/div$)

(由于是直流耦合,所以输出只出现正的电压。v_o
的振幅值比 v_i 低 $0.6V$)

照片 8.10 是给图 8.18 的电路输入 1MHz、0V/+5V 方波时的输入输出波形。
因为输出波形就是晶体管的发射极电位,所以它追随输入信号,输出的是 0V/+
4.4V的方波。也就是说由于这个电路是射极跟随器的变形,所以输入输出信号的
相位也与放大电路的情况相同,都是同相的。

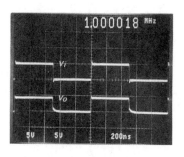

照片 8.10　给图 8.18 的射极跟随器加 1MHz、0V/＋5V 的方波时的输入输出波形
（200ns/div，5V/div）

（可以看出 v_o 追随 v_i，原封不动地输出。与照片 8.5 等相比，其特点是开关速度快）

8.4.2　开关速度

在 8.3 节曾经讲到如果发射极接地型开关电路中不采用加速电容等技术，就不能够提高开关速度。但是，这里的射极跟随器型开关电路继承了射极跟随器频率特性好的优点。如照片 8.10 所示，即使 1MHz 的频率也能够很容易地实现开关。尽管图 8.5 和图 8.18 中使用的晶体管是相同的。射极跟随器型开关电路的重要特点就是能够实现高速开关。与发射极接地型开关电路相比，由于不需要限制基极电流的电阻（因为基极电流必须是负载电流的 $1/h_{FE}$），所以它的另一个优点就是元件少。

图 8.18 的电路是在发射极连接负载电阻 R_L。不过也有不连接负载电阻的电路，如图 8.19 那样发射极原封不动地成了输出端。

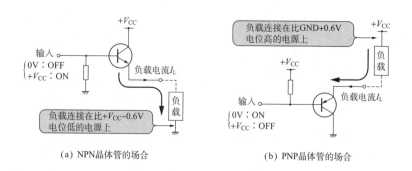

（a）NPN晶体管的场合　　　　　　　　（b）PNP晶体管的场合

图 8.19　开路发射极电路

（与发射极接地电路的开路集电极相对应。需要注意输入电压不能够比＋V_{CC} 高。另外，与其说发射极输出电压必须依赖于输入电压，还不如说输出电压值比输入低0.6V）

与发射极接地型开关电路的开路集电极相对应,把这种电路叫做开路发射极电路。它应用于高速开关外部负载的场合。

8.4.3 设计开关电路的指标

图 8.18 的电路的设计指标如下。这是应用 $0V/+5V$ 的 4000B 系列 CMOS 逻辑电路的信号对 5mA 的负载电流进行接通/断开的电路。

射极跟随器型开关的指标

负载电流(发射极电流)	$5mA(V_{CC}=+5V,负载电阻 1k\Omega)$
输入信号	$V_{IL}=0V,V_{IH}=+5V$(4000 系列 CMOS 逻辑电路的输出)

8.4.4 晶体管的选择

负载电流(发射极电流)的指标是 5mA,所以晶体管的集电极电流(=发射极电流)的最大额定值必须大于 5mA。因为必须由 4000B 系列 CMOS IC 提供基极电流,所以为了将基极电流抑制在 0.1mA(一般不怎么能够从 4000B 系列 CMOS IC 中取出电流),而负载电流是 5mA,所以 h_{FE} 必须在 50(=5mA/0.1mA)以上。

另外,晶体管处于截止状态时电源电压(在这里是+5V)是加在集电极-发射极间和集电极-基极间,所以所选择晶体管的集电极-发射极间和集电极-基极间的最大额定值 V_{CEO}、V_{CBO} 必须大于电源电压。

按照 $I_C>5mA,h_{FE}>50,V_{CEO}>5V,V_{CBO}>5V$ 的条件,与发射极接地时情况相同选择 2SC2458(东芝)。当然使用 PNP 晶体管也无妨,不过这时的电路变成图 8.20 所示的那样。

开路发射极的设计也完全相同,由加在外部负载上的电压以及从输出端(发射极)流出或者吸入的最大负载电流为根据选择晶体管。

射极跟随器型开关电路的负载电流原封不动地就是发射极电流,所以必须给输入端提供它的 $1/h_{FE}$ 的基极电流。但是当负载电流大时,有可能无法提供驱动输入端电路所必要的基极电流。

在这种情况下,仍然和发射极接地时的办法一样,或者采用超 β 晶体管,或者如图 8.21 所示将晶体管达林顿连接使用。但是,达林顿连接时需要注意发射极电位要比基极电位低 1.2~1.4V(两个 V_{BE})。

射极跟随器型开关电路中当晶体管处于导通状态时,发射极电位比基极电位低 0.6~0.7V。因此,即使基极电位与集电极电位(即电源电压)相等,晶体管的集电极-发射极间电压 V_{CE} 还是 0.6~0.7V(达林顿连接时是 1.2~1.4V)。这个 V_{CE} 与集电极电流(=发射极电流)之积就是晶体管的热损耗,所以当负载电流大时应该注意晶体管的发热问题。

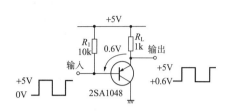

图 8.20　使用 PNP 晶体管的射极
跟随器型开关电路

(是把图 8.18 的 NPN 型晶体管换为 PNP 型的电路。
应该注意输入 0V 时输出是 0.6V。晶体管未饱和!)

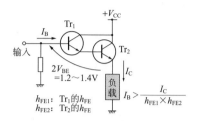

图 8.21　采用达林顿连接的射极
跟随器型开关电路

(当需要提供大的负载电流时经常采用达林顿连接。最近的功率晶体管内部大多是达林顿型的)

8.4.5　偏置电阻 R_1 的确定

R_1 是当输入端开路时为确保晶体管处于截止状态所使用的电阻。当 R_1 值大时容易受噪声的影响,反之,当 R_1 值小时将有无用电流从输入端流入 R_1。这里设定 $R_1 = 10\text{k}\Omega$。

8.5　晶体管开关电路的应用

8.5.1　继电器驱动电路

图 8.22 是用晶体管驱动继电器的电路。继电器是磁性机械开关元件,是用逻辑信号开关各种信号时使用的元件。

照片 8.11 示出各种继电器。由继电器的大小决定能够开关的信号的大小。图 8.22 的电路就是把图 8.5 电路中的负载电阻置换为继电器的开关电路。这个电路必须注意的是在继电器线圈上并联有二极管。

当开关的负载为电动机或者继电器等电感性负载时,在截断流过负载的电流时(晶体管进入截止状态时)会产生反电动势(楞茨定则)。这时产生的电压非常大。当这种电压超过晶体管的集电极-基极间、集电极-发射极间电压的最大额定值 V_{CBO}、V_{CEO} 时,晶体管将会被击穿。

因此实际上如图 8.22 所示,给负载(线圈)并联接续二极管(注意如果二极管的方向与图示方向相反,后果将很严重!)。这样一来,由于开关截止时产生的反电动势,当集电极的电位变为电源电压(图 8.22 中为 +12V)+0.6V(二极管的正向电压降)时,二极管处于导通状态,使反电动势闭合(也可以认为集电极电位被箝位在电源电压 +0.6V)。也就是说,由于集电极的电位不高于电源电压 +0.6V,所以能够防止晶体管被击穿。这个晶体管叫做续流二极管或者闭合二极管。

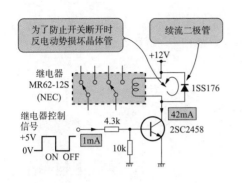

图 8.22 继电器驱动电路

（继电器线圈的额定电压由设计规格决定。设置电源时将继电器线圈接入晶体管的集电极，就能够驱动继电器）

照片 8.11 电子电路中使用的继电器

（近来小型电动机多使用制作在印刷电路板上的继电器。内部填充了惰性气体，可以延长使用寿命）

照片 8.12 是图 8.22 的电路中没有接续流二极管时的集电极波形（控制信号是 150Hz、0V/+5V 的方波）。继电器线圈产生的反电动势电压达到了 140V！大大超过 2SC2458 的最大额定值 $V_{CBO}=V_{CEO}=50V$。在这种状态下，开关晶体管难免会被击穿。

照片 8.13 是接续了续流二极管时（参见图 8.22）的集电极波形，这个续流二极管采用硅二极管 1SS176（最大反向电压是 35V，最大正向电流是 300mA，东芝）。可以看出由于续流二极管使反电动势闭合，所以没有产生高于电源电压的电压（照片中看不清楚，实际上继电器断开时的瞬间电压是电源电压+0.6V）。

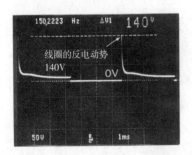

照片 8.12 继电器上没有并联二极管时的集电极波形（1ms/div，50V/div）

（实验中采用 12V 电源，但是从波形上看出晶体管截止时产生的峰值达到 140V，晶体管将会被击穿）

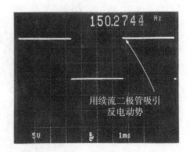

照片 8.13 继电器上并联有二极管时的集电极波形（1ms/div，5V/div）

（与照片 8.12 相比较发现没有产生反电动势。所以有必要在继电器等线圈上并联续流二极管）

8.5.2 LED 显示器动态驱动电路(发射极接地)

图 8.23 是 7 段 LED 发光二极管驱动电路。这种 7 段 LED 在用数字显示数字电路的BCD输出时应用得很多,是一种很常见的电路。照片8.14是一例7段LED。

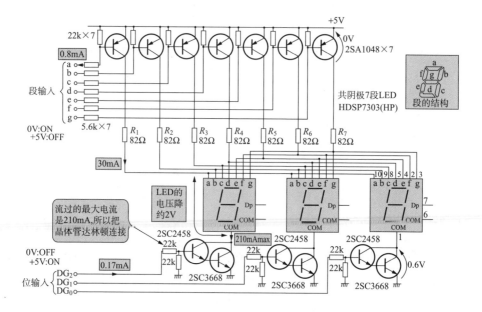

图 8.23 LED 的动态驱动电路

(这个例子是 3 位显示。$DG_0 \sim DG_2$表示位信号,$a \sim g$表示数字显示 LED 的段。上方与下方的晶体管同时处于导通状态的段发光)

照片 8.14 数字显示用 7 段 LED 的一例

(这个例子是 4 位显示。每一位有 7 个 LED ——7 段,用 7 段的组合显示 0~9 的数字)

在 LED 显示器的场合,如果位数(LED 的器件数)多,那么将有很多静态电流流过 LED,消耗许多功率。因此经常采用一位一位依次点灯的动态点灯方式。动态点灯时在某一位点灯期间其他各位都处于熄灯状态(通常只有一位处于点灯状态),所以能够降低功耗。图 8.23 的电路是由上方采用 PNP 晶体管的开路集电极电路与下方采用 NPN 晶体管达林顿连接的开路集电极电路以及中间夹入的 LED 构成的电路。上方是与段(器件)相对应的开关,下面是与数字(位)相对应的开关。只有当上下两方都处于导通状态时 LED 才会有电流流过而发光。下方的位开关中会流过 7 个段的电流,因此采用达林顿连接以保证能够吸收大电流。

图 8.24 是图 8.23 电路的控制信号的工作波形。通过 $DG_0 \sim DG_2$ 数字信号依次为 +5V,对位进行扫描。这时,$a \sim g$ 的段信号控制输入信号电平(0V:发光,+5V:熄灯),使得发光的位显示为文字。一个位发光的时间一般是几百微秒至几毫秒。通常这种动态驱动电路的驱动(形成图 8.24 那样的周期)是利用微处理器进行。如果是一般的 LED(不是高辉度灯泡)静态发光,流过 LED 的电流有几毫安至几十毫安就足够了。动态点灯时由于熄灯的时间较长,流过静态发光场合电流的 2～3 倍就能够获得足够的辉度。

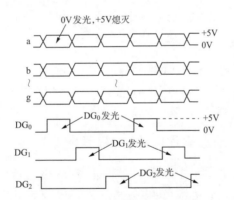

图 8.24 动态驱动电路的工作波形

(3 位显示中,$DG_0 \sim DG_2$ 的工作波形快速依次重复。与段 $a \sim g$ 吻合的 LED 发光,显示数字)

图 8.23 的电路中,每段 LED 各流过 30mA 电流。流过 LED 的电流由串联到各段的限流电阻 $R_1 \sim R_7$ 决定。

首先,由于 2SA1048 置于导通状态时的饱和电压 $V_{CE(sat)}$ 非常小(0.1V 以下),可以忽略不计。所以,从电源电压减去 7 段 LED 的电压降 2V(显示用 LED

的正向电压降与流过的电流不怎么有关,为 2V)以及达林顿连接的集电极-发射极间电压 0.6V 值余下的就是加在 $R_1 \sim R_7$ 上的电压。为了使流过 LED 的电流为 30mA,取 $R_1 \sim R_7 = 82\Omega(=(5V-2V-0.6V)/30mA)$。

图 8.23 的电路采用了 7 段 LED 有共同阴极的共阴极型 LED。如果是采用共阳极型 LED,其电路如图 8.25 所示,段一侧的开关电路要与数字型开关电路调换。

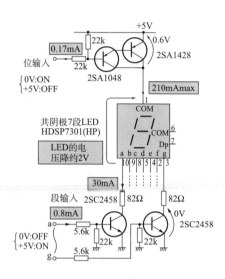

图 8.25　共阳极 LED 的动态驱动电路(1 位)

(使用共阳极型 LED 时电路的晶体管构成与图 8.23 的电路上下完全对称。这时需要 PNP 型达林顿连接)

8.5.3　LED 显示器动态驱动电路(射极跟随器)

图 8.26 与图 8.23 相同也是 7 段 LED 的动态驱动电路。数字一侧的驱动电路是达林顿连接的发射极接地型开关。段驱动电路采用 NPN 晶体管射极跟随器型开关。这个电路与前面的图 8.23 比较,由于采用射极跟随器型开关,所以没有必要给基极插入限流电阻,从而减少了电路的元件数目。流过段的电流也与图 8.23 的电路相同,设定为 30mA。由于射极跟随器型开关晶体管的 V_{CE} 是 0.6V(图 8.23 的发射极接地型开关中 $V_{CE(sat)}$ 在 0.1V 以下,可以忽略),所以 $R_1 \sim R_7$ 的值小了($R_1 \sim R_7 = (5V-2V-0.6V-0.6V)/30mA \approx 62\Omega$)。

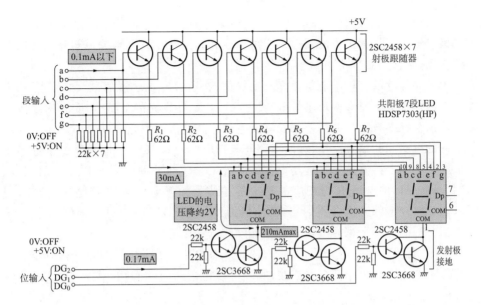

图 8.26 LED 的动态驱动电路

（与图 8.23 的驱动电路不同，上方段一侧的晶体管是射极跟随器。电阻减小了。至于这个电路与图 8.23 的电路相比哪个好，那是个人的兴趣问题）

8.5.4 光耦合器的传输电路

如图 8.27 所示，光耦合器是由 LED（发光二极管）与光敏二极管（接收光并将光转换为电流的二极管）以及晶体管组合起来的放大/开关器件（也有用光敏晶体管（利用光进行接通/断开的晶体管）替代光敏二极管和晶体管的器件）。

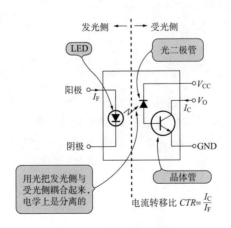

图 8.27 光耦合器的构成

　　光耦合器是通过电流流过 LED 使之发光,再用光敏二极管接收这个光并转换为基极电流使晶体管工作的器件。它可以成为晶体管开关电路的一部分。在这里简单作以介绍。

　　由于晶体管的基极电流是由光转换提供的,所以光耦合器的最大特点是 LED 部分与晶体管部分能够实现电学分离。这样一来,在发光的 LED 与受光的晶体管之间不论存在多么大的电位差都能够实现信号的交接。因此光耦合器应用于电位差不同的电路间的信号交接、数字电路与模拟电路的 GND——地的分离等场合。

　　表征光耦合器的重要特性是电流转移比 CTR(也叫做转移效率)。CTR 是流过输入端 LED 的电流 I_F 与相应的输出端晶体管的集电极电流 I_C 之比 I_F/I_C,用 "％"表示。一般的光耦合器中 CTR 的值为百分之几至百分之几百。CTR 相当于是光耦合器的 h_{FE},所以在电路设计中必须充分予以考虑。

　　图 8.28 是使用高速光耦合器 6N136(HP)的 CMOS 数字电路间的连接电路。由于数字电路中间用光耦合器连接,所以可以把电路间的 GND 线分离,从而截断 GND 线的电位差和噪声。

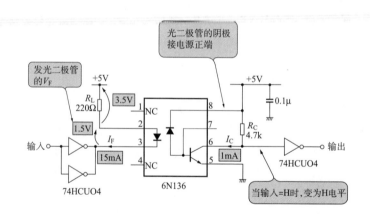

图 8.28　CMOS 数字电路间的分离

　　电路的设计首先求光耦合器集电极电阻 R_C 的值。光耦合器的集电极中,即使晶体管处于截止状态仍然有 μA 量级的暗电流流动。所以如果 R_C 值不是小到某种程度的话,就会降低晶体管在截止状态的输出电压。这里设定 $R_C = 4.7\text{k}\Omega$,所以 $I_C \approx 1\text{mA}$。

　　其次是确定流过 LED 的电流 I_F。这需要在考虑 CTR 后才能求得。6N136 的 CTR 是 20％(根据数据表),所以可以设定 $I_F = 5\text{mA}(\approx 1\text{mA}/20\%)$。由于 CTR 随温度和使用时间的变化较大,所以通常留有 2 至数十倍的余量。图 8.28 的电路中,留有 3 倍的余量,设定 $I_F = 15\text{mA}$。

LED 的正向电压降 V_F 是 1.5V（根据数据表），所以 $R_L = 220\Omega$（约为（5V－1.5V）/15mA）（假定 CMOS 倒相器的输出电压是 0V）。由于流过 LED 的电流大（15mA），所以可以并联接续 CMOS 倒相器，以提高负载的驱动能力。

图 8.28 的电路中是用 CMOS 倒相器驱动 LED 的阴极，所以当输入处于 H 电平时，光耦合器的晶体管处于导通状态，输出 H 电平。希望反逻辑时，如图 8.29 所示可以用 CMOS 倒相器驱动 LED 的阳极（这样一来，当输入为 H 电平时，光耦合器的晶体管处于截止状态，所以输出 L 电平）。

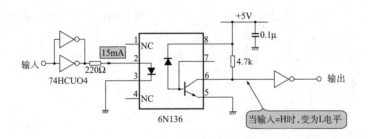

图 8.29 LED 驱动一侧逻辑反转的电路

图 8.30 比较特殊，是一例将光耦合器用于恒压电源的过电流检出的电路。这个电路用串联插入的 3Ω 电阻 R_F 检出恒压电源的输出电流，通过它上面的电压降使光耦合器 PC812（夏普）的 LED 发光，从而获得检出信号。图 8.30 中的电路常数是当电源的输出电流为 500mA 时过电流检出输出为 L 电平。但是，由于光耦合器的 CTR 随温度和使用时间的变化大，所以输出电流的检出值不能够准确地设定为 500mA（即使通过调整 R_F 正确地设定了输出电流，由于环境温度的变化或者长期使用的原因也会使 CTR 变化，从而偏离设定值）。

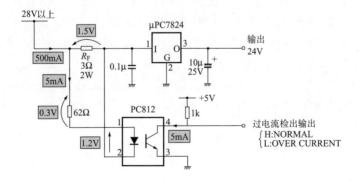

图 8.30 恒压电源的过电流检出电路

第 9 章　FET 开关电路的设计

前面已经进行过关于双极晶体管开关电路的实验。其实开关电路中也经常使用 FET。4000B 系列、74HC 系列、74AC 系列等 CMOS 逻辑 IC 的内部就使用 MOSFET 开关电路。

像电动机驱动电路、电源电路(开关、调整器)等功率电路中最近也开始大量使用 MOSFET。

本章,介绍使用 FET 的开关电路。

9.1　使用 JFET 的源极接地型开关电路

9.1.1　给 N 沟 JFET 输入正弦波

图 9.1 是使用通用的 N 沟 JFET 2SK330(东芝)的开关电路。这个电路可以认为是把图 2.1 所示源极接地放大电路中的源极电阻去掉,以尽量增大增益的电路。由于是处理直流信号的电路,所以也去掉了输入输出的耦合电容和偏置电路。但是保留了电阻 R_G,目的是为了在没有输入信号,即输入开路时确保栅极电位固定在 0V。电路结构(并不复杂)与 NPN 晶体管的发射极接地型开关电路完全相同(参见图 8.5)。

照片 9.1 是给图 9.1 的电路输入 1kHz、$8V_{p-p}$ 的正弦波时的输入输出波形。当输入信号 v_i 的负半周比－2V 更负时,由于 FET 是反相放大输入信号,所以电路的输出波形 v_o 与电源电压相同,是＋5V。这时漏极电流 I_D 为零(因为 R_D 上完全没有电压降),所以认为 FET 处于截止状态。当 v_i 大于－2V 时,v_o 变为 0V。这时 FET 处于导通状态。就是说,这个 FET 的接通/断开状态是以－2V 为分界的。从数字电路的角度看,可以认为判断输入信号的逻辑电平是"L"还是"H"的临界电压是－2V。

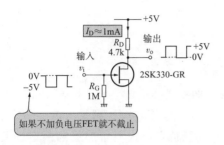

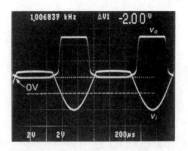

图 9.1 使用 N 沟 JFET 的源极
接地型开关电路

(把图 2.1 的源极接地放大电路的源极电阻 R_S 和偏置电路去掉就变成开关电路。但是作为输入信号，不加负电压时 N 沟 JFET 不截止)

照片 9.1 给图 9.1 的电路输入 1kHz、
$8V_{p-p}$ 的正弦波时的输入输出
波形($200\mu s/div$，$2V/div$)

(当 v_i 比 $-2V$(指示的位置)更负时 FET 处于截止状态。v_i 为正值时的波形之所以被削去，是因为栅极-源极间的二极管处于导通状态)

9.1.2 给 P 沟 JFET 输入正弦波

图 9.2 是使用通用的 P 沟 JFET 2SJ105(东芝)的开关电路。这个电路是把采用负电源的源极接地放大电路变形形成的开关电路的。

照片 9.2 是给图 9.2 的电路输入 1kHz、$8V_{p-p}$ 的正弦波时的输入输出波形。由于 v_i 比 $+2V$ 大时 FET 处于截止状态，所以 v_o 与电源电压相同，变为 $-5V$。当 v_i 小于 $+2V$ 时，FET 处于导通状态，所以 v_o 是 0V。所以这个电路中是以 $v_i = +2V$ 为界判断 FET 处于接通/断开状态。

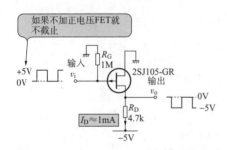

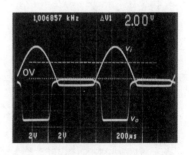

图 9.2 使用 P 沟 JFET 的源极
接地型开关电路

(是采用负电源($-5V$)的 P 沟 JFET 开关电路。为了使 P 沟 JFET 处于截止状态，输入信号必须为正电压(相对于源极))

照片 9.2 给图 9.2 的电路输入 $8V_{p-p}$ 的
正弦波时的输入输出波形
($200\mu s/div$，$2V/div$)

(当 v_i 比 $+2V$(指示的位置)大时 FET 处于截止状态。v_i 为负值时的输出波形之所以被削掉，是因为栅极-源极间的二极管处于导通状态)

照片 9.1 和照片 9.2 中都削去了输入波形(正弦波)的半个周期。关于这个问题将在后面讨论。

9.1.3 JFET 的传输特性

图 9.3(a)是 2SK330 的传输特性。从这个曲线可以看出,由于 N 沟 JFET 所具有的耗尽特性,当栅极对源极的电位为 0V 时漏极电流能够达到最大值($=I_{DSS}$:漏极饱和电流)。这时器件处于完全导通状态。但是当栅极上所加负电压超过夹断电压 V_P 时,由于漏极电流变为零,这时的器件处于截止状态。对图 9.3(a)的 2SK330 来说,当为 $-2.7V$ 时器件处于截止状态。不过考虑到 I_{DSS} 的分散性,通常要使 N 沟 JFET 处于完全截止状态,需要 $-5V$ 以上。这就是说,如果 N 沟 JFET 栅极电压是 0V 则导通,如果是负几伏(比夹断电压 V_P 更负的电压)则处于截止状态。所以如照片 9.1 所示,对于 N 沟 JFET 的 2SK330 来说 v_i 在 $-2\sim0V$ 之间处于导通状态,在 $-2V$ 以下时截止。

图 9.3(b)是 2SJ105 的传输特性。P 沟 JFET 与 N 沟的电压极性相反,栅极电压为 0V 时处于导通状态,在正几伏以上(V_P 以上)时处于截止状态。图 9.3(b)中的 $V_P=+2.4V$。考虑到 I_{DSS} 的分散性,仍然可以认为在正几伏以上时处于截止状态。所以如照片 9.2 所示,对于 P 沟 JFET 器件 2SJ105 来说,当 v_i 在 0V 到 $+2V$ 之间处于导通状态,大于 $+2V$ 之时则处于截止状态。

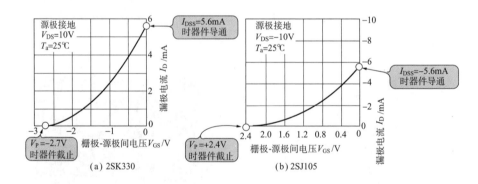

图 9.3 JFET 的传输特性

(可以看出对于 N 沟 JFET 器件 2SK330 来说当栅极对于源极所加负电压比 $-2.7V$ (夹断电压)更负时漏极电流为零,就是说处于截止状态。P 沟 JFET 器件 2SJ105 则相反,栅极上所加电压大于 $+2.4V$ 以上则处于截止状态。而且不论 N 沟还是 P 沟器件栅极电压为 0V 时流过最大漏极电流 I_{DSS},所以器件为导通状态)

9.1.4　正弦波输入波形被限幅的原因

观察给 JFET 输入正弦波时的波形就可以发现当输入信号具有某种电压关系

时,JFET 就会处于接通/断开状态。但是,从照片 9.1 和照片 9.2 看到的是正弦波的某半周被限幅。作为输入信号输入的是完整的正弦波,为什么会被削掉呢?

图 9.4 是 JFET 的结构示意图。JFET 与双极晶体管不同,漏极与源极间没有 PN 结,而栅极与沟道间有一个 PN 结。PN 结就是二极管,所以如图所示可以认为在栅极-沟道之间插入了一个二极管。因此对于 N 沟器件来说,如果栅极电压对于源极高出 +0.6V 以上,这个二极管就导通,对于 P 沟器件来说在 −0.6V 以下则二极管导通。

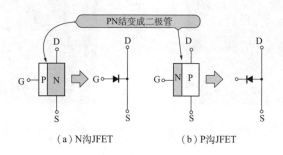

图 9.4 栅极-沟道间的二极管

(JFET 的栅极-沟道间存在 PN 结,PN 结就是二极管,所以如图所示就如同在栅极-沟道之间插入了一个二极管。通常加输入信号或者偏置电压时这个二极管应该处于截止状态)

照片 9.1 和照片 9.2 中之所以输入信号的某半周被削掉,就是因为这个二极管处于导通状态(注意:输入信号被削掉时的电位是二极管的 $V_F = 0.6V$)。

如果 FET 的栅极-沟道间的二极管处于导通状态,那么这个 FET 就变成二极管了。因此这时不仅输入信号被削掉,而且也失去了放大作用。

通常,在放大电路或开关电路中当然要利用 FET 的放大作用,所以输入的信号电平必须是栅极-沟道间二极管不导通的电平。

9.1.5 开关波形——正常导通与正常截止

下面我们观察输入方波时的开关波形。

照片 9.3 是给图 9.1 的电路输入 100kHz、−5V/0V 方波时的输入输出波形(注意输入的电平信号不应该使二极管导通)。可以看出 $v_i = 0V$ 时 $v_o = 0V$,$v_i = −5V$ 时 $v_o = +5V$,所以这个电路的动作是开关动作。而且输入输出是反相的,表现出源极接地放大电路所具有的性质。

照片 9.4 是给图 9.2 的电路输入 100kHz、0V/+5V 方波时的输入输出波形。可以看出 $v_i = 0V$ 时 $v_o = 0V$,$v_i = +5V$ 时 $v_o = −5V$,所以这个电路的动作也是开关动作。与照片 9.1 的 N 沟 JFET 相同,输入输出相位是反相的,也表现出源极接地放大电路所具有的性质。但是这两个电路的问题是输入输出的逻辑电平不一致。图 9.1 的电路中输入是 $-5V/0V$,输出是 $+5V/0V$,而图 9.2 的电路中输入是 $0V/+5V$,输出是 $0V/-5V$,所以逻辑电平不一致。这是因为 JFET 具有图 9.3 所示的耗尽特性。

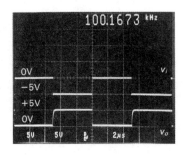

照片 **9.3**　图 9.1 电路的开关波形

（2μs/div, 5V/div）

（当输入 $-5V/0V$ 方波时输出是 $+5V/0V$ 的方波,
与数字电路中倒相器的波形相同。但是遗憾的是
输入输出逻辑电平不同）

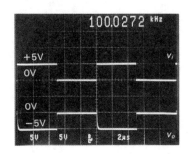

照片 **9.4**　图 9.2 电路的开关波形

（2μs/div, 5V/div）

（当输入 $0V/+5V$ 的方波时,输出是 $0V/-5V$ 的
方波。作为波形与倒相器相同,但是与图 9.1 的电
路一样,输入输出的逻辑电平不同）

这两个电路尽管都能够得到像数字 IC 中倒相器那样的波形,但是由于输入输出逻辑电平不同,所以并不能够原封不动地替代倒相器在逻辑电路中使用。因此,FET 源极接地型开关电路作为电平变换电路也许是有用的,但是作为一般的开关电路并不怎么使用它。顺便指出,像 JFET 那样当输入端为 0V 时(没有输入时)导通的器件叫做正常导通器件。相反,把输入端为 0V 时截止的器件叫做正常截止器件。像 JFET 这样的正常导通器件在没有输入信号时导通,在一般的开关电路应用中也许有些困难。

如前所述,JFET 在输出逻辑信号的开关电路中几乎不使用,不过经常作为模拟信号开关使用。关于模拟开关将在后面的章节中介绍。

9.1.6　FET 用于高速开关的可能性

我们注意到照片 9.3 和照片 9.4 中 JFET 在 100kHz 高频下可以进行开关动作,没有出现什么问题。如照片 8.5 所示,由于电荷存储效应,当双极晶体管截止时会出现时间滞后的问题。为了能够高速开关,必须追加加速电容或者进行肖特基箝位。

FET 是电压控制器件,它通过加在栅极上的电压控制器件的特性(双极晶体管是电流控制器件),所以不会发生因基区中电子(也就是基极电流)引起的电荷存储效应。因此在开关应用中 FET 的开关速度比双极晶体管快。

9.1.7　设计 JFET 开关电路时应该注意的问题

在双极晶体管开关电路中,设计电路常数或电路构成(达林顿连接等)时要考虑到器件的 h_{FE}。对于 FET 来说,由于没有栅极电流流动,所以没有必要这样考虑(也不怎么有必要考虑 g_m)。但是 JFET 器件具有耗尽特性,漏极电流最大不能超过 I_{DSS},所以必须注意漏极电流的设定。

作为电路中使用的 JFET,所选择器件的漏极-源极间的耐压应该大于电源电压,I_{DSS} 应该大于 FET 导通时流过的漏极电流(电源电压除以 R_D 的值＋从输出端提供给外部的电流)。

还应该注意当输入信号(栅极电压)相对于源极为 0V 时器件导通,超过夹断电压 V_P 时截止。当然,输入信号的电位必须确保栅极-沟道间的二极管通常处于截止状态。

R_G(参见图 9.1、图 9.2)的作用是保证输入端开路时 FET 的栅极固定在 GND 电平,所以取多大的值都可以。但是 R_G 值就是电路的输入阻抗,所以应该注意如果 R_G 值过于小的话,电路的输入阻抗也会变小。在图 9.1、图 9.2 的电路中为了提高输入阻抗,设定 $R_G = 1M\Omega$。

9.2　采用 MOSFET 的源极接地型开关电路

9.2.1　给 MOSFET 输入正弦波

图 9.5 是采用功率开关用器件——N 沟 MOSFET 2SK612(NEC)的源极接地型开关电路。这个电路只是改换了图 9.1 中的 FET(漏极负载电阻的值不同)。照片 9.5 是给这个电路输入 1kHz、8Vp-p 正弦波时的输入输出波形。可以看出当输入信号的电平超过＋1.6V 时输出波形为 0V。这是因为当 FET 的栅极电位超过＋1.6V 时输入信号被反相放大的缘故(认为临界电压为＋1.6V)。

图 9.6 是 2SK612 的传输特性。这种 MOSFET 是增强型器件,所以从曲线图可以看出当栅极电位相对于源极为 0V 时器件截止,达到＋3V 以上时完全导通(根据图 9.6,栅极-源极间电压 $V_{GS} = +3V$ 时,I_D 能够超过 2A)。在图 9.5 的电路中,由于漏极电流的设定值小($I_D = 5mA$),所以如照片 9.5 所示,栅极电压在＋1.6V 时导通。

与 JFET 不同,对于 MOSFET 来说栅极与沟道间只有绝缘层,并不存在二极管(参见图 9.7),所以即使输入信号变为负值时波形也不会被削掉。

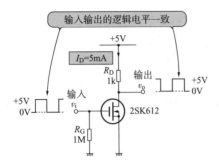

图 9.5　采用 N 沟 MOSFET 的
源极接地型开关电路

（如果采用增强型 MOSFET，加偏置的方法与双极晶体管相同，所以输入输出的逻辑电平一致。如果将 V_{BE} 置换为 V_{GS}，那么电路动作也与双极晶体管相同）

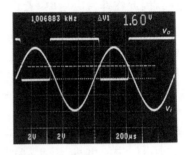

照片 9.5　给图 9.5 的电路输入 $8V_{p-p}$
正弦波时的输入输出波形

（$200\mu s$/div，2V/div）

（当 v_i 值比 ＋1.6V（指示的位置）高时 FET 导通。从数字电路角度考虑，临界电压为 ＋1.6V。与 JFET 不同，v_i 的波形不会被削掉）

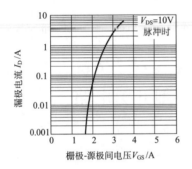

图 9.6　2SK612 的传输特性

（N 沟 MOSFET 是增强型器件，栅极相对于源极加正几伏电压时导通（曲线上大约 ＋3V 时完全导通）。当然栅极电压为 0V 时截止）

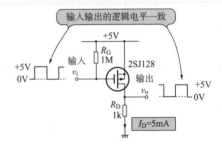

图 9.7　采用 P 沟 MOSFET 的源极
接地型开关电路

（采用 P 沟 MOSFET 与采用 N 沟的电路在电路构成上只是把电源与 GND 调换。但是 P 沟器件的品种比 N 沟器件少得多）

9.2.2 MOSFET 电路的波形

　　照片 9.6 是给图 9.5 的电路输入 100kHz、0V／＋5V 的方波时的输入输出波形。输入 0V 时的输出是 ＋5V，输入 ＋5V 时的输出是 0V。可以看出与照片 9.3、照片 9.4 的情况相同，输入输出的相位相反，使用 MOSFET 的场合也表现出源极接地放大电路的性质。

　　在使用 MOSFET 时，由于具有增强型的特性，所以输入输出的逻辑电平一致。因此可以用 TTL 或者 CMOS 等逻辑电路的输出直接驱动这种电路。这种电路也可以替代倒相器在逻辑电路中使用。而且增强型 MOSFET 与双极晶体管开关电路的偏置方向是相同的,所以可以方便地与晶体管相互置换(将晶体管的基极-发射极间电压 V_{BE} 置换为 V_{GS})。

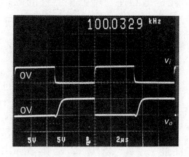

照片 9.6 图 9.5 电路的开关波形($2\mu s/div$, $5V/div$)

(输入 0V/+5V 的方波时输出+5V/0V 的方波。它与 JFET 不同,输入输出的逻辑
电平是一致的。波形与双极晶体管的发射极接地型开关电路完全相同)

MOSFET 和 JFET 一样也不发生电荷存储效应,所以能够实现高速动作。从照片 9.6 可以看出,即使输入 100kHz 也能够正常开关。

由于 MOSFET 能够方便地置换双极晶体管实现高速开关,所以近来大量应用于工作频率高(数百 kHz 至数 MHz)的开关电源中。

9.2.3 MOSFET 源极接地型开关电路的设计指标

图 9.5 电路的设计指标如下。

采用 MOSFET 的源极接地型开关电路的指标

负载电流	5mA(对+5V 连接 1kΩ 的电阻负载)
输入信号	$V_{IL}=0V$,$V_{IH}=+5V$(4000B 或者 74HC、74AC 系列 CMOS 逻辑电路的输出)

这个电路是用 0V/+5V 的 CMOS 逻辑电路(4000B 或者 74HC、74AC 系列)的输出信号接通/断开 5mA 的负载电流。

9.2.4 MOSFET 的选择

使用 MOSFET 时与 JFET 不同,漏极电流不受 I_{DSS} 的限制,所以不需要过于在意漏极电流的设定值。

作为电路中使用的 MOSFET,应该选择漏极-源极间电压的最大额定值 V_{DSS} 和栅极-源极间电压的最大额定值 V_{GSS} 要高于电源电压,漏极电流 I_D 的最大额定值大于流过电路的漏极电流的器件。

　　MOSFET 有耗尽型和增强型两种器件,耗尽型器件即使栅极电压为 0V 也有漏极电流流过,是正常导通器件,它也许不适合在开关电路中应用。在使用 MOS-FET 的开关电路中,经常采用 2SK612 之类的增强型器件。

　　从传输特性就可以看出耗尽型器件与增强型器件的区别。如图 9.6 所示,如果 V_{GS} ＝0V 时的漏极电流为零则为增强型器件。开关用的 MOSFET 几乎都是增强型器件。

　　MOSFET 器件中又分 N 沟型和 P 沟型两种。图 9.7 是用 P 沟 MOSFET 构成的源极接地型开关电路。与图 9.5 相比较它把电源与 GND 相互调换。但是 P 沟 MOSFET 的品种比 N 沟器件少得多,所以器件选择的自由度小。

　　这里按照 $V_{DSS}＞+5V,V_{GSS}＞+5V,I_D＞5mA$ 的条件选择功率开关用 N 沟 MOSFET 2SK612(NEC)。

　　表 9.1 是 2SK612 的性能参数。2SK612 是作者常用的开关用 MOSFET,在这个电路中也使用它。不过从表 9.1 可以看出这种器件对于图 9.5 的电路也许有些浪费。其实在这个电路中也可以使用功率容量小一些的器件。

表 9.1　2SK612 的性能参数

(这是一例中功率开关用 N 沟 MOSFET,与 JFET 相同,可以认为正向传输导纳 $|Y_{fs}|$ 与跨导完全相同。但是与小信号 JFET 的 $|Y_{fs}|$ 相比,MOSFET 要高出几个数量级。另外,开关用的 MOSFET 的 $|Y_{fs}|$ 等参数分档次)

(a)**最大额定值**($T_a＝25℃$)

项　　目	符　号	条　　　件	额定值	单位
漏极-源极间电压	V_{DSS}	$V_{GS}＝0$	100	V
栅极-源极间电压	V_{GSS}	$V_{DS}＝0$	±20	V
漏极电流(直通)	$I_{D(DC)}$		±2.0	A
漏极电流(脉冲)	$I_{D(pulse)}$	$PW≤300\mu s$,占空比≤2%	±8.0	A
总损耗	P_T	$T_a＝25℃$ 印刷电路板上实装时	1.0	W
总损耗	P_T	$T_c＝25℃$	20	W
沟道温度	T_{ch}		150	℃
保存温度	T_{stg}		$-55～+150$	℃

(b)**电学特性**($T_a＝25℃$)

项　　目	符　号	条　　件	min	typ	max	单位
栅极漏电流	I_{GSS}	$V_{GS}＝±15V,V_{DS}＝0$			±100	nA
漏极夹断电流	I_{DSS}	$V_{DS}＝80V,V_{GS}＝0$			10	μA
漏极-源极间导通电阻	$R_{DS(on)1}$	$V_{GS}＝10V,I_D＝1A$			0.45	Ω
漏极-源极间导通电阻	$R_{DS(on)2}$	$V_{GS}＝4V,I_D＝0.8A$			0.6	Ω
截止电压	$V_{GS(off)}$	$V_{DS}＝10V,I_D＝1mA$	0.8		3.0	V
正向传输导纳	$|y_{fs}|$	$V_{DS}＝10V,I_D＝1A$	1.0			S
输入电容	C_{iss}	$V_{DS}＝10V$		500		pF
反馈电容	C_{rss}	$V_{GS}＝0$		30		pF
输出电容	C_{oss}	$f＝1MHz$		120		pF
导通时延迟时间	$t_{d(on)}$	$I_D＝1A,V_{GS(on)}＝10V$		10		ns
上升时间	t_r	$V_{CC}≒50V,R_L＝50Ω$		20		ns
截止时延迟时间	$t_{d(off)}$	$R_{in}＝10Ω$		80		ns
下降时间	t_r			20		ns

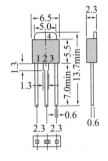

1. Gate　2. Drain

3. Source　4. Drain

(c)**外形** (单位:mm)

双极晶体管采用达林顿连接可以提高电流增益。对于 FET 来说,由于没有栅极电流流动,所以没有必要采用达林顿连接形式。因此即使对于流过大漏极电流的功率 MOSFET 器件,也可以用输出电流小的 TTL 或者 CMOS 逻辑电路直接驱动。

但是功率容量大的 MOSFET 的输入电容也大,所以在进行高速开关的场合必须降低驱动电路的输出阻抗(为了能够使器件的输入电容高速充放电)。

9.2.5 确定栅极偏置电阻的方法

栅极偏置电阻 R_G(参见图 9.5)的作用是在输入端开路时把栅极固定在 GND 电平,所以它的值取多大都可以。在图 9.5 的电路中,为了提高输入阻抗取 $R_G = 1M\Omega$。

但是对于 MOSFET 来说由于器件的输入阻抗非常高,如果栅极开路,在接触到栅极时,由于静电作用有时会击穿器件,所以必须小心接入 R_G。特别是当 MOSFET 的栅极伸到电路外部时是绝对必要的。

9.2.6 开路漏极电路

图 9.5 的电路中漏极负载电阻 R_D 是在电路内。也有像图 9.8 所示的电路那样不接负载,漏极原封不动地作为输出端伸到外部的情况。与双极晶体管的开路集电极相对应,把它叫做开路漏极。开路漏极电路中不管负载接数伏电源,都能够接通/断开负载电流(电流模式的开关),所以是一种可以方便地开关外部负载的电路。往往应用于用 CMOS 工艺制作的 IC 输出电路。

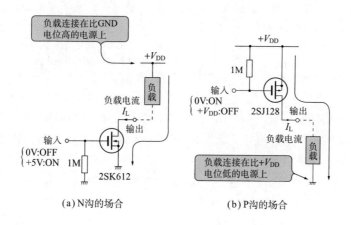

(a) N沟的场合　　　　(b) P沟的场合

图 9.8　开路漏极电路

(是源极接地电路,取掉漏极负载电阻 R_D 就成为开路漏极电路。不管负载接多大的电源都能够方便地开关)

9.3　源极跟随器型开关电路的设计

源极跟随器电路是一种电压放大倍数为 1 的电路。这种电路能够获得直流增益，可以应用于大振幅方波开关电路。

9.3.1　使用 N 沟 JFET 的源极跟随器开关电路

图 9.9 是使用 N 沟 JFET 的源极跟随器型开关电路。这个电路中为了使源极跟随器获得直流增益取掉了耦合电容，也取掉了栅极偏置电阻。但是为了在没有输入信号时能够固定栅极电位，保留了电阻 R_G（图 9.9 中固定接地）。

照片 9.7 是给图 9.9 的电路输入 1MHz、0V/＋5V 方波时的输入输出波形。这个电路中当 $v_i=0V$ 时 $v_o=1.6V$，当 $v_i=＋5V$ 时 $v_o=＋5V$。这表明它是在进行开关动作。

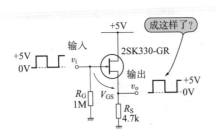

图 9.9　采用 N 沟 JFET 的源极
跟随器型开关电路

（源极跟随器中，取掉输入输出的耦合电容以及栅极偏置电阻，就变为开关电路。$v_i=＋5V$ 时 $v_o=＋5V$。不过在 JFET 的特性上，$v_i=0V$ 时 $v_o \neq 0V$）

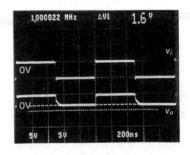

照片 9.7　图 9.9 电路的开关波形
（200ns/div，5V/div）

（输入输出相位同相，表现出高速（在 1MHz 频率工作）源极跟随器电路的性质。但是，当 $v_i=＋5V$ 时 $v_o=＋5V$，而 $v_i=0V$ 时 $v_o=1.6V$）

这个电路中的输入输出相位同相，表现出源极跟随器电路的性质。在 1MHz 的高频下仍然能够正常地进行开关动作，表现出源极跟随器电路的高速特性，具有非常快的开关速度。之所以在 $v_i=0V$ 时 $v_o \neq 0V$，是由于 JFET 所具有的耗尽特性。

从第 4 章实验性 JFET 源极跟随器电路中知道，源极电位保持一定的 V_{GS} 值并追随着栅极电位。在开关电路中也是一样，源极电位保持一定的 V_{GS} 值并追随栅极电位。

由于 N 沟 JFET 的耗尽特性（参见图 9.3 的传输特性），源极电位比栅极电位高。所以如照片 9.7 所示，当 $v_i=0V$ 时源极电位也比栅极电位高 1.6V（指示的电位)。这就是说传输特性曲线上 I_D 与 V_{GS} 的平衡点在 $V_{GS} = -1.6V, I_D = 0.34mA$ ($=1.6V/4.7k\Omega$)处。

当 $v_i = +5V$ 时,源极电位也应该比栅极电位($=+5V$)高。不过因为不能高于电源电压,所以源极电位是 $+5V$(实际的电路中,如照片 9.5 所示,其值略低于 $+5V$)。

9.3.2 采用 P 沟 JFET 的源极跟随器开关电路

图 9.10 是采用 P 沟 JFET 的源极跟随器型开关电路。与图 9.9 采用 N 沟器件的电路相比较,电路构成只是把电源和 GND 调换(注意使用正电源)。

照片 9.8 是给图 9.10 的电路输入 1MHz、0V/+5V 方波时的输入输出波形。与采用 N 沟器件的电路一样,输入输出的相位相同,其波形表现出高速动作的源极跟随器电路的性质。

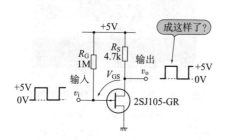

图 9.10 采用 P 沟 JFET 的源极
跟随器型开关电路

(采用 P 沟器件时的电路是把 N 沟器件电路(参见图 9.9)的电源与 GND 调换。与 N 沟器件电路相反,当 $v_i = 0V$ 时 $v_o = 0V$,但是当 $v_i = +5V$ 时 $v_o \neq +5V$)

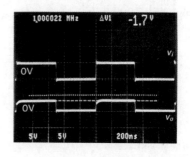

照片 9.8 图 9.10 电路的开关波形
(200ns/div, 5V/div)

(采用 P 沟器件时与 N 沟的情况相反,当 $v_i = 0V$ 时 $v_o = 0V$,但是当 $v_i = +5V$ 时 $v_o = +3.3V$(比 $+5V$ 低 1.7V))

关于输入输出信号的电平,当 $v_i = 0V$ 时 $v_o = 0V$,而 $v_i = +5V$ 时 $v_o = +3.3V$(比 $+5V$ 低了 1.7V)。这也是由于 P 沟 JFET 所具有的耗尽特性。

这个电路的基础也是源极跟随器,所以源极电位保持一定的 V_{GS} 值并追随栅极电位。

如图 9.3(b)所示,对于 P 沟 JFET 来说当有漏极电流流过时,源极相对于栅极的电位降低。所以如照片 9.8 所示,$v_i = +5V$ 时源极电位比栅极电位低 1.7V(指示的电压)。这就是说传输特性曲线上 I_D 与 V_{GS} 的平衡点是在 $V_{GS} = 1.7V, I_D = 0.36mA$($=1.7V/4.7k\Omega$)处。

当 $v_i = 0$V 时,源极电位也要比栅极电位($= 0$V)低。不过由于不能低于 GND 电平,所以源极电位是 0V(实际的电路中,如照片 9.8 所示,其值略高于 0V)。

9.3.3　采用 MOSFET 的源极跟随器开关电路

图 9.11 是采用 N 沟 MOSFET 的源极跟随器型开关电路。这个电路的构成中只是换了图 9.9 电路中的 FET(漏极负载电阻 R_D 的值不同)。

照片 9.9 是给图 9.11 的电路输入 1MHz、0V/$+5$V 方波时的输入输出波形。这个电路也与采用 JFET 的电路相同,输入输出的相位同相,其波形表现出高速动作的源极跟随器电路的性质。

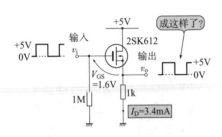

图 9.11　采用 N 沟 MOSFET 的源极
跟随器型开关电路

(增强型 MOSFET 加偏置的方法与双极晶体管相同,所以构成的电路动作也几乎与双极晶体管一样。只要把这个电路的 V_{BE} 值换为 V_{GS},电路的动作就与射极跟随器型开关电路完全相同)

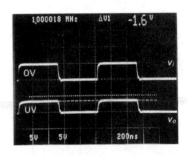

照片 9.9　图 9.11 电路的开关波形
(200ns/div, 5V/div)

(当 $v_i = +5$V 时 $v_o = +3.4$V(比 $+5$V 低 1.6V)。这是因为使用的 MOSFET 的 V_{GS} 是 1.6V。作为工作波形,只是把 $V_{BE} = 0.6$V 变为 $V_{GS} = 1.6$V,所以与双极晶体管射极跟随器型开关电路相同)

关于输入输出信号电平,当 $v_i = 0$V 时 $v_o = 0$V,而当 $v_i = +5$V 时 $v_o = +3.4$V(比 $+5$V 低 1.6V)。这也是由于 MOSFET 所具有的增强特性。

这个电路的基础也是源极跟随器,所以工作时源极电位保持一定的 V_{GS} 值并追随栅极电位。由于 N 沟 MOSFET 具有增强特性,所以如果流过漏极电流,那么源极电位比栅极电位低。所以如照片 9.9 所示,当 $v_i = +5$V 时源极电位比栅极电位低 1.6V(指示的电压)。

从图 9.6 的传输特性可以看出,对于 2SK612 来说,当 $I_D = 3.4$mA($= 3.4$V/1kΩ)时正好 $V_{GS} = 1.6$V(照片 9.7 的 N 沟 JFET 的开关波形也是 1.6V,这只是巧合)。当 $v_i = 0$V 时 $V_{GS} = 0$V,I_D 为零,就是说器件处于截止状态,所以 $v_o = 0$V。所以在源极跟随器型开关电路中,如果使用的是增强型 MOSFET,只要把 V_{BE} 置换为 V_{GS},就能够方便地与双极晶体管置换。

9.3.4 源极跟随器开关电路中需要注意的几个问题

采用 JFET 设计源极跟随器型开关电路时,与源极接地型开关电路相同,必须注意 I_D 的设定值与器件的 I_{DSS}。这是因为对于 JFET 来说不能够取出大于 I_{DSS} 的漏极电流。

电路中使用的 JFET 应该选择漏极-源极间耐压高于电源电压,I_{DSS} 大于 FET 导通时流过的漏极电流(流过 R_D 的电流+由输出端向外部提供的电流)的器件。

一般来说,像源极跟随器型开关电路这样的应用中经常要求取出大电流,所以与漏极电流受到 I_{DSS} 限制的 JFET 相比,使用更多的是 MOSFET 或者双极晶体管(射极跟随器型开关电路)。

设计使用 MOSFET 的电路与 JFET 不同的是漏极电流不受限制,所以应该选择漏极-源极间电压的最大额定值 V_{DSS} 与栅极-源极间电压的最大额定值 V_{GSS} 大于电源电压,漏极电流 I_D 的最大额定值大于流过电路的漏极电流(流过 R_D 的电流+由输出端向外部提供的电流)的器件。但是在使用 MOSFET 的场合,为了防止器件的静电击穿必须设置栅极偏置电阻 R_G。

第 **10** 章　功率 MOS 电动机驱动电路

上一章介绍过功率 MOSFET 导通时的损耗很小,适合于用来驱动重负载。所以广泛用作开关电源的开关器件或者继电器、绕组、电动机等的驱动电路。本章作为具体例子,将设计大型直流电动机的功率 MOS 开关器件驱动电路。

10.1　电动机驱动电路的结构

10.1.1　电动机正转/逆转驱动电路的结构——H 电桥电路

普通的直流电动机只有加上额定电压才能立即运转,而且由所加电压的极性决定运转方向。图 10.1 是电动机正转/逆转驱动电路的结构示意图。图 10.1(a)是采用正负两个电源的直流电动机电路。这个电路中如果令 $S_1 = ON$, $S_2 = OFF$,这时由于电动机的(+)端接正电源,所以电动机正方向运转;如果 $S_1 = OFF$, $S_2 = ON$,这时电动机的(+)端接负电源,所以电动机反方向运转。图 10.1(b)的直流电动机正转/逆转电路把开关数目增加了 2 倍,但是只用了一个电源。这个电路中,如果 $S_2 = S_3 = ON$, $S_1 = S_4 = OFF$,则电动机的(+)端接电源,(−)端接 GND,所以这时电动机正方向运转。反过来,如果 $S_1 = S_4 = ON$, $S_2 = S_3 = OFF$,电动机的(+)端接 GND,(−)端接电源,这时电动机反方向运转。图 10.1(b)中的电路是"H"形结构形式,所以叫做 H 电桥电路(H 电桥也叫做全桥,图 10.1(a)的电路也叫做半桥)。

10.1.2 MOSFET H 电桥电路

如果把图 10.1 中的各开关换成使用晶体管或者 MOSFET 的开关电路,就成为正转/逆转电动机驱动电路。一般来说,直流电动机的驱动电路是用单一电源工作的,经常采用图 10.1(b)所示的 H 电桥电路。H 电桥电路作为驱动电动机用电路的已经 IC 化。本章要设计的电动机电路也将采用 H 电桥电路。从学习、掌握 MOSFET 开关的意义出发,H 电桥的各开关都将采用 MOSFET。

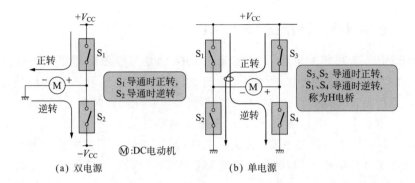

图 10.1 电动机正转/逆转驱动电路

（DC 电动机由所加电源的极性决定运转方向。正极性时正转,反极性时逆转）

图 10.2 是用 MOSFET 取代 H 电桥各开关的电路。H 电桥的 S_1 和 S_3 用 P 沟 MOSFET 源极接地型开关电路替换,S_2 和 S_4 用 N 沟 MOSFET 源极接地型开关电路替换。

功率 MOSFET 几乎都是增强型器件。N 沟增强型器件当栅极电位比源极电位高时器件导通。P 沟增强型器件当栅极电位比源极电位低时导通。因此当采用源极接地型开关电路时,如图 10.2 所示 GND 一侧使用 N 沟 MOSFET,电源一侧使用 P 沟器件。但是,P 沟功率 MOSFET 的品种少(价格也高),电学性能——导通电阻和开关速度等也不如 N 沟器件。所以在本章中,如图 10.3 所示,$S_1 \sim S_4$ 的所有开关完全采用 N 沟 MOSFET。但是 S_1 和 S_3 采用源极跟随器型开关电路,S_2 和 S_4 采用源极接地型开关电路(因为 N 沟器件电流流动的方向是漏极→源极,所有 S_1 和 S_3 必须采用源极跟随器型)。

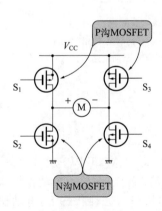

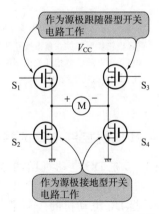

图 10.2 用 MOSFET 构成的 H 电桥

(S_1 和 S_3 采用 P 沟 MOSFET,S_2 和 S_4 采用 N 沟 MOSFET。所有的 MOSFET 都是源极接地型开关电路)

图 10.3 只采用 N 沟 MOSFET 构成的 H 电桥

(N 沟器件价格便宜,品种也多。这是完全用 N 沟 MOSFET 构成的 H 电桥。注意 S_1 和 S_3 是源极跟随器型开关电路)

10.1.3 驱动源极跟随器型 MOSFET 的方法

构成图 10.3 那样的电路形式时,存在的问题是源极跟随器型开关电路部分 (S_1,S_3) 的 MOSFET 的栅极如何驱动。图 10.3 的电路中 S_2 和 S_4 是源极接地型开关电路,源极直接接地。因此 MOSFET 的栅极电位为 0V 时截止,达到正几伏时导通(参看第 9 章)。但是 S_1 和 S_3 是源极跟随器型开关电路,如图 10.4 所示如果栅极电位没有比 H 电桥的电源 V_{CC} 高出几伏,就不能够使器件完全导通。所以对于图 10.3 那样的电路结构,必须设法使 MOSFET 的驱动电路使用的电源要比 H 电桥的电源电压更高。

如果为了驱动 MOSFET 而再从外部提供电源就比较麻烦,所以这里还是应该从电路内部想办法如何制作电源。我们知道 MOSFET 的栅极上没有电流流动,所以即使采用容量比较小的电源也无所谓。图 10.3 的电路没有使用晶体管作开关器件,可以说是"MOSFET 构成的电路"。关于这种电源电路的结构将在 10.2 节中说明。

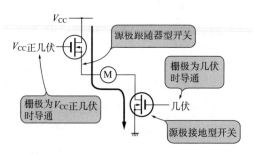

图 10.4 如何使源极跟随器型开关导通

(源极接地型开关在栅极加几伏电压时导通。但是如果栅极电位不加 V_{CC} 正几伏的电压,源极跟随器型开关就不能导通。这就是说 MOSFET 驱动电路中,需要有电压比 V_{CC} 还高几伏的电源)

10.1.4 H 电桥控制电路的结构

图 10.5 是 DC 电动机用的全桥驱动器(H 开关)TA7257P(东芝)的参数表。这个 IC 是由两根信号控制 H 电桥,具有制动/正转/逆转/停止 4 个动作模式。所谓制动是指 DC 电动机的(+)端与(-)端短路的状态。这种状态下,电动机在反电动势(根据佛莱明定则)的作用下产生与外加力相反的力(=制动)。在图 10.3 的 H 电桥中,施加制动时就是 $S_1 = S_3 = ON$、$S_2 = S_4 = OFF$,或者 $S_1 = S_3 = OFF$、$S_2 = S_4 = ON$(就是说,电动机的两端与电压或者 GND 连接)。所谓停止是指 H 电桥的所有开关都截止,电动机的端子什么都不接的状态。这时电动机的转动轴处

于释放状态。

一般 DC 电动机驱动用的 IC 都可以设定这 4 种工作模式。本章设计的电动机驱动电路也是要通过两个控制信号来实现这 4 种工作模式。

(a) 最大额定值 (T_a=25℃)

项　　目		符号	额定值	单位
电源电压	最　大	V_{CCmax}	25	V
	工　作	V_{CCope}	18	V
输出电流	最　大	I_{Opeak}	4.5	A
	平　均	I_{OAVE}	1.5	A
容许损耗 (T_C=75℃)		P_D	12.5	W
工作温度		T_{opr}	$-30\sim75$	℃
保存温度		T_{stg}	$-55\sim150$	℃

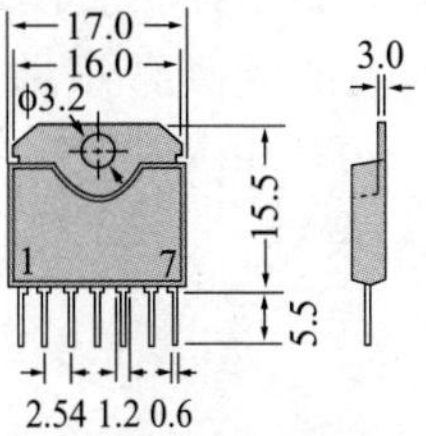

(c) 外形图

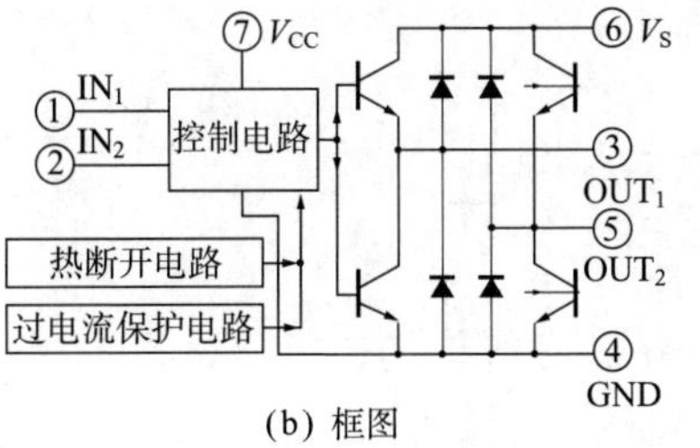

(b) 框图

用2根输入信号能够设定4种驱动模式

(d) 功能

IN_1	IN_2	OUT_1	OUT_2	模式
H	H	L	L	制动
L	H	L	H	正转/逆转
H	L	H	L	逆转/正转
L	L	高阻抗		停止

图 10.5　DC 电动机驱动 IC 电路例（TA7257P,（株）东芝）

（典型的使用 H 电桥的小型 DC 电动机驱动电路用 IC。驱动模式有制动/正转/逆转/停止 4 种）

10.2　H 电桥电动机驱动电路的设计

10.2.1　电路的设计指标

下表列出电动机驱动电路的设计指标。

设计指标

驱动电动机	15V/1A, DC电动机		
控制信号	2个逻辑信号(0/5V)		
L=0V	控制信号		电动机的状态
H=5V的	B	A	
逻辑信号	L	L	停止(释放)
	L	H	正转
	H	L	逆转
	H	H	制动

拟驱动的电动机是 15V/1A 的小型 DC 电动机。电动机的驱动模式设定为由两个控制信号控制的 4 种模式。

图 10.6 是电路框图。控制电路是由两个 0V/5V 的逻辑信号分别控制 H 电桥各开关形成 4 种驱动模式的部分。电源电路是为了驱动 N 沟 MOSFET 源极跟随器型开关的电源部分，是 DC-DC 变换器升压电路。

图 10.7 是电动机驱动电路的总电路图。照片 10.1 是组装在印刷电路板上的图 10.7 的电路。

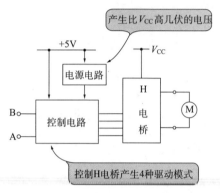

图 10.6　电动机控制电路的框图

（控制电路是用两根逻辑信号控制 H 电桥的各开关，构成 4 种驱动模式。电源电路是为了驱动 N 沟 MOSFET 源极跟随器型开关所必须的电源（V_{CC} 正几伏））

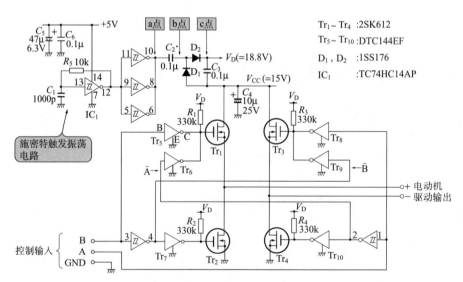

图 10.7　设计的电动机控制电路

（H 电桥全采用 N 沟 MOSFET 作成。电路的特点是在内部制作了一个比 H 电桥电源电压高的电源 V_D）

照片 10.1 组装在印刷电路板上的电动机驱动电路
（内藏驱动电路用电源,但是部件数目并不多）

10.2.2 选择驱动 15V/1A 的 H 电桥的 FET

由于必须用 H 电桥驱动 15V/1A 的电动机,所以要求 H 电桥的电源电压 V_{CC} 是 15V,流过各开关的最大电流为 1A。因此电桥使用的 MOSFET 的漏极-源极间电压的绝对最大额定值 V_{DSS} 应大于 15V,漏极电流 I_D 的绝对最大额定值在 1A 以上。这里选用功率开关用 2SK612（NEC）。关于 2SK612 的特性请参看第 9 章表 1。2SK612 的 $V_{DSS}=100V$, I_D 的绝对最大额定值为 2A,足以满足设计电路的要求。

图 10.8 是 2SK612 的传输特性（I_D-V_{GS} 特性）。从这个曲线可以看出只要 $V_{GS}>3.5V$ 就

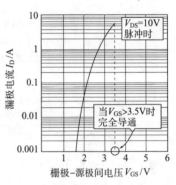

图 10.8 2SK612 的传输特性
（可以看出只要 $V_{GS}>3.5V$ 就能够使
2SK612 处于完全导通状态）

能够驱动 2SK612。因此为了驱动源极跟随器型开关的 H 电桥的 Tr_1、Tr_3,要求电压比 V_{CC} 高出 3.5V,也就是说需要 18.5V(=15V+3.5V)的驱动电压。

10.2.3 FET 中内藏续流二极管

对于线圈或电动机这样的电感性负载来说,当驱动电压突然断开时会产生很大的反电动势（参见照片 8.12）。所以一般的电路中为了防止电动机产生的反电动势烧坏开关器件,在 H 电桥各开关中必须接续流二极管——吸收反电动势的二极管。在本电路中当然也要求设计续流二极管。

大部分开关用 MOSFET 中的二极管内藏在漏极-源极之间。如图 10.9 所示,2SK612 也是将二极管内藏在漏极-源极之间。由图 10.9(b)看出这个二极管的特性完全能够满足本电路对于续流二极管的要求（15V/1A 电动机用的续流二极管

正向电流必须大于 1A)。本设计电路中的续流二极管不是外接的,而是将 2SK612
内藏的二极管作为续流二极管使用的。

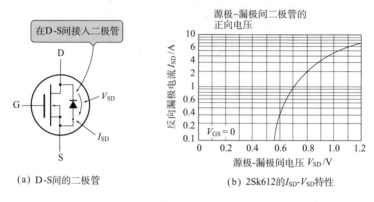

(a) D-S间的二极管   (b) 2Sk612的I_{SD}-V_{SD}特性

图 10.9　漏极-源极间的二极管

(大多数开关 MOSFET 的漏极-源极间接入了一个二极管。这个二极管的电学特性
可以满足作为续流二极管使用的要求)

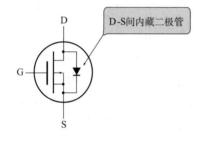

图 10.10　P 沟 MOSFET 的内藏二极管

(P 沟 MOSFET 的内藏二极管与 N 沟的接续方向
相反)

一般的双扩散型功率放大用 MOS-
FET 的结构中,在漏极-源极之间内藏
着一个等效的二极管。顺便指出,如图
10.10 所示 P 沟 MOSFET 中二极管的
接续方向是相反的。这个内藏二极管
的正向电流和反向击穿电压与 MOS-
FET 的漏极电流的绝对最大额定值、漏
极-源极间电压的绝对最大额定值相同。
通常就把这个二极管作为续流二极管
使用。当这个二极管的电流容量不足

时,再在漏极-源极间外接二极管。C_4 是 H 电桥电源的去耦电容,采用 $10\mu F/25V$
的电解电容器(只要容量大于 $1\mu F$,耐压在 15V 以上即可)。

10.2.4　控制 H 电桥的逻辑电路

表 10.1 是控制输入信号 A,B 与 H 电桥 MOSFET 的 ON/OFF 关系。这个
表设 MOSFET OFF 的逻辑信号为 L,ON 的逻辑信号为 H(因为 MOSFET 的栅
极为 0V 时截止,栅极为 V_{CC}＋3.5V 时导通),Tr_2 的逻辑为 B,Tr_4 的逻辑为 A。
还设 Tr_1 反转 A 并与 B 作 NOR 运算为(反转 OR 的输出的运算),Tr_3 反转 B 并

与 A 作 NOR 运算。其逻辑图示于图 10.11。

表 10.1 输入信号与 MOSFET 的 ON/OFF 关系

(通过用输入信号控制 H 电桥各 MOSFET 的 ON/OFF,可以得到 4 种驱动模式)

输入信号		H 电桥				驱动模式
B	A	Tr$_1$	Tr$_2$	Tr$_3$	Tr$_4$	
L	L	OFF	OFF	OFF	OFF	释放
L	H	ON	OFF	OFF	ON	正转
H	L	OFF	ON	ON	OFF	逆转
H	H	OFF	ON	OFF	ON	制动

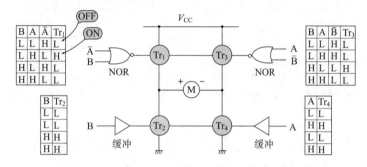

图 10.11 控制电路的逻辑

(Tr$_2$ 和 Tr$_4$ 缓冲,Tr$_1$ 和 Tr$_3$ 用 NOR 解码输入信号。但是,对于 NOR $\overline{A}$(A 的反转)和 $\overline{B}$(B 的反转)是必要的)

MOSFET 的栅极由 NPN 晶体管的发射极接地型开关电路驱动。如果这个驱动电路的电源为 $V_{CC}+3.5V$,就可以使 Tr$_1$、Tr$_3$ 完全导通。

图 10.12 是将发射极接地开关电路与倒相器组合实现图 10.11 的逻辑的电路。发射极接地开关电路是输入=L 时晶体管 OFF,输出=H;输入=H 时晶体管 ON,输出=L,所以逻辑上可以认为是倒相器。所以在驱动 Tr$_2$ 和 Tr$_4$ 的电路中,组合倒相器(在 $V_{CC}+3.5V$ 的电源电路中使用施密特触发倒相器,挪用它)使逻辑一致。

驱动 Tr$_1$ 和 Tr$_3$ 的电路是把两个发射极接地型开关电路的集电极与集电极连接进行 NOR 运算。这样,只有当两个晶体管都截止时(也就是说两个晶体管的输入是 L 和 L)输出才为 H,所以是进行 NOR 运算。分别将 A 与 B 反转的信号 $\overline{A}$、$\overline{B}$ 利用 Tr$_2$ 和 Tr$_4$ 的驱动电路的中间输出。

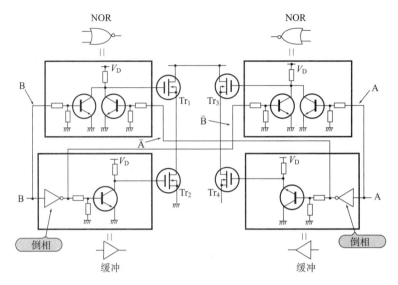

图 10.12　实际的控制电路

(缓冲由倒相器与发射极接地开关电路组成。NOR 由两个晶体管的集电极与集电极相连的发射极接地开关电路构成。$\overline{A}$、$\overline{B}$ 利用缓冲器的中间输出)

10.2.5　发射极接地型开关电路中的内藏电阻型晶体管

图 10.12 中，由于 MOSFET 几乎没有栅极电流流过，所以发射极接地型开关电路输出端负载电阻 $R_1 \sim R_4$ 的值即使很大(例如 10MΩ)对于直流关系也没有影响(电阻值大可以减小电路的功耗)。但是，如果过于大，那么 MOSFET 的输入电容与负载电阻将形成截止频率很低的低通滤波器(开关 MOSFET 的输入电容 C_{iss} 非常大，例如 2SK612 达到 500pF)。这样一来，在用脉冲宽度对电动机速度进行控制的 PWM(Pulse Width Modulation)控制中，就难以提高它的开关频率。所以在这里取 $R_1 = R_2 = R_3 = R_4 = 330\text{k}\Omega$。

发射极接地型开关 $Tr_5 \sim Tr_{10}$ 可以由 NPN 晶体管与电阻组合构成，但是这样会增加元件数目，所以采用内藏电阻的晶体管。内藏电阻晶体管是在基区部分内藏电阻，以单体作为发射极接地型开关工作的晶体管。

表 10.2 是内藏电阻晶体管 DT 系列一览表。最近，这种内藏各种阻值电阻的晶体管已经商品化。这里使用基极限流电阻是 47kΩ 的 NPN 晶体管 DTC144EF。这种晶体管当加 5V 的输入电压时的基极电流为 0.1mA($\approx (5\text{V} - 0.6\text{V})/47\text{k}\Omega$)，$h_{FE} \geqslant 68$，所以能够开关 6.8mA($= 0.1\text{mA} \times 68$)的集电极电流。另一方面，如果 $V_D = 18.8\text{V}$(关于 V_D 的值将在后面说明)，由于 $R_1 = R_2 = R_3 = R_4 = 330\text{k}\Omega$，所以集电

极电流为 $57\mu A(\approx 18.8V/330k\Omega)$，所以使用 DTC144EF 时可以充分驱动。

表 10.2　内藏电阻晶体管 DT 系列的特性

（DT 系列中 DTA 是内藏电阻的 PNP 晶体管，DTC 是内藏电阻的 NPN 晶体管。与一般的小信号晶体管相比较，h_{FE} 稍微小些，不过其他性能并不逊色。除了此表所列之外，还有 R_1 和 R_2 电阻值不同的以及输出电流更大的多种器件。）

(a) 特性

型　号	绝对最大额定值				电学特性			
	电源电压 V_{CC}	输入电压 V_1	输出电流 I_O	容许损耗 P_d	h_{FE}	输入电阻 R_1	电阻比 R_2/R_1	f_T
DTA114EF	−50V	−40~10V	−50mA	300mW	30min	10kΩ	1	250MHz
DTA124EF	−50V	−40~10V	−30mA	300mW	56min	22kΩ	1	250MHz
DTA143EF	−50V	−30~10V	−100mA	300mW	20min	4.7kΩ	1	250MHz
DTA144EF	−50V	−40~10V	−30mA	300mW	68min	47kΩ	1	250MHz
DTC114EF	50V	−10~40V	50mA	300mW	30min	10kΩ	1	250MHz
DTC124EF	50V	−10~40V	30mA	300mW	56min	22kΩ	1	250MHz
DTC143EF	50V	−10~30V	100mA	300mW	20min	4.7kΩ	1	250MHz
DTC144EF	50V	−10~40V	30mA	300mW	68min	47kΩ	1	250MHz

本电路中使用的型号

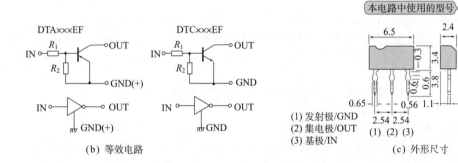

(b) 等效电路

(1) 发射极/GND
(2) 集电极/OUT
(3) 基极/IN

(c) 外形尺寸

10.2.6　驱动电路用的电源用 DC-DC 变换器升压

从 2SK612 的传输特性发现，驱动电路用的驱动电压必须在 $18.5V(=V_{CC}+3.5V)$ 以上。这个电源电路是用简单的 DC-DC 变换器升压电路作成的。

图 10.13 是电源部分的原理图。这个电路通过在 V_{DD}-GND 之间的开关（SW）把交流变换为直流，通过把交流成分加载在 V_{CC} 上整流得到比 V_{CC} 高的电压。这个电路的动作是当 a 点为 0V 时 D_A 导通（D_B＝OFF），电流流过的路径为 $V_{CC}\rightarrow D_A\rightarrow C_A\rightarrow GND$。如果二极管的正向电压降为 V_F，那么这时 b 点的电位为 $V_{CC}-V_F$。

当 a 点的电位为 V_{DD} 时，D_B 导通（D_A＝OFF），电流流过的路径为 $V_{DD}\rightarrow C_A\rightarrow D_B\rightarrow C_B\rightarrow V_{CC}$。由于 V_{DD} 加载在 $V_{CC}-V_F$（a 点为 0V 时 b 点的电位）上，所以这时 b 点的电位为 $V_{CC}-V_F+V_{DD}$。所以，输出电压 V_D 值是从 a 点为 V_{DD} 时 b 点的电位值

中减去 D_B 的 V_F 部分,即

$$V_D = V_{CC} - V_F + V_{DD} - V_F$$
$$= V_{CC} - 2V_F + V_{DD} \tag{10.1}$$

这里设计的电路中,如果 $V_{CC} = 15V$(电动机的驱动电压),$V_{DD} = 5V$,$V_F = 0.6V$,那么 $V_D = 18.8V$。这个电压足以驱动 MOSFET(从图 10.8 的传输特性中求得的驱动电路的电源电压 $V_D \geqslant 18.5V$)。

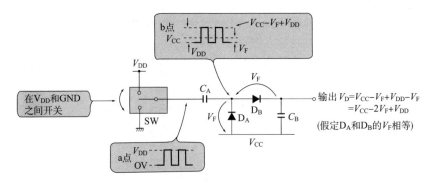

图 10.13　驱动电路用电源的原理

(此 DC-DC 变换器是通过起动设在 V_{DD}-GND 之间的开关 SW 把直流变换为交流,
并把此交流成分加载在 V_{CC} 上整流得到平滑的高电压)

10.2.7　DC-DC 变换器的基础是施密特触发振荡电路

为了能够使图 10.13 中的 SW 开关工作必须有振荡电路。这里把直流变换为交流的开关 SW 使用的是施密特触发振荡电路。如果施密特触发变换器采用 CMOS 门,会降低振荡电路的输出阻抗,能够充分驱动次级的整流电路。这里采用的是 74HC 系列施密特触发变换器 TC74HC14AP(东芝)。

图 10.14 是使用施密特触发变换器的方波振荡电路。这个电路对施密特触发变换器用 RC 施加反馈,很容易得到占空比约 50% 的方波。当施密特触发的临界电压为 $V_{IL} = 0.37V_{DD}$,$V_{IH} = 0.63V_{DD}$ 时,振荡频率 f_{OSC} 为:

$$f_{OSC} \approx \frac{1}{CR} \tag{10.2}$$

但是由于施密特触发的临界电压因不同的 IC 而异,所以用该式求得的振荡频率毕竟是大致的数值。如果需要准确地设定振荡频率,应该先按照计算式粗略地求出数值,然后用逐步逼近法处理。

这里设计的电路振荡频率不论是怎样的设定值大致都能够使开关电源工作,不过当振荡频率高时可以减小 C_2 和 C_3 值。这是因为频率愈高电容器的阻抗愈小,

就容易通过 C_2 向负载供给电流,C_3 的放电时间(D_2=OFF 时 C_3 的放电电流供给输出端)也能够愈短。这里设定振荡频率约为 100kHz(没有必要恰好为 100kHz)。按照式(10.1),得到 R_5=10kΩ,C_1=1000pF。之所以把施密特触发变换器三个电路并联接续到次级电路上是为了以低阻抗驱动 C_2 以后的整流电路。通过这样并联接续,可以降低 CMOS 门(4000B/4500B,74HC,74AC 等)的输出阻抗。

但是如果并联接续电路的特性不一致电路就不能平衡地工作,所以应该是同一管壳内电路间的并联接续。在这个电路中使用的就是同一管壳内的施密特触发变换器 3 个电路并联接续。

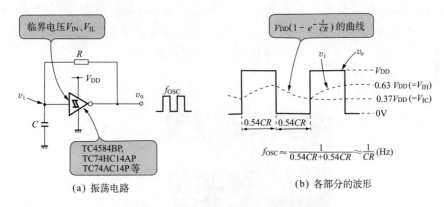

(a) 振荡电路 (b) 各部分的波形

图 10.14 采用施密特触发器的振荡电路

(是一种在施密特触发变换器上用 RC 施加反馈、简单而方便的电路。但是由于施密特触发的临界电压的不同,不能够准确地求得振荡频率 f_{OSC}。这里是按照 V_{IL}=0.37 V_{DD},V_{IH}=0.63V_{DD} 求得的振荡频率 f_{OSC} 是大体上的数值。R≥10kΩ,C≤100pF)

C_2 是隔直流电容器,C_3 是平滑交流为直流的平滑电容器。这个电路的工作频率高达 100kHz,电源的输出电流也很小(流过 R_1~R_4 的总电流只有 0.23mA≈18.8V/330kΩ×4),C_2=C_3=0.1μF。100kHz 下 0.1μF 的阻抗是 16Ω(≈1/2π×0.1μF×100kHz),与驱动的负载相比较,这个值非常小。D_1、D_2 是对振荡电路的输出进行整流的二极管。由于电路的输出电流非常小,所以采用小信号用二极管完全能够满足要求。这里采用 D_1=D_2=1SS176。C_5、C_6 是 IC_1 的电源去耦合电容器。这里的 C_5 是 47μF/6.3V 的电解电容器,C_6 是 0.1μF 的陶瓷叠层电容器。

10.3 电动机驱动电路的工作波形

10.3.1 驱动电路用电源——DC-DC 变换器部分的波形

照片 10.2 是振荡电路的输出 IC_1 的 12 号管脚与 a 点(三个电路并联的施密特

触发变换器的输出)的波形。振荡输出的是振幅为 5V、频率约为 144kHz 的方波。振荡频率之所以不是 100kHz,是因为求解式(10.2)时所假定的施密特触发器的临界电压与实际 IC 的不同。但是在这个电路中也没有必要准确地设定振荡频率,即使 144kHz 也完全没有什么问题。a 点的输出是经过了一级施密特触发变换器后的输出,所以相位反转了(这个电路的目的不是反转相位而是降低输出阻抗)。

照片 10.3 是 b 点的波形。b 点是 a 点的波形原封不动地加载在比 V_{CC}(＝15V)低 0.6V(＝D_1 的 V_F)的电位上的形状。因为 a 点为 0V 时 D_1 导通,b 点被固定在 $V_{CC}-V_F$。这时 b 点波形的最大值是 19.4V(＝15V－0.6V＋5V)。

照片 10.4 是 b 点与 c 点的波形。c 点的波形是 b 点的波形经过 D_2 整流,再经过 C_3 平滑,所以变成直流。c 点的电位仅比 b 点波形的最大值低 D_2 的 V_F 值,即 18.8V(＝19.4V－0.6V)。这与设计时求得的值正好一致。

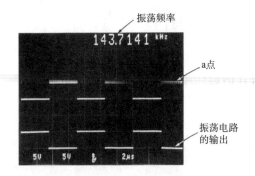

照片 10.2　振荡电路的输出和 a 点的波形(2μs/div, 5V/div)
(采用施密特触发变换器的振荡电路的振荡频率约为 144kHz。与用式(10.2)求得的设计值有差异,不过对于电路的工作没有任何影响)

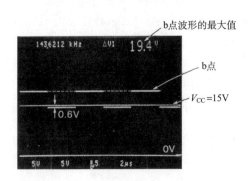

照片 10.3　b 点的波形(2μs/div, 5V/div)
(b 点的波形是 a 点的波形原封不动地加载在比 V_{CC}(＝15V)低 0.6V(＝D_1 的 V_F)的电位上的形状)

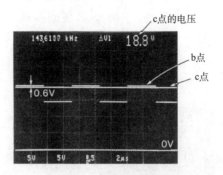

照片 10.4 b 点和 c 点的波形（2μs/div，5V/div）

（c 点的波形（直流）是 b 点的波形经过 D₂ 整流，再经过 C₃ 平滑的结果。c 点的电位
仅比 b 点波形的最大值（=19.4V）低 D₂ 的 V_F 值，即 18.8V）

10.3.2 驱动输出的波形

照片 10.5 是给切换的控制信号 A、B 上输入 0V/5V 逻辑信号时输出端的波形。可以看出，如设计的那样通过 A、B 能够实现 4 种驱动模式（＋输出端与－输出端之差便是加在电动机上的电压）。

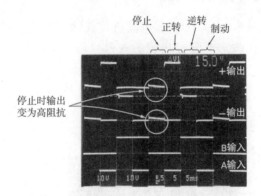

照片 10.5 控制信号 A、B 与输出端的波形

（5ms/div，控制信号：5V/div，输出端：10V/div）

（可以看出通过控制信号 A、B 能够实现 4 种驱动模式。其中"停止模式"的工作波形
稍微难以理解，由于＋输出和－输出都处于高阻抗状态，所以输出波形比 GND 电平
有一定的浮动）

照片 10.6 是令 $A=5V$，给 B 加 0V/5V、100kHz 方波时＋输出端的波形。由于 $A=5V$，所以 $B=0V$ 时是正转，$B=5V$ 时是制动，反复正转与制动就是电动机旋转的状态。正转模式与制动模式切换时电动机产生反电动势。

但是由于这个电路中内藏于 FET 漏极-源极间的续流二极管的作用,吸收了这个反电动势。在照片 10.6 中可以看出电动机的反电动势被箝位在 +15.7V(= V_{CC} +0.7V)和 -0.7V(= GND-0.7V)。

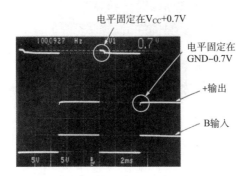

照片 10.6　控制信号 B 与 +输出端的波形(2ms/div, 5V/div)

(反复正转与制动时的波形。可以看出由于电路中内藏于 MOSFET 漏极-源极间的续流二极管的作用,电动机的反电动势被箝位于 V_{CC} +0.7V 和 GND-0.7V)

10.3.3　提高开关速度时的问题

照片 10.7 是用纯电阻(33Ω)代替电动机负载(因为用电动机负载有反电动势的影响,不好解释输出波形上升沿出现的现象),给 A 加 0V/5V、1kHz 方波,B = 0V 时输出端的波形。输出波形之所以弯曲并不是因为 MOSFET 的开关速度慢,而是驱动 MOSFET 的电路的波形弯曲(由于 $R_1 \sim R_4$ 与 MOSFET 的输入电容构成的时常数所致)。

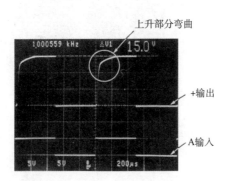

照片 10.7　控制信号 A 与 +输出端的波形(200μs/div, 5V/div)

(把输出波形的上升部分放大,就可以看到这些弯曲。这是由于 $R_1 \sim R_4$ 与 MOS-FET 的输入电容构成的时常数所致)

　　如图 10.15 所示,在＋输出的场合,输出波形与 V_{CC} 之差加在作为开关器件使用的 MOSFET 的漏极-源极之间(－输出的场合是输出波形与 GND 之差),这时由于流过的漏极电流在 MOSFET 中产生热损耗(＝漏极-源极间电压×漏极电流)。所以必须注意,如果发现输出波形的弯曲过于严重,意味着这种热损耗将会烧坏 MOSFET。

　　当开关速度不太快(在电动机控制中为 kHz 的数量级)时没有什么问题,不过像调整器那样进行高速开关(数十 kHz 至数 MHz)时,由于开关波形的弯曲所产生的热损耗会导致严重的后果。在高速开关电路的场合,必须降低驱动电路的输出阻抗,使得 MOSFET 的输入电容能够高速地充/放电。

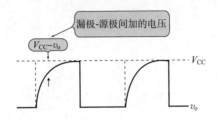

图 10.15　由于波形弯曲所产生的功耗

(如果输出波形弯曲,这时 MOSFET 的漏极-源极间加有电压。这个电压与这时流过的漏极电流之积就是 MOSFET 中产生的功耗)

10.4　电动机驱动电路的应用电路

10.4.1　采用 P 沟 MOSFET 和 N 沟 MOSFET 的电路

　　图 10.16 是采用 P 沟 MOSFET 和 N 沟 MOSFET 的源极接地开关电路构成的 H 电桥。如果 Tr_1 和 Tr_3 采用 P 沟 MOSFET,驱动电压没有必要像图 10.7 那样高于电源电压,电路就变得非常简单。但是 N 沟 FET 与 P 沟 FET 为器件导通所要求的驱动电压的极性是相反的(N 沟器件栅极电位为 H 时导通,P 沟器件为 L 时导通),所以图 10.16 的电路与图 10.7 的电路中驱动电路的构成不同。

　　表 10.3 示出图 10.16 电路在各模式中 MOSFET 的栅极电位。为了确定 Tr_1 和 Tr_3 的栅极驱动电压,必须进行 NAND 运算(图 10.7 的电路中是进行 NOR 运算)。

　　图 10.16 的电路中,是将 2 个内藏电阻晶体管纵向排列连接起来(一方的发射极与另一方的集电极连接)进行 NAND 运算的。这样的话,只有两个晶体管都导通(两个的输入都是 H 电平)时输出才为 L 电平,所以就是 NAND 运算。

P 沟 MOSFET 的选择方法与图 10.7 电路 N 沟 MOSFET 的情况完全相同。图 10.16 的电路中选用 $V_{DSS} = -100V$，I_D 的绝对最大额定值为 2A 的 2SJ128（NEC）。

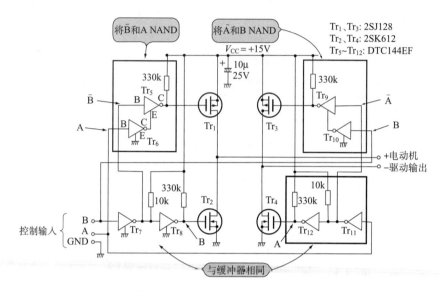

图 10.16　采用 P 沟和 N 沟的电路

表 10.3　**图 10.16 电路中 MOSFET 的栅极电位**

输入信号		MOSFET的栅极电位				驱动模式
B	A	Tr_1	Tr_2	Tr_3	Tr_4	
L	L	H	L	H	L	释放
L	H	L	L	H	H	正转
H	L	H	H	L	L	逆转
H	H	H	H	H	H	制动

10.4.2　使用晶体管的 H 电桥

图 10.17 是使用晶体管的 H 电桥电路。使用晶体管构成的电路中也是 Tr_1 与 Tr_3 采用 PNP 发射极接地型开关电路，Tr_2 与 Tr_4 采用 NPN 发射极接地型开

关电路。但是,晶体管必须流过大小为集电极电流 $1/h_{FE}$ 倍的基极电流,所以在选择内藏电阻晶体管的型号时必须注意计算驱动电路的基极电阻。

图 10.17 的电路中,为了流过 1A 的集电极电流,设定基极电流为 20mA(按 $h_{FE}=50$ 计算)。$D_1 \sim D_4$ 是吸收电动机反电动势的续流二极管。图 10.7 中使用的晶体管内藏了二极管。一般的晶体管中并没有内藏这样的二极管,所以需要在集电极-发射极之间外接二极管。应该选择反向耐压大于电源电压,正向电流大于 H 电桥最大输出电流的续流二极管。图 10.17 的电路中选用的是反向电压为 200V,正向电流为 1A 的 S5277B(东芝)。

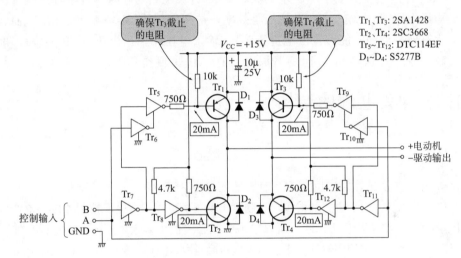

图 10.17 用晶体管作成的 H 电桥

第**11**章　功率 MOS 开关电源的设计

目前直流电源电路使用的方式有两种,即串级型和开关型电路。开关型电源(开关,调整器)是将晶体管开关电路或者 FET 开关电路与电感器或电容器组合构成的电源电路,与串级型相比其优点是效率非常高(电源电路本身的损耗小),而且在确保高效率的同时能够自由地进行降压(输入电压＞输出电压)或升压(输入电压＜输出电压)。本章介绍 FET 开关电路的应用,并制作升压型开关电源。

11.1　开关电源的结构

11.1.1　与串级型直流电源的不同

如图 11.1 所示,串级型电源是一种在输入与输出间串联地接入控制器件——晶体管等构成的电源。这种方式的电源在控制输出电压的过程中在电源控制器件上也产生电压降(控制器件上产生无用功),所以输出电压必然低于输入电压。也就是说只能作成降压型电源。由于控制器件上必然产生电压降,这些电压降变成了功耗,从而降低了电源的效率(电源的损失≈控制器件上的电压降×输出电流)。但是优点是稳定性好,噪声低。关于串级型直流电源电路在本系列《晶体管电路设计(上)》第 10 章中有介绍。

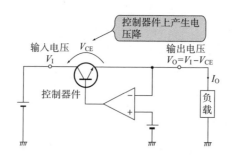

图 11.1　串级型直流电源的结构

(在输入输出间接入控制器件控制输出电压。所以控制器件上必然产生电压降,使电源的效率降低。这个图中,电源上产生的功率损耗为$(V_{CE} \times I_O)$)

开关型电源与串级型电源在工作原理上完全不相同。开关型电源中输出电压可以比输入电压低(称为降压型),也可以比输入电压高(称为升压型)。但是升压型与降压型的基本电路不同。下面介绍升压型开关电源的原理。关于降压型开关电源将在第12章介绍。

11.1.2 升压型开关电源的结构

升压型开关电源也叫做 Step-up DC-DC Conversion。所谓"step-up"即升压的意思,所谓"DC-DC conversion"就是将直流输入电压(DC)变为直流输出电压(DC)的变换器(串级型电源也是将 DC 变换为 DC,不过不叫做 DC-DC conversion)。顺便指出,也有将直流输入电压(DC)变换为交流输出电压(AC)的 DC-AC 变换器。

电源的输出电压比输入电压高似乎有些不可思议。其实升压型电源只是将储存在电感中的能量取出,形成了输入电压<输出电压的关系,这在工作原理上并不困难。

图 11.2 是升压型开关电源的原理图。这个电路中,连接着电源的电感器的另一端由双极型晶管或者 FET 开关 SW 接 GND,在 SW 接通/断开的过程中,用整流二极管 D 取出电感器中储存的能量。

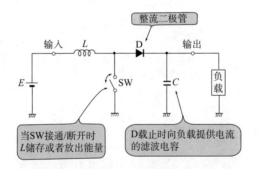

图 11.2 升压型开关电源的原理

(输出电压比输入的直流电压高,所以是升压型开关电源。通过 SW 的接通/断开,使 L 中储存能量或放出能量,从而得到高电压。这个高电压经二极管整流、电容器平滑,变换为直流输出)

图 11.3 是开关 SW 接通/断开的过程中各部分电压、电流的变化情况。

首先,如图 11.3(a)所示当 SW 接通时电流流动的回路为电源→L→SW→GND。如果认为 SW 接通时的电阻为零,那么这时 A 点的电位就是 GND 的电位,所以这时二极管 D 处于截止状态。

当 SW 断开时,流过 L 的电流突然被截断,在 L 两端就会产生反电动势 E'。这时,SW 接通时所积蓄的能量就要放出(像电阻一样,SW 断开时电流突然停止,功率就会消耗在 L 上)。这时二极管 D 导通,所以电流路径如图 11.3(b)所示,是

$L{\rightarrow}D{\rightarrow}C{\rightarrow}GND{\rightarrow}$电源这样一个可以对 C 充电的回路以及 $L{\rightarrow}D{\rightarrow}$负载${\rightarrow}GND{\rightarrow}$电源这样一个能够给负载提供电流的回路。

　　由于在电源 E 上加载了 L 的反电动势 E'，所以这时 A 点的电位变成 $E+E'$。如果 D 的正向电压降为 V_F，那么这个电源的输出电压 V_O 为：

$$V_O = E + E' - V_F \tag{11.1}$$

当 E' 大于 V_F 时，$E < V_O$，这样的电源就叫做升压型电源(实际的电路中，$V_F \ll E'$)。

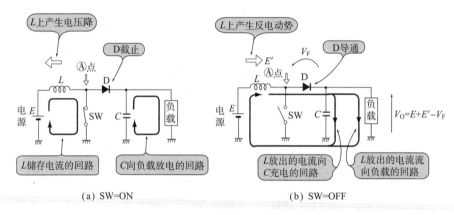

(a) SW=ON　　　　　　　　　(b) SW=OFF

图 11.3　当 SW 接通/断开时各部分的情况

(如果 SW 接通，L 上有电流流过，储存能量。这时 D 截止，由 C 向负载提供电流。当 SW 断开时，L 中储存的能量以反电动势的形式放出，D 导通，在给 C 充电的同时，L 也向负载提供电流。这时负载上的电压为 $V_O = E + E' - V_F$)

11.1.3　开关电源的基本要素

　　一般来说，开关电源的整流二极管 D 采用肖特基二极管。这是因为它的工作频率——开关频率比普通的整流电路高得多，而且正向电压降 V_F 也比硅二极管小，所以产生的功耗也小(二极管产生的损耗等于 $V_F \times$ 通过电流)。

　　图 11.3 中，当 SW 再次接通时 A 点的电位为 0V，所以 D 截止。与通常的整流电路相同，这时电流以 C 的放电电流的形式流向负载。可是，只是在图11.2原理图所示的那种状态下输出电压才比输入电压高。作为电源使用时，必须保证输出电压为一定值。因此，实际的电路中，如图 11.4 所示需要加反馈使输出电压稳定。施加反馈的方法是将输出电压与基准电压比较，通过其差分信号控制开关 SW。

　　控制开关 SW 的方法如图 11.5 所示，有通过输出电压改变 SW 的接通/断开时间的控制方式(改变开关信号的占空比)，还有接通/断开开关本身的方式(以固定的占空比停止或开始开关)。改变占空比的方式能够精确地实施控制，不过一般来说电路比较复杂。

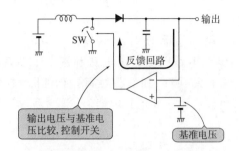

图 11.4 稳定开关电源的输出电压

（升降型开关电源可以利用加反馈的方法使输出稳定。通过差分信号控制开关实施反馈）

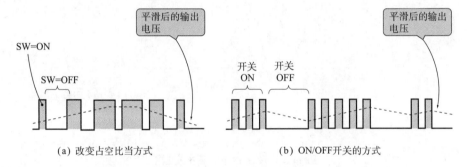

(a) 改变占空比当方式　　　　(b) ON/OFF开关的方式

图 11.5 开关的控制方式

((a)改变接通/断开开关的时间比例——占空比,控制输出电压的方式。(b)固定占空比,通过接通/断开开关本身,控制输出电压的方式。方式(a)能够精确地进行控制,不过电路通常比较复杂)

11.2 升压型开关电源的设计

11.2.1 制作开关电源的指标

本节设计具体的升压型开关电源。设计指标如下。

升压型开关电源的指标

输入电压	3V(锰电池×2 节)
输出电压	5～10V,容量可变
输出电流	20mA(输出电压 5V 时)

　　这种电源是搭载在便携机中的电源。2 节锰电池的电压是 3V,能够作成电源电压为 5V~10V 的可变电压电源,使 CMOS 逻辑电路等工作。

　　图 11.6 是设计的电源电路图。振荡电路利用 74HC 系列的 CMOS 逻辑电路,开关器件采用 MOSFET。照片 11.1 是实际制作的图 11.6 的电路。这种规模的电源部件数目不多,可以应用于便携式电器。

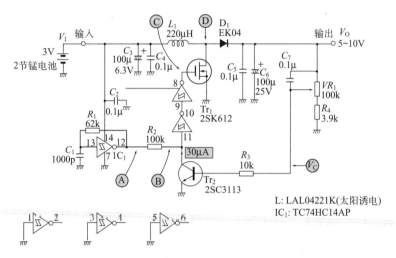

图 11.6　设计的升压型开关电源

(开关器件采用 N 沟 MOSFET。利用 CMOS 逻辑 IC 构成产生开关信号的振荡电路。实施反馈的放大器只是一个单管双极晶体管——电路结构非常简单)

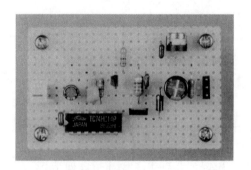

照片 11.1　制作的升压型电源

(有电解电容器等较大的元件,不过元件数目并不多。因为开关电源本身的损耗小,所以没有加散热片)

11.2.2 开关器件——MOSFET 的选择

开关电源的开关器件可以使用双极晶体管或者 MOSFET。JFET 的导通电阻大,有限制电流的作用,所以几乎不使用它。本章中所说的 FET 开关电路都是指 MOSFET。选择 MOSFET 的型号时要考虑到漏极电流的最大额定值,漏极-源极间电压的最大额定值以及器件的导通电阻。

首先考虑 Tr_1 导通时流过的漏极电流。如果认为电源电路的损耗为零,那么从输出端取出的功率当然应该是由输入端直流电源所供给的全部功率。设计指标要求输出电压 5V 时必须能够提供 20mA 的电流。这时输出的功率为 100mW。因此,输入端直流电压(=3V)提供的电流应该是 33.3mA。但是实际的电源电路中是会产生损耗的,假定电源的效率为 80%,那么输入端流入的电流就应该是 42mA($\approx$33.3mA/0.8)。

当 Tr_1 导通时这个电流被 L_1 积蓄,所以 Tr_1 的漏极电流也是 42mA(因为像图 11.3(a)那样当 SW 接通时,电流被 L 积蓄)。但是这里求得的漏极电流是一个稳态值,暂态过程流过的电流会更大。这个暂态电流值因输入输出的电压差以及电感的 Q 值(评价电感的参数,以后将介绍)等因素而不同。这里设为稳态电流 10 倍,即暂态电流值为 420mA(=42mA×10 倍)。因此,选择的 Tr_1 的稳态漏极电流的最大额定值应该大于 42mA,暂态漏极电流的最大额定值应在 420mA 以上。

由于电源电路的输入电压是 3V,所以驱动 Tr_1 的电压最大也是 3V(如图 11.6 所示,由于产生开关信号的振荡电路的电源是从输入电压取得的,所以在这个电路中也是 3V)。因此,必须选择栅极-源极间电压 V_{GS} 为 3V 时能够流过 $I_D=420$mA 以上漏极电流的器件。

其次考虑漏极-源极间的耐压。Tr_1 截止时漏极-源极间加的电压是输出电压 V_O 加上二极管的正向电压降 V_F,如果 $V_O=10$V,$V_F=0.4$V,那么漏极-源极间所加电压就是 10.4V。对 Tr_1 取 2 倍的电压余量,选择漏极-源极间电压的最大额定值 V_{DSS} 大于 20V 的 FET(对于开关用 MOSFET,大致是 $V_{DSS}>30$V)。为了减少电路的损耗,必须降低器件的导通电阻 $R_{DS(ON)}$。对于本设计电源的规模,大约 $R_{ON}\leqslant$ 1Ω 就足以满足要求。

根据以上讨论,这里的 Tr_1 选用 2SK612。2SK612 漏极电流的稳态最大额定值 $I_{D(DC)}$ 是 2A,暂态最大额定值 $I_{D(pulse)}$ 是 8A,$V_{DSS}=100$V,$R_{DS(ON)}=0.35$Ω,完全能够满足电路的要求。

图 11.7 是 2SK612 的传输特性。当 $V_{GS}=3$V 时 $I_D=2$A,充分满足 $I_D>$ 420mA 的条件。

关于 2SK612 的详细特性可参看表 9.1。

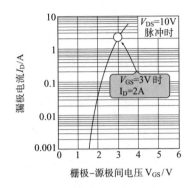

图 11.7   2SK612 的传输特性

(2SK612 在 $V_{GS}=3V$(2 节电池的电压)时可以流过电流为 $I_D=2A$。充分满足本设计电路的要求)

11.2.3   确定电感

积蓄能量的电感 L_1 的最佳值因开关频率以及输出电流大小而不同。一般来说,小型升压型开关电源的电感量约为几十至几百微亨,通常开关频率愈低,输出电流愈小,使用的电感量应该愈大。这里设计的电源容量比较小,所以使用 $220\mu H$ 的电感。

实际的电感是用导线一圈一圈地绕成的,所以如图 11.8 所示,它具有与电感成分串联的导线的电阻成分 r。电阻成分损耗功率,所以 r 值愈小,开关电源的效率愈高。实际的电感商品标出的不是 r 值的大小,而是表征电感性能优劣的 Q 值。Q 值由下式表示:

$$Q=\omega L/r=2\pi fL/r \qquad (11.2)$$

它是某频率下电感的电抗 ωL 与电阻成分 r 之比。

Q 值愈大,则 r 值愈小,表明电感的性能愈好(一般来说,电感值愈大,线圈的圈数愈多,所以 Q 值变小)。开关电源中要尽量使用 Q 值大的电感。Q 值一般应该大于 50(但是 Q 值因频率而变化,应该取开关频率下 $Q{\geqslant}50$ 的电感)。

由于电感是用导线绕制而成的,导线的粗细也会影响流过电流的大小。在本电路中,由于流过 L_1 的平均电流最大为 42mA,如果取 2 倍的电流余量,那么应该采用容许电流在 100mA($\approx$42mA$\times$2)以上的元件。

根据上面讨论,拟选用的 L_1 是轴线型线圈 LAL04221K(太阳诱电)。

照片 11.2 就是 LAL04221K。这种电感的值为 $220\mu H$,$Q=55$,容许电流是 155mA。符合设计电源的要求。如果这种元件难买到,那么只要满足 $L=220\mu H$、$Q{\geqslant}50$、容许电流${\geqslant}100mA$ 的条件,也可以采用其他型号的电感。

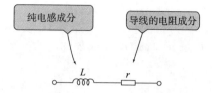

图 11.8 电感的等效电路

(实际的电感是用导线绕成的,所以具有与纯电感成分 L 相串联的导线的电阻成分)

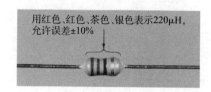

照片 11.2 实际使用的电感

(电感采用太阳诱电(株)的轴线型线圈 LAL04221K。如果这种元件难买到,只要满足 $L=220\mu H$、$Q\geqslant50$、容许电流 $\geqslant100mA$ 条件,也可以采用其他型号的电感)

11.2.4 脉冲整流电路的结构

D_1 和 C_5、C_6 是将 L_1 释放出的高压电脉动整流、变换为直流输出电压的整流电路。如果 D_1 截止,那么它两端所加的是输出电压,所以 D_1 的反向耐压 V_{RM} 必须高于电源的输出电压(在这个电路中是 10V)。而且这个二极管的平均整流电流 I_O 必须在 20mA(电源电路的最大输出电流)以上。这里采用开关电源脉动整流用肖特基二极管 EK04。表 11.1 是 EK04 的参数表。这种二极管 $V_{RM}=40V$,$I_O=1A$,完全能够满足本电路的要求。

电容器 C_5、C_6 的作用对二极管整流后的脉动波形进行平滑。平滑电容器的容量愈大愈好。一般来说,输出电流在数十毫安时要求在数十微法以上,如果电流是数百毫安的话,则要求数百微法以上(严格的说,应该根据电感的直流电阻和残余脉动通过计算求得,在这里没有这个必要)。这里取 $C_6=100\mu F$(耐压 25V)。

如果是普通的 AC 电源整流电路,只有 C_6 就可以了。由于开关电源中整流脉动的频率高(在这个电路中为 20kHz),而高频下平滑电容器的阻抗小,所以并联了小容量电容器 $C_5=0.1\mu F$(叠层陶瓷电容器)。

表 11.1　EK04 的参数

(开关电源的整流电路中使用正向电压降小的肖特基二极管。这个 EK04 就是肖特基二极管,正向电压降为 0.55Vmax(I_F=1A),较小。但是,需要注意肖特基的反向击穿电压比较小。)

(a) 最大额定值

项　目	符号	单位	额定值
反向峰值浪涌耐压	V_{RSM}	V	45
反向峰值耐压	V_{RM}	V	40
反向直流阻止电压	V_{DC}	V	28
平均整流电流	I_O	A	1.0
正向峰值浪涌电流	I_{FSM}	A	40
结区温度	T_j	℃	−40～+125
保存温度	T_{stg}	℃	−40～+125

(b) 电学特性 (T_a = 25℃)

项　目	符号	单位	特　性	备　注
正向电压降	V_{F1}	V	0.55max	ⓐ I_F=1.0A
反向漏电流	I_R	mA	5max	ⓐ V_{RM}
高温反向漏电流	$I_{R(H)}$	mA	50max	ⓐ V_{RM} T_j=125℃
反向恢复时间	t_{rr}	μs	0.2max	ⓐ I_F=IR_P=100mA

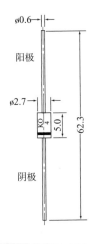

(c) 外形 (单位.mm)

11.2.5　开关用振荡电路的结构

驱动 MOSFET 的开关信号频率与电路的效率有密切的关系。通常这种电源的开关频率为数千赫至数十千赫。本电路中为 20kHz。

产生 20kHz 开关信号的振荡电路采用 74HC 系列 CMOS 逻辑施密特触发变换器 TC74HC14AP(东芝),用 RC 实施正反馈形成简单的方波振荡电路。施密特触发变换器之所以使用 74HC 系列 CMOS 逻辑 IC 是因为它能够在 3V(电路的输入电压)的低电源电压下工作。而且同样的 CMOS 逻辑 IC,74HC 系列比 4000B 系列的负载驱动能力强(从图 11.6 可以看出必须用这种 IC 的输出来驱动输入电容大的 2SK612)。

正如在图 10.14 中所说明的那样,假定施密特触发变换器的临界电压 V_{IL} = $0.37V_{DD}$,V_{IH} = $0.63V_{DD}$,那么这个电路的振荡频率 f_{OSC} 为:

$$f_{OSC} \approx \frac{1}{CR} \tag{11.3}$$

如果 f_{OSC}=20kHz,C=1000pF,那么 R=50kΩ。以这个数据为基准,在图 11.6 的电路中,逐步逼近的结果,得到 C_1=1000pF,R_1=62kΩ(这个电路中的临界电压未必准确,所以求得的振荡频率也不一定准确)。

11.2.6　稳定电压的措施

图 11.9 是反馈电路部分的框图。将误差信号放大并接通/断开开关信号的放大器是一个利用双极晶体管简单的单管电路。这个反馈电路的基准电压信号是晶体管的 V_{BE}。反馈过程如下。

当输出电压的分压电位 V_C 比 Tr_2 的基极-发射极间电压 V_{BE}(约 0.6V)低时 Tr_2 截止,振荡电路的输出通过 R_2 输送到 IC_1 的 11 号管脚,使 MOSFET 开关(如果开关,则 V_C 变高)。然后,当输出电压的分压电位 V_C 比 Tr_2 的 V_{BE} 还高时 Tr_2 导通,由于 IC_1 的 11 号管脚接地,所以 MOSFET 的栅极变为 L 电平,开关停止(如果停止开关,则 V_C 降低)。通过这样的反复动作,使输出电压稳定在一定值。

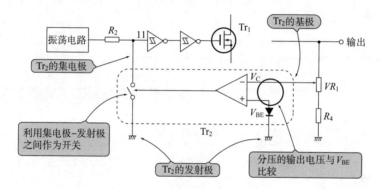

图 11.9　反馈电路的框图

(放大差分信号并使开关接通/断开的放大器只需要单管双极晶体管就可以。Tr_2 将分压的输出电压与本身的基准电压 V_{BE} 相比较,使集电极-发射极间接通/断开)

11.2.7　确定反馈电路的参数

下面求反馈电路各部分的参数。R_2 是限流电阻,它的作用是当 Tr_2 导通时 IC_1 的 12 号管脚(输出端)不被 GND 直接短路。Tr_2 导通时流过的是无用电流,所以如果 R_2 值比较小,就会使电路的效率下降。本电路中 R_2 的取值比较高,是 100kΩ。

这种情况下的阻抗也高(100kΩ),为了使通过 R_2 的开关信号能够驱动 MOSFET 的栅极,就需要 2 级施密特触发变换器。之所以不是 1 级而是 2 级施密特触发变换器,是希望当 Tr_2 导通、停止开关时,Tr_1 能够处于截止状态(图 11.6 的电路中,如果 Tr_2 导通,Tr_1 的栅极变为 L 电平)。

如果是 NPN 晶体管,Tr_2 的型号无所谓。不过为了尽可能减少基极电流,提高电路的效率,应该尽量选择 h_{FE} 大的器件。在这里使用超 β 晶体管 2SC3113(东芝),不论哪一档的 h_{FE} 都可以。表 11.2 是 2SC3113 的参数表。

表 11.2　超 β 晶体管 2SC3113 的特性

(它的 h_{FE}——β 比普通的小信号晶体管 2SC2458 高出 10 倍。管脚连接相同。经常用于希望减小放大电路的输入电流(基极电流)的场合。)

(a) 最大额定值　($T_{\mathrm{a}} = 25℃$)

项　目	符号	额定值	单位
集电极–基极间电压	V_{CBO}	50	V
集电极–发射极间电压	V_{CEO}	50	V
发射极–基极间电压	V_{EBO}	5	V
集电极电流	I_{C}	150	mA
基极电流	I_{B}	30	mA
集电极损耗	P_{C}	200	mW
结区温度	T_{j}	125	℃
保存温度	T_{stg}	$-55\sim125$	℃

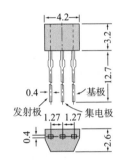

(c)

(b) 电学特性　($T_{\mathrm{a}} = 25℃$)

项　目	符号	测定条件	最小	标准	最大	单位
集电极截止电流	I_{CBO}	$V_{\mathrm{CE}}=50\mathrm{V}$, $I_{\mathrm{E}}=0$	–	–	0.1	μA
发射极截止电流	I_{EBO}	$V_{\mathrm{EB}}=5\mathrm{V}$, $I_{\mathrm{C}}=0$	–	–	0.1	μA
直流电流放大倍数	h_{FE}(注)	$V_{\mathrm{CE}}=6\mathrm{V}$, $I_{\mathrm{C}}=2\mathrm{mA}$	600	–	3600	
集电极–发射极间饱和电压	$V_{\mathrm{CE(sat)}}$	$I_{\mathrm{C}}=100\mathrm{mA}$, $I_{\mathrm{B}}=10\mathrm{mA}$	–	0.12	0.25	V
特征频率	f_{T}	$V_{\mathrm{CE}}=10\mathrm{V}$, $I_{\mathrm{C}}=10\mathrm{mA}$	100	250	–	MHz
集电极输出电容	C_{ob}	$V_{\mathrm{CB}}=10\mathrm{V}$, $I_{\mathrm{E}}=0$, $f=1\mathrm{MHz}$	–	3.5		pF
噪声系数	$NF(1)$	$V_{\mathrm{CE}}=6\mathrm{V}$, $I_{\mathrm{C}}=0.1\mathrm{mA}$ $f=100\mathrm{Hz}$, $R_{\mathrm{g}}=10\mathrm{k\Omega}$		0.5		dB
	$NF(2)$	$V_{\mathrm{CE}}=6\mathrm{V}$, $I_{\mathrm{C}}=0.1\mathrm{mA}$ $f=1\mathrm{kHz}$, $R_{\mathrm{g}}=10\mathrm{k\Omega}$		0.3		dB

注: h_{FE} 分类 A: 600~1800, B: 1200~3600。

R_3 也是限流电阻,其作用是当 VR_1 滑片位置挨靠输出端时限制 Tr_2 的基极电流。如果施加了反馈,那么 Tr_2 只有极少的基极电流流过(由于实施了反馈,Tr_2 应该稳定地处于导通和截至状态),R_3 取数千欧以上就可以(可以通过计算基极电流确定,不过也可以取 1MΩ)。在这里取 $R_3 = 10\mathrm{k\Omega}$。

可变电阻器 VR_1 的作用是改变输出电压的分压比并输入到差分放大器(Tr_2),以调整输出电压。如果 VR_1 的值过于小,从输出端看来 VR_1 与 R_4 就变成了负载,降低了电路的效率;如果值过于大,由于 Tr_2 的基极电流将通过 VR_1,所以就无法给 Tr_2 提供基极电流。

因为 IC_1 的 12 号管脚的输出电压最大为 3V(输出 0V/3V 的方波),而且 $R_2 = 100\mathrm{k\Omega}$,所以 Tr_2 的集电极电流是 $30\mu\mathrm{A}(=3\mathrm{V}/100\mathrm{k\Omega})$。如果选用 2SC3113 的 h_{FE} 是 600(最小值),那么基极电流必须在 50nA 以上($=30\mu\mathrm{A}/600$)。

如图 11.10 所示,当 V_O＝5V(最小输出电压)时,为了使 Tr_2 能够流过 50nA 以上的基极电流,如果忽略流过 R_4 的电流,那么必须使 $VR_1＋R_3$ 小于 90MΩ(≈ (5V－0.6V)/50nA)。这里取 VR_1＝100kΩ($VR_1＋R_3$＝110kΩ≪90MΩ)。

在调整 VR_1 时,为了不使输出电压过大而使用了限制分压比的电阻 R_4。按照设计指标最大输出电压是 10V。由于取出电流将会导致输出电压降低,所以设计时可以适当地将输出调整到 15V。

如图 11.11 所示,当 VR_1 地滑片位置挨靠 R_4 时输出电压达到最大。这时 R_4 上的电压降为 Tr_2 的 V_{BE}(与串级型电源反馈的考虑方法相同)。如果 Tr_2 的 V_{BE} 为 0.6V,当输出电压为 15V 时 VR_1 上的电压降为 14.4V,如果忽略 Tr_2 的基极电流,流过 R_4 的电流为 144μA,所以 R_4＝3.9kΩ(≈0.6V/144μA)。

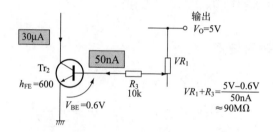

图 11.10 Tr_2 的集电极电流和基极电流

(如果 Tr_2 的 h_{FE} 是 600,为了使集电极电流达到 30μA,基极电流必须在 50nA 以上。因此必须使 $VR_1＋R_3$＜ 90MΩ)

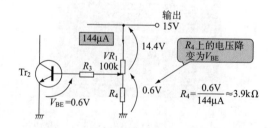

图 11.11 反馈分压电路的电压电流

(与串级型电源的反馈电路相同,当 Tr_2 导通时认为输出电压为一定值(实际上在导通与截止之间),R_4 上的电压降等于 Tr_2 的 V_{BE}。R_4 的值可以简单地用欧姆定律求得)

11.2.8 各电容器的确定

电容器 C_7 的作用是为了降低输出端与 Tr_2 间的交流阻抗(VR_1 的交流通路),稳定的施加反馈(与本系列《晶体管电路设计(上)》第 10 章中设计的串级型电源的反馈电路中接入电容器的作用相同)。如果没有这个电容器电路也能够工作,但是从确保电源的性能以及稳定性的角度出发,这个电容器是绝对需要的。

在这种电路中,在开关频率下只要 C_7 的阻抗比 VR_1 小很多就可以,所以取 $C_7 = 0.1\mu F$。如果开关的频率为 20kHz,那么 C_7 的阻抗只有 $80\Omega (\approx 1/(2\pi \times 20kHz \times 0.1\mu F))$。

C_3、C_4 是降低开关电路中电源阻抗的去耦合电容。之所以将大容量电容与小容量电容并联接续,目的是以双路结构在更宽的频率范围内降低电源的阻抗。这里 C_3 是 $100\mu F$ 的电解电容器(耐压 6.3V)C_4 是 $0.1\mu F$ 的叠层陶瓷电容器。实际组装电路时要注意使 C_3、C_4 紧挨着 L_1。C_2 是 IC_1 电源的去耦合电容。取 C_2 为 $0.1\mu F$ 的叠层陶瓷电容器。

11.3　电源电路的波形和性能

11.3.1　电源的输出波形

照片 11.3 是用 VR_1 将输出电压调整为 5V,输出端连接负载电阻 $R_L = 1k\Omega$ 时(输出电流为 5mA＝5V/1kΩ)的输入输出 V_I、V_O 的波形。由于 $V_I < V_O$,表明是升压电源。

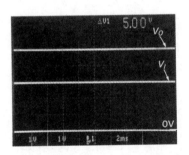

照片 11.3　电路的输入波形(1V/div, 2ms/div)
(当 $V_I = 3V$ 时 $V_O = 5V$。由于 $V_I < V_O$,表明是升压电源)

照片 11.4 是放大了的 V_O 的交流成分的波形。把照片 11.3 中只能看到直流成分的输出波形放大后看到的交流成分是 $55mV_{p-p}$ 的噪声。这是开关电源特有的噪声,叫做开关噪声。在开关频率下由于平滑电路的阻抗不完全为零,开关电感时的脉动泄漏到输出,就产生了这样的噪声(照片 11.4 不是很好的同步取样。噪声的频率实际上是开关频率)。所以把这种开关电源应用于模拟电路的电源时,必须充分注意这种噪声。在低噪声放大之类的电路中最好不要使用开关电源。

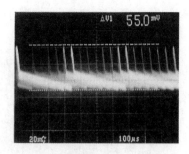

照片 11.4 V_O的交流成分（20mV/div，100μs/div）

（V_O上出现了 55mV$_{p\text{-}p}$的开关噪声。这是没有被平滑电容器 C_5、C_6 吸收掉的开关脉动的残留成分）

11.3.2 各部分的开关波形

照片 11.5 是振荡电路的输出 A 点和差分放大器 Tr_2 的集电极 B 点的波形。振荡电路的输出是 3V$_{p\text{-}p}$的方波，频率约为 21kHz（与设计值基本一致），占空比为 50％。B 点的波形是在 Tr_2 导通时取出的，峰值没有达到 3V。

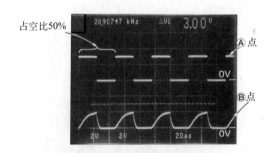

照片 11.5 A 点和 B 点的波形（2V/div，20μs/div）

（A 点是振荡电路的输出，是 3V$_{p\text{-}p}$，约 21kHz，占空比为 50％的方波。由于 Tr_2 导通，所以 B 点的峰值没有达到 3V）

照片 11.6 是 B 点和 MOSFET 的栅极 C 点的波形。需要注意尽管 A 点的占空比是 50％，但是 C 点波形的占空比没有达到 50％。如图 11.5（b）所示，这个电路开关的控制方法是根据输出电压的状态来接通/断开占空比为 50％的开关信号进行的。这是因为用于差分放大器的晶体管 Tr_2 并不是数字式的接通/断开，而是以模拟方式动作的。

当 V_C（输出电压的分压电位）低于基准电压（V_{BE}）时，Tr_2 只是稍微截止，B 点的电位稍微越过次级施密特触发变换器的临界电压（约 1.9V），这时 C 点的波形只是越过临界电压期间的 H 电平。所以,如照片 11.6 所示 C 点的占空比低于 50%。

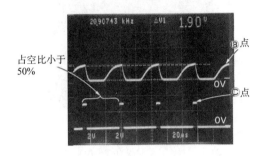

照片 11.6　B 点和 C 点的波形(2V/div, 20μs/div)

(C 点波形的占空比低于 50%!这是因为 Tr₂ 是以模拟方式的工作控制 B 点的电位)

顺便指出,照片 11.7 是把负载电阻 R_L 改变为 100Ω 时(负载电流为 50mA)A、B、C 点的波形。可以看出,为了增大负载电流大必须积蓄更多的电感能量,所以 C 点的占空比增大到接近 50%。因此从这个电路的开关控制方式来说,与其说是图 11.5(b)的方式还不如说更接近图 11.5(a)的方式。改变占空比的方式是一种更高级的方式,似乎更受关注。

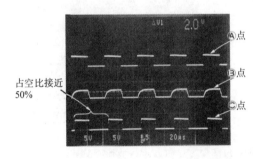

照片 11.7　R_L＝100Ω 时 A、B、C 点的电位(2V/div, 20μs/div)

(如果像这样变成重负载,必须增加电感向输出端供给的能量,所以 C 点的占空比变大了(接近 50%))

照片 11.8 是 C 点和 Tr₁ 的漏极 D 点的波形。当 C 点处于 H 电平(＝3V)时 Tr₁ 导通,所以 D 点是 0V。接着,由于 C 点从 H 电平变为 L 电平时 Tr₁ 截止,所以电感积蓄的能量放出,D 点的电位上升到 5.4V。由于 D₁ 的正向电压降约为 0.4V,所以这时的输出电压是 5V。在照片 11.8 的 D 点还看到了衰减振荡的波形。这是因为从漏极看到的 Tr₁ 的电容与 L_1 构成振荡电路,当 D₁ 截止后残存在 L_1 中的电流在这个振荡电路中作衰减振荡的缘故(由于 L_1 含有电阻成分,所以振荡徐徐衰减)。

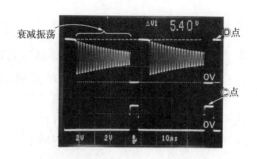

照片 11.8 C点和D点的波形(2V/div，10μs/div)

（如果C点从3V变为0V，那么导通着的 Tr₁ 就截止，L₁ 中积蓄的能量放出，所以 D 点的电位上升到 5.4V(＝输出电压＋D₁ 的 V_F)。D点的振荡是因为 Tr₁ 的漏极电容与 L₁ 构成共振电路）

11.3.3 开关用 MOSFET 的电流波形

照片 11.9 是取负载电阻为 250Ω(输出电流为 20mA)，并且像图 11.12 那样在 Tr₁ 的源极插入 0.1Ω 的电阻时观测到它的电压降的波形。电压降是 $16mV_{p-p}$，插入的电阻值是 0.1Ω，所以流过 Tr₁ 的电流是 $160mA_{p-p}$($＝16mV_{p-p}/0.1Ω$)。与设计时估计 Tr₁ 的峰值电流(420mA)相比，实际流过的电流值小，不过可以看出与输出电流相比，流过的瞬态电流还是相当大的。在确认了电路各部分的工作后，就可以测定这个电源的性能了。

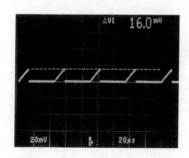

照片 11.9 Tr₁ 的电流波形

(20mV/div，20μs/div)

（输出 5V、20mA 时 Tr₁ 的电流波形。$R_S＝0.1Ω$ 的电压降是 16mV，所以流过 Tr₁ 的峰值电流为 160 mA_{p-p}。瞬态过程流过相当大的电流）

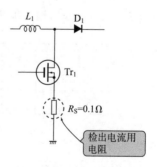

图 11.12 观测 Tr₁ 电流波形的电路

（将 $R_S＝0.1Ω$ 的微小电阻接入 Tr₁ 的源极，用示波器观测这个电阻上的电压降，就可以看到 Tr₁ 的电流波形）

11.3.4 取出的最大输出电压

照片 11.10 是当 $R_L=1k\Omega$,用 VR_1 将输出电压调整到最大时的输入输出波形。这时的输出电压 $V_O=12.5V$,满足设计指标的要求。R_4 的值是按照最大输出电压为 15V 时计算得出的。不过如果这样从输出端取出电流的话,那么输出电压将比设计值低很多。由于这时的输出电流是 12.5mA($=12.5V/1k\Omega$),所以输出功率约为 160mV($\approx12.5V\times12.5mA$),能够取出较大的功率。

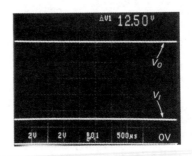

照片 11.10   最大输出电压(2V/div,500μs/div)

(当 $R_L=1k\Omega$,用 VR_1 调整 V_O 到最大时的输入输出波形。输出电压是 12.5V,满足设计要求($V_O=10V_{max}$))

11.3.5 电路的功率转换效率

电源电路的效率 η 用电源的输入功率 P_I 与输出功率 P_O 之比表示。$V_O=5V$、输出电流 $I_O=20mA$ 时,输入输出功率的测定结果如下:

	电压	电流	功率
输入端	3.00V	42.3mA	127mW
输出端	5.00V	20.0mA	100mW

因此,η 为:

$$\eta=\frac{P_O}{P_I}=\frac{100mW}{127mW}\approx79\% \tag{11.4}$$

一般来说,单片化的升压型开关电源 IC 的效率在 $70\%\sim85\%$,所以输出 5V、20mA 时 $\eta=79\%$ 的值可以与 IC 相匹敌。

如果选择更适当的开关频率,那么还能够提高效率,使 η 高于 80%。

11.3.6　输出电压：输出电流特性——加载调整

图 11.13 是输出电压：输出电流特性曲线（调整输出电压在无负载时为 5.00V）。当输出电流为 20mA 时输出电压为 4.92V，这个电压比无负载时的电压（＝5.00V）低 0.08V。所以，这个电源的等效输出阻抗是 4Ω（＝0.08V/20mA）。这个值比串级型电源几乎差 1 个数量级（通常串级型电源在 1Ω 以下），不过对于这种小型电源来说足够了。

在这个电路中，如果希望输出阻抗更小些，可以采用 Q 值高（直流电阻小）的电感，或者提高反馈电路差分放大器的增益。

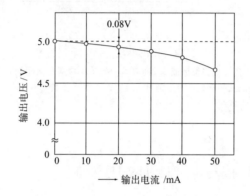

图 11.13　输出电压：输出电流特性

(取出 20mA 输出电流时，输出电压比无负载时的值低了 0.08V。这时电源的输出阻抗为 4Ω。这个值比串级型电源几乎差 1 个数量级，不过可以满足小规模电源的要求)

11.3.7　输出电压：输入电压特性——线性调整

使用电池的便携式电器中采用开关电源时，即使电池消耗使得输入电压降低也必须保证输出电压为一定值。因此，输入电压变化时输出电压有多大的变化是这种电源一个重要的特性。

图 11.14 是输入电压：输出电压特性曲线（R_L＝1kΩ，V_I＝3V 时，调整 V_O＝5.0V）。从图中可以看出，当 V_I 降低到 2.1V 时，作为 5V 电源还确实在工作（V_I 稍低于 2.1V 处是允许电压线性范围的起点）。

当 V_I＝2.0V 时输出电压大幅度降低，这是因为驱动 MOSFET 栅极的电压降低（驱动 MOSFET 的 IC_1 的电源是从 V_I 取得的），无法流过必须的漏极电流量。从图11.7 看出，这个电路使用的 MOSFET 2SK612 在 V_{GS}＝3V 时，I_D＝2A，而

$V_{GS}=2V$ 时 I_D 只有 40mA。

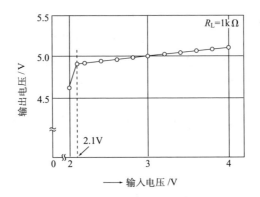

图 11.14　输出电压：输入电压特性

（即使输入电压变化也必须保证输出电压为一定值。特别是在便携式电器因电池消耗输入电压降低的场合。这个电源在 2.1V 以上基本上能够保证输出电压为一定值。这是无争议的特性。）

11.4　升压型开关电源的应用电路

11.4.1　固定输出电压的开关电源

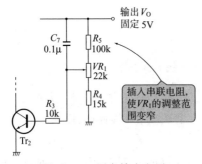

图 11.15　固定输出电压

（图 11.10 的电路中，由于输出电压的可变范围过宽，所以作为固定电源使用时对于 VR_1 的调整要求很严格。这个电路中减小了 VR_1 的值，插入串联电阻 R_5，缩小了可变范围，输出电压就固定了）

这里设计的电源的输出电压能够在 $5\sim10V$ 之间改变，为了能够在很宽的范围内变化，对于 VR_1 调整的要求很严格。如果把这个电路作为固定输出电源使用（实际的电路中作为固定输出的情况很多），输出电压的调整范围就变窄了，使用也就方便的多。图 11.15 是作为固定输出电源使用的电路，这个电路中 VR_1 的值减小了，又追加了一个串联电阻 R_5，调整的范围变窄了。

这里设计的电路的基准电压采用的是双极晶体管的 V_{BE}，它不能准确地确定电压值,所以难以变成非调整电源(将 VR_1 用固定电阻替换)。如果使用的基准电源能够产生精确电压,那么就能够得到无须调整的固定输出电源。

图 11.16 是无须调整的固定输出电源。这个电路中采用了精密分流变换器 IC TL431MLP(TI)制作的 2.5V 的基准电压,用开路集电极输出的比较器 LM2903N (NS)将它与电阻分压的输出电压进行比较,来控制开关器件,固定输出电压。这个电路的工作是使比较器的两个输入电压等值,所以如果改变输出电压的分压比 (R_1 与 R_2 之比)就能够改变输出电压。

商品化的升压型开关电源 IC 的内部结构如图 11.16 所示。

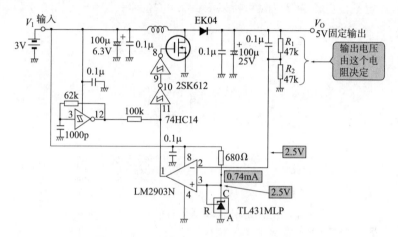

图 11.16 无须调整的固定输出电压电源

(将开路集电极输出的比较器 LM2903N(NS)用于差分放大器,使用能够得到 2.5V 精确电压的精密分流变换器 IC TL431MLP(TI)作为基准电压,制成无须调整的固定输出电源)

11.4.2 使用晶体管开关器件的电源电路

MOSFET 与晶体管相比,开关速度快,驱动功率小(栅极不流过电流),所以经常用作开关电源的开关器件。但是一般来说现在的 MOSFET 的 V_{GS} 比 V_{BE} 大,所以需要的驱动电压比晶体管高。

本章设计的电路由于输入电压是 3V,所以能够驱动 MOSFET。从图 11.14 可以看出当输入电压降低到 2V 时就不能够驱动 MOSFET 了。

因此,在用低输入电压使升压型开关电源工作的场合,需要采用晶体管开关器件。使用晶体管时,如果振荡电路的输出比 V_{BE} 大,就能够开关,所以理论上只要输入电压大于 0.6V($=V_{BE}$)就能够工作。

图 11.17 是把图 11.6 电路中的 MOSFET 换为晶体管的电路。把 Tr$_1$ 换为晶体管,并插入限制基极电流的电阻 R_B。这样的电路即使只有 1 节锰电池的输入电压(≈1.5V)也能够充分工作(使 74HC14 在 1.5V 下工作是违规的)。但是由于必须流过较大的基极电流,所以电路的效率降低了。

选择晶体管的方法与使用 MOSFET 的情况相同。在这个电路中,选择 $I_C \geqslant$ 420mA,$V_{CE} \geqslant 20V$ 的器件。图 11.17 中使用最大额定值 $V_{CEO} = 50V$,$I_C = 2A$ 的 2SC3668(东芝)。

设定基极电阻 R_B 的值要使基极电流能够充分驱动集电极电流。图 11.17 的电路中,设定基极电流为 2.7mA,所以 $R_B = 330\Omega (\approx (1.5V - 0.6V)/2.7mA)$。

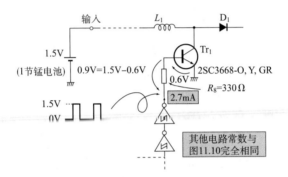

图 11.17   使用晶体管开关器件的升压型开关电源

(图 11.16 的电路中把 Tr$_1$ 由 2SK612 换为 2SC3668,基极插入限流电阻 $R_B = 330\Omega$,就可以在 1 节干电池电压下工作。这是因为双极晶体管的 V_{BE} 比 MOSFET 的 V_{GS} 值小)

第 **12** 章　晶体管开关电源的设计

上一章介绍有关使用 MOSFET 的升压型开关电源的实验。本章就使用晶体管的开关电路的应用,介绍降压型开关电源的制作。降压型开关电源经常应用于由模拟电路电源(例如+15V)制作数字电路用的+5V 电源等场合。

12.1　降压型电源的结构

降压型开关电源有时也称为降压型 DC-DC 变换器。

12.1.1　给低通滤波器输入方波

图 12.1 表示给低通滤波器输入方波时的情况。如果一个低通滤波器的截止频率比输入信号频率低很多,当给它输入方波信号时,由于方波被低通滤波器平滑,所以输出信号变成了直流(只有微小的脉流)。

降压型开关电源是把输入的直流信号转换成方波,再把这个方波经低通滤波器平滑,又得到直流信号的电路。之所以通过这样复杂的过程来降低电压是为了减少电压变换时的损失。

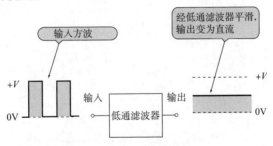

图 12.1　给低通滤波器输入方波

(对截止频率非常低的低通滤波器输入方波时,可以得到直流输出。降压型开关电源就利用了这个原理)

图 12.2 是各种低通滤波器的结构。其中 *RC* 型和 *RL* 型接入了电阻,所以当流过电流时会消耗功率。在处理大电流的电源电路中,低通滤波器产生的许多功率被损耗了。

　　LC 型不使用电阻,所以不产生功率的损耗(L 和 C 的功率损耗为零)。因此降压型开关电源中采用 LC 型低通滤波器。

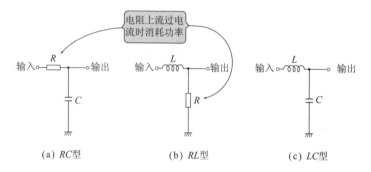

图 12. 2　各种低通滤波器的结构

(这 3 种都是低通滤波器。RC 型和 RL 型都使用了电阻,所以当电流流过时会产生功率损耗 I^2R。LC 型不使用电阻,电流流过时就没有功率损耗。所以降压型开关电源中采用 LC 型低通滤波器)

12. 1. 2　开关电路＋滤波器＝降压型开关电源

　　图 12.3 是降压型开关电源的原理图。这个电路输入的直流电压 E 通过开关 SW 的接通/断开动作变换为方波,经过无损耗的 LC 型低通滤波器的平滑,得到直流输出。这个 SW 可以采用双极晶体管(发射极接地型开关电路)或者 MOSFET (源极接地型开关电路)。

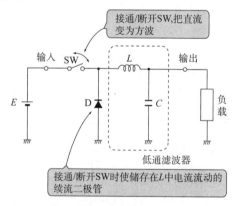

图 12. 3　降压型开关电源的原理

(用 SW 将直流电压变换为方波,再用 LC 型低通滤波器还原为直流电压。过程稍微复杂些,但是电源的损耗非常小)

　　但是图 12.3 的原理图仅仅使输出电压比输入电压低,在实际的电路中,如图 12.4 所示还需要实施反馈使输出电压稳定。实施反馈的方法与升压型电源相同,把输出电压与基准电压进行比较,用差分信号控制开关。

SW 的控制方法如图 12.5 所示,有改变 SW 的接通/断开时间控制输出电压的方式(改变输入给低通滤波器的方波的占空比),以及接通/断开开关本身(占空比一定,停止或开始开关动作)等方式。

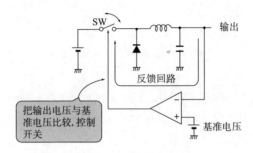

图 12.4 输出电压的稳定化

(降压型开关电源也能够通过实施反馈使输出稳定。与串级型电源电源反馈不同的是用输出电压的差值(差分信号)控制 SW 的开关动作)

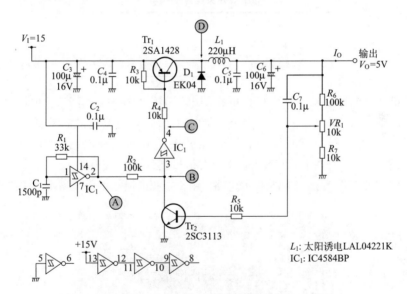

图 12.5 设计的降压型开关电源

(特点是开关器件采用 PNP 晶体管发射极接地型开关电路。振荡电路、反馈电路与第 11 章中的升压型开关电源中的结构相同)

12.1.3 SW 断开时需要续流二极管

这个电路中的一个变化是在 L 的输入端头与 GND 之间接入了一个二极管 D。

这个二极管的作用是在 SW 断开时使电感中储存的电流能够流出,称为续流二极管。

当采用射极跟随器或者源极跟随器那样的低阻抗电路驱动 LC 型低通滤波器时是不需要续流二极管的(因为储存在电感中的电流从能够驱动电路流出)。而这个电路中的 SW 只有接通/断开动作,当 SW 断开时如果没有 D,那么储存在 L 中的电流就没有流出的路径。

通常采用肖特基二极管作为续流二极管。这是因为肖特基二极管的正向电压降 V_F 比普通二极管小,可以减少在这里产生的功率损耗($=V_F \times$ 正向电流)。

12.2　降压型开关电源的设计

12.2.1　电源电路的设计指标

现在进行降压型开关电源的具体设计。设计指标如下:

降压型开关电源的指标

输入电压	+15V
输出电压	+5V
输出电流	50mA

设想这个电源是从 +15V 模拟电路用电源制作数字电路用 +5V 电源,它的输出电流比较小,只有 50mA,不过完全满足 CMOS 逻辑电路电源的需要。

图 12.5 是设计电源的电路图。产生开关信号的振荡电路使用 4000B 系列 CMOS 逻辑,开关器件采用 PNP 晶体管发射极接地型开关电路。

照片 12.1 是图 12.5 实际制作的电路。由于电源的损耗小,所以不需要散热片。

照片 12.1　制作的降压型开关电源

(与 3 端变换器相比元件数目多了。但是它的优点是可以省去散热片)

12.2.2 开关器件的选择——首先考虑电流值

与升压电源的情况相同,开关器件采用双极晶体管或者 MOSFET。至于 JFET,由于它的导通电阻大,有限制电流的作用,所以不使用它。

本章学习的内容是晶体管开关电路的应用,所以开关器件就采用晶体管。在选择晶体管的型号时,需要考虑集电极电流最大额定值、集电极-发射极间电压最大额定值、集电极-发射极间饱和电压值等参数。

首先考虑 Tr_1 导通时流过的集电极电流。如果认为电源电路的损耗为零,那么与电源的形式(升压型、降压型等)无关,从输出端取出的功率就是输入端直流电源所供给的全部功率。设计指标中输出电压是 5V,最大输出电流是 50mA,所以输出功率最大为 250mW。由此推得输入端直流电源(=15V)提供的电流为16.7 mA(=250mW/15V)。但是实际的电源中总有损耗产生。如果假定电源的效率是 80%,那么输入端流过的电流就应该是 21mA($\approx$16.7mA/0.80)。不过这里所说的集电极电流是稳态值,瞬态过程的集电极电流要大的多。

瞬态电流值因输入输出的电压差、电感的 Q 值等因素而不同。瞬态电流与升压型的情况一样,约比稳态电流大几倍到 10 多倍。这里取 10 倍的余量,即瞬态集电极电流为 210mA(=21mA×10 倍)。所以 Tr_1 应该选择稳态集电极电流的最大额定值大于 21mA,瞬态集电极最大额定值大于 210mA 的器件。

12.2.3 晶体管的耐压

下面讨论集电极-发射极间的耐压。当 Tr_1 截止时加在集电极-发射极间的电压在 D_1 导通时变为最大,设 D_1 的正向电压降为 $V_F=0.3V$(D_1 采用肖特基二极管),那么这时集电极-发射极间所加电压最大就是 $15.3V$(=15V+0.3V)。所以 Tr_1 应该选用集电极-发射极间电压的最大额定值大于 $15.3V$ 的晶体管。

集电极-发射极间的饱和电压 $V_{CE(sat)}$ 就是晶体管导通时集电极-发射极间的电压降。$V_{CE(sat)}$ 与集电极电流的乘积就是开关器件的功耗,所以应该尽量选择 $V_{CE(sat)}$ 小的晶体管。

根据以上讨论,Tr_1 拟选用功率放大用的功率开关晶体管 2SA1428,不论哪个档次的 h_{FE} 都可以。

表 12.1 是 2SA1428 的参数。$V_{CEO}=-50V$,集电极电流的最大额定值=2A,$V_{CE(sat)}=-0.5V$($I_C=-1A$ 时)。以上参数对于本电路足够了。

表 12.1　2SA1428 的参数

（这种晶体管采用小型管壳，I_C 的最大额定值是 2A。$I_C=1A$ 时的 $V_{CE(sat)}$ 比较小，为 0.5V。广泛应用于中小功率开关电路）

(a) 最大额定值 (T_a=25℃)

项　目	符号	额定值	单位
集电极–基极间电压	V_{CBO}	−50	V
集电极–发射极间电压	V_{CEO}	−50	V
发射极–基极间电压	V_{EBO}	−5	V
集电极电流	I_C	−2	A
基极电流	I_B	−0.2	A
集电极损耗	P_C	1000	mW
结区温度	T_j	150	℃
保存温度	T_{stg}	−55～150	℃

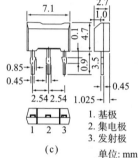

(c)　　　　　单位: mm

1. 基极
2. 集电极
3. 发射极

(b) 电学特性 (T_a=25℃)

项　目	符号	测定条件	最小	标准	最大	单位
集电极截止电流	I_{CBO}	$V_{CB}=-50V, I_E=0$	−	−	−1.0	μA
发射极截止电流	I_{EBO}	$V_{EB}=-5V, I_C=0$	−	−	−1.0	μA
集电极–发射极间击穿电压	$V_{(BR)CEO}$	$I_C=-10mA, I_B=0$	−50	−	−	V
直流电流放大倍数	$h_{FE(1)}$(注)	$V_{CE}=-2V, I_C=-0.5A$	70	−	240	
	$h_{FE(2)}$	$V_{CE}=-2V, I_B=-1.5A$	40	−	−	
集电极–发射极间饱和电压	$V_{CE(sat)}$	$I_C=-1A, I_B=-0.05A$	−	−	−0.5	V
基极–发射极间饱和电压	$V_{BE(sat)}$	$I_C=-1A, I_B=-0.05A$	−	−	−1.2	V
特征频率	f_T	$V_{CE}=-2V, I_C=-0.5A$	−	100	−	MHz
集电极输出电容	C_{ob}	$V_{CB}=-10V, I_E=0, f=1MHz$	−	40	−	pF
开关时间　上升时间	t_{on}	20μs 输入 I_{B1} 输出	−	0.1	−	
开关时间　存储时间	t_{stg}	$-I_{B1}=I_{B2}=0.05A$ $V_{CC}=-30V$	−	1.0	−	μs
开关时间　下降时间	t_f	重复周期≤1%	−	0.1	−	

注: $h_{FE(1)}$ 分类 O: 70～140, Y: 120～240。

12.2.4　决定基极电流大小的 R_3、R_4

R_4 是决定 Tr_1 基极电流的电阻。Tr_1 的集电极电流是 21mA，如果 2SA1428 的 h_{FE} 是 70（最低值），那么基极电流必须在 0.3mA 以上（=21mA/70）。在这个电路中取 $R_4=10kΩ$。如果设 IC_1 的 4 号管脚的输出电压为 0V，Tr_1 的 V_{BE} 为 0.6V，那么 Tr_1 的基极电流就是 1.4mA（≈(15V−0.6V−0V)/10kΩ）。

顺便指出，当基极电流更大时，必须注意 IC_1 的电流驱动能力。在 15V 的电源采用 4000B 系列 CMOS 逻辑的场合，IC 能够提供的电流最大为数十毫安。如果需要更大的电流，那么如图 11.6 所示可以把开关晶体管达林顿连接，以降低由 IC 供给的基极电流。

R_3 电阻的作用是在 Tr_1 截止时，保持基极电位与发射极相同，确保晶体管截止。这里取 R_3 与 R_4 相等,都是 $10\mathrm{k}\Omega$。

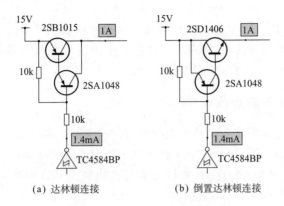

(a) 达林顿连接　　　　(b) 倒置达林顿连接

图 12.6 开关晶体管的达林顿连接

(当开关电流大时,可以把开关晶体管达林顿连接使用。这样就提高了视在 h_{FE},即使 4000B 系列的 CMOS 逻辑 IC 也能够充分驱动晶体管)

12.2.5 续流二极管的选择

二极管 D_1 的作用是当 Tr_1 截止时,将低通滤波器的输入电压固定在 GND 电位(实际上是固定在比 GND 电位还低二极管的 V_F 的电位上)。D_1 截止时(Tr_1 导通时)它的两端加有输入电压,所以要求 D_1 的反向耐压 V_{RM} 必须大于输入电压(本电路中是 15V)。D_1 导通时流过的电流大小与 Tr_1 的集电极电流相等,所以必须使用平均正向电流大于 21mA 的器件。

另外,正向电压降 V_F 与正向电流的乘积即是功率损耗,所以为了提高电路的效率,应该采用 V_F 小的肖特基二极管。这里采用脉动整流用的肖特基二极管 EK04(其电学特性参看表 11.1)。

12.2.6 低通滤波器部分的设计

与升压型电源的情况相同,LC 滤波器的电感值因开关频率及输出电流等因素影响,其最佳值不同。在降压型开关电源的场合,这个电感值大约在数十至数百微亨范围。开关频率愈低,输出电流愈小,愈要使用大电感。Q 愈大的电路损耗就愈小,所以应该尽量使用 Q 值大的电感。这里与升压型电源中所使用的元件相同,即 $220\mu\mathrm{H}$ 的电感 LAL04221K(太阳诱电)。

电容器 C_6 和 L_1 构成了低通滤波器,它把 Tr_1 产生的方波平滑为直流电压。所以必须注意设定的低通滤波器的截止频率 f_C 应该比开关频率低的多。这里取 C_6 $=100\mu\mathrm{F}$,所以 f_C(C_5 值很小,可以忽略)为

$$f_C = \frac{1}{2\pi\sqrt{L_1 C_6}} = \frac{1}{2\pi\sqrt{220\mu\text{H}\times 100\mu\text{F}}} \approx 1\text{kHz}$$

由于开关频率是 20kHz(后述),所以确保了这部分的截止频率比开关频率低的多。

在高频范围电容器 C_5 的阻抗很低,它的作用是确保输入的脉动信号被衰减掉。这里 C_5 采用 $0.1\mu\text{F}$ 的叠层陶瓷电容器。

12.2.7　驱动开关的振荡电路

开关电源中开关频率与电路的效率有密切的关系。图 5 所示的降压型电源的开关频率与升压型相同,通常在数千赫至数十千赫范围。在本电路中是 20kHz。

已经介绍过,产生 20kHz 开关信号的振荡电路采用 4000B 系列 CMOS 逻辑 IC。对施密特触发变换器 TC4584BP(东芝)用 RC 实施反馈,形成方波振荡电路。

施密特触发器之所以采用 4000B 系列 CMOS 逻辑 IC 是因为它能够在 15V(电路的输入电压)的高电源电压下工作。同样是 CMOS 逻辑 IC,74HC 系列电源电压的最大额定值是 7V,所以不能够在本电路中使用。

Tr_1 当然是由施密特触发变换器驱动的(用施密特触发变换器吸收基极电流),不过由于电源电压高达 15V,所以 4000B 系列也有能力充分驱动晶体管。

这个电路的振荡频率 f_osc 为(关于振荡电路,请参看图 10.14)

$$f_\text{osc} \approx \frac{1}{CR}$$

这里取 $f_\text{osc} = 20\text{kHz}$,$C = 1500\text{pF}$,所以 $R = 33\text{k}\Omega$。为了正确地设定振荡频率,需要在施密特触发变换器中追加电阻或电容器。不过在这个电路中没有必要严格设定振荡频率,所以就采用这个计算值。因此,$C_1 = 1500\text{pF}$,$R_1 = 33\text{k}\Omega$。

12.2.8　稳定电压的反馈电路

稳定输出电压的反馈电路与升压型电路相同,是一个简单的单管电路,它与输出电压相对应地接通/断开开关信号。

R_2 是限流电阻,其作用是当 Tr_2 导通时 IC_1 的 2 号管脚(输出端)不被 GND 直接短路。Tr_2 导通时流过的是无用电流,所以 R_2 太小的话会降低电路的效率。这里取 R_2 的阻值比较大,为 $100\text{k}\Omega$。这样通过 R_2 的开关信号使阻抗增大,不能够吸收 Tr_1 的基极电流。所以要通过 1 级施密特触发变换器。

如果通过 1 级施密特触发变换器,那么当 Tr_2 导通、开关停止时,IC_1 的 4 号管脚就变为 15V,Tr_1 截止,使得反馈的逻辑一致(如果通过偶数级施密特变换器,那么当输出电压变大、Tr_2 导通时,Tr_1 也导通,使输出电压更大,所以不应该采用偶数级)。

关于 Tr_2,只要是 NPN 晶体管,哪种型号都可以工作,不过为了尽量减小基极电流,提高电路的效率,在这里使用了超 β 晶体管 2SC3113(东芝)(关于 2SC3113

器件的特性,请参看表 11.2),不论哪个档次的 h_{FE} 都可以。

12.2.9 设定输出电压

R_6、CR_1、R_7 串联回路是对输出电压进行分压,并通过控制 Tr_2 的开关来固定输出电压的电阻。

决定这个电路输出电压的基准电源是 Tr_2 的基极-发射极间电压 V_{BE}。因此,通过实施反馈使 VR_1 的滑片与 GND 间的电压变为 Tr_2 的 $V_{BE}(=0.6\sim0.7V)$,从而使输出电压稳定。

如果是能够精确设定基准电压的电路,那么只需要固定电阻就能够准确地设定输出电压。图 12.5 电路中的基准电压是晶体管的 V_{BE},它并不是很准确的电压,所以反馈电路中插入可变电阻 VR_1,以便能够对输出电压进行微调。

因为 IC_1 的 2 号管脚输出电压最大是 15V(输出 0V/15V 的方波),$R_2=100k\Omega$,所以 Tr_2 的集电极电流为 0.15mA($=15V/100k\Omega$)。因此,当 Tr_2 的 h_{FE} 取 600(2SC3113 的最小值)时,基极电流必须大于 $0.25\mu A$($0.15mA /600$)。

如图 12.7 所示,Tr_2 的基极电流必须由 R_6、VR_1、R_7 串联电路提供,所以流过 R_6、VR_1、R_7 的电流应该比基极电流大得多。如果说"大的多"意味着"10 倍以上",由于输出电压 $V_O=5V$,那么 $R_6+VR_1+R_7\leqslant2M\Omega$($=5V/(0.25\mu A\times10$ 倍))。这里取 $R_6=100k\Omega$,$VR_1=10k\Omega$,$R_7=10k\Omega$。所以 $R_6+VR_1+R_7=120k\Omega\ll2M\Omega$。

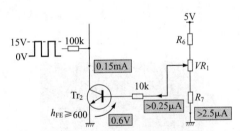

图 12.7 Tr_2 的集电极电流和基极电流

(如果取 Tr_2 的 h_{FE} 为 600,基极电流就必须大于 $0.25\mu A$。由于 Tr_2 的基极电流必须由反馈电阻 R_6、VR_1、R_7 提供,所以流过反馈电阻的电流应该足够大,就是说必须大于 $2.5\mu A$)

取 Tr_2 的 $V_{BE}=0.6V$,于是输出电压的可变范围为

$$V_O = V_{BE_2}\times\frac{R_6+VR_1+R_7}{VR_1+R_7}\sim V_{BE_2}\times\frac{R_6+VR_1+R_7}{R_7}$$

$$=0.6V\times\frac{100k\Omega+10k\Omega+10k\Omega}{10k\Omega+10k\Omega}\sim0.6V\times\frac{100k\Omega+10k\Omega+10k\Omega}{10k\Omega}$$

$$=3.6\sim7.2V$$

利用 VR_1,能够调整到 $V_O=5V$。

R_5 是限制 Tr_2 基极交流电流的电阻(输出端的交流成分通过 C_7 反馈)。由于 Tr_2

的基极电流较小,只有 $0.25\mu A$,所以只要 R_5 大于几千欧就可以。这里取 $R_5=10k\Omega$。

12.2.10　周边各电容器的确定

电容器 C_7 的作用是降低输出端与 VR_1 的滑片间的交流阻抗(R_6、VR_1 是交流通路),稳定地实施反馈。在该电路中,只要在开关频率下 C_7 的阻抗比 R_6、VR_1 小得多就可以,所以取 $C_7=0.1\mu F$。当开关频率为 20kHz 时 C_7 的阻抗为 $80\Omega(\approx1/(2\pi\times20kHz\times0.1\mu F))$。$C_3$ 和 C_4 是降低输入电源阻抗的去耦合电容。将大容量电容器与小容量电容器并联接续,可以在比较宽的频率范围内降低电源阻抗。这里的 C_3 选用 $100\mu F$ 的电解电容器(耐压 16V),C_4 选用 $0.1\mu F$ 的叠层陶瓷电容器。装机的时候,要使 C_3 和 C_4 尽量靠近 Tr_1 的发射极。

C_2 是 IC_1 电源的去耦合电容器。C_2 选用 $0.1\mu F$ 的叠层陶瓷电容器。

12.3　电源的波形与特性

下面观测所设计电源各部分的波形,并确认电路的工作。

12.3.1　输出波形的确认

照片 12.2 是用 VR_1 把输出电压调整到 5V,输出端接负载电阻 $R_L=100\Omega$ 时(输出电流 $I_D=50mA=5V/100\Omega$)的输入 V_I、输出 V_O 的波形。$V_I=15V$,$V_O=5V$,表明这是降压型电源的动作。

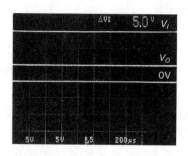

照片 12.2　电路的输入输出波形($5V/div$,$200\mu s/div$)

(从输出端取出 50mA,调整输出为 5V 时的输入输出波形。$V_I>V_O$,表明这是降压型电源的动作)

照片 12.3 是把 V_O 的交流成分放大后的波形。从这个照片中可以看到 $250mV_{p-p}$ 的开关噪声。这是没有被 L_1、C_5、C_6 低通滤波器取除掉的方波残留成分。所以,降压型电源与升压型电源相同,输出中都存在开关噪声。当应用于模拟电路时对这种噪声必须给予足够的重视。

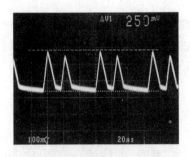

照片 12.3 V_O 的交流成分（100mV/div，20μs/div）

（V_O 上载有 250mV$_{p-p}$ 的开关噪声。这是未被低通滤波器完全平滑掉的方波残留成分）

12.3.2 控制电路的波形

照片 12.4 是振荡电路的输出 A 点和反馈放大器 Tr_2 的集电极 B 点的波形。振荡电路输出 0/15V 的方波，频率约 15.5kHz，占空比为 50%。振荡频率的计算值是 20kHz，但是实际值为 15.5kHz。不过开关频率有少许偏离对于电路的工作没有什么影响。B 点的波形中，由于在波形上升的过程中 Tr_2 导通，所以峰值达不到 15V。而且由于 R_2 与 IC_1 的输入电容构成低通滤波器，所以 B 点的上升沿不陡。

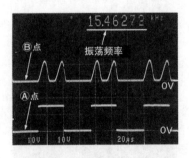

照片 12.4 A 点和 B 点的波形（10V/div，20μs/div）

（A 点是振荡电路的输出，是 0/15V，15.5kHz，占空比 50% 的方波。由于 Tr_2 导通所以 B 点的峰值未达到 15V。对应于 A 点的 1 个正脉冲，B 点出现了两个脉冲。这是由于反馈动作高速进行的缘故）

照片 12.5 是 B 点和 C 点的波形。与升压型相同，Tr_2 是以模拟方式工作，所以 C 点的波形占空比小于 50%。由此可以看出作为开关的控制方式，不仅有接通/断开开关脉冲，而且还有改变开关脉冲占空比的方式。

B 点波形中一个引起人们关注的问题是在振荡输出 1 个正脉冲期间发生了两

个脉冲(参见照片 12.4)。如照片 12.5 所示,由于这个脉冲超过了 IC_1 的正临界电压 V_{TH}(从照片 12.5 看出这里使用的 IC 的 $V_{TH}=10.6V$),所以 C 点对应于振荡输出 1 个正脉冲发生了两个脉冲。这是由于在第 1 个脉冲过程中晶体管产生方波、输出电压变高后又立即降低(因为给负载提供电流),而反馈动作在高速进行,所以在同一周期内再次产生出脉冲。

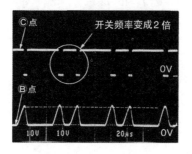

照片 12.5　B 点和 C 点的波形(10V/div, 20μs/div)

(C 点是控制占空比的波形。而且出现的脉冲数是 A 点的 2 倍。开关频率变为 2 倍。就是说开关频率是可变的!)

照片 12.6 是输出电流 $I_O=20mA$ 时,B 点和 C 点的波形。可以看到如果负载电流变小,那么在振荡输出正脉冲期间脉冲数目就变成了 1 个(开关频率 = 振荡频率)。就是说这个电路不仅能够控制开关脉冲的接通/断开和占空比,还控制开关频率(脉冲数 2 倍就等于频率变成 2 倍)。

控制频率是比控制开关方式更高级的方式,所以在升压型电源中也受到重视。

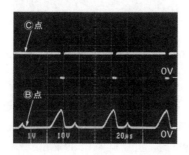

照片 12.6　$I_O=20mA$ 时 B 点和 C 点的波形(10V/div, 20μs/div)

(可以看出当负载电流减小时,开关频率 = 振荡频率,进行频率控制)

12.3.3　Tr_1 的开关波形

照片 12.7 是 C 点和 Tr_1 的集电极 D 点的波形(输出电流 $I_O=50mA$)。当 C

点变为 L 电平(＝0V)时 Tr_1 导通,所以 D 点变为 15V。接着,当 C 变为 H 电平(＝15V)时 Tr_1 截止、D_1 导通,所以 D 点变为 0V(实际上是变为比 0V 还低 D_1 的 V_F 值的负电位)(这时的电流回路为 L_1→负载→GND→D_1→L_1)。

　　Tr_1 截止期间储存在 L_1 中的能量释放出来。当 L_1 的能量释放终了时 D_1 截止,所以 D 点处于高阻抗状态。这时从 Tr_1 的集电极看到的电容成分(Tr_1 的集电极输出电容和 D_1 的极间电容、布线电容等)与 L_1 形成共振电路,所以如照片 12.7 所示在 D 点看到衰减振荡(由于 L_1 的电阻成分使振荡逐渐衰减)。

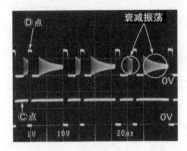

照片 12.7　C 点和 D 点的波形(10V/div,20μs/div)

(当 C 点为 0V 时 Tr_1 导通,所以 D 点为 15V;C 点变为 15V 时 Tr_1 截止,D_1 导通,所以 D 点变为 0V。当 Tr_1 截止、储存在 L_1 的能量向负载释放结束时,D 点处于高阻抗状态。这时可以看到衰减振荡)

12.3.4　开关晶体管的电流波形

　　照片 12.8 是在 Tr_1 的集电极插入 R_S＝1Ω 的微小电阻(参见图 12.8)时所观测到的电压降波形(输出电流为 50mA)。这时的电压降为 230mV$_{p-p}$,所以 Tr_1 的集电极电流为 230mA$_{peak}$(＝230mV$_{p-p}$/1Ω)。

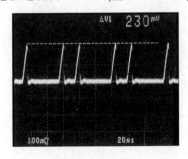

照片 12.8　Tr_1 的电流波形(100mV/div,20μs/div)

(输出为 5V、50mA 时 Tr_1 的电流波形。R_S＝1Ω 的电压降为 230mV$_{p-p}$,所以 Tr_1 的峰值电流是 230mA。这个值与设计时求得的值基本相等)

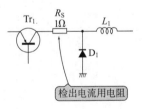

图 12.8　观测 Tr_1 电流波形的电路

(在晶体管的集电极插入 R_S＝1Ω 的微小电阻,用示波器观测 R_S 上的电压降,就可以看到 Tr_1 的电流波形)

电路设计时估计 Tr_1 的峰值电流为 210mA，所以与计算值基本一致。这个峰值电流是经 LC 滤波器平均化后的输出电流。

12.3.5　电路的转换效率

$V_O=5V$，输出电流 $I_O=50mA$ 时输入输出功率的测定结果如下：

	电流	电压	功率
输入端	15V	23.5mA	353mW
输出端	5V	50mA	250mW

电源电路的效率 η 是输入电源的功率 P_I 与输出的功率 P_O 之比，即

$$\eta=\frac{P_O}{P_I}=\frac{250mW}{353mW}\approx71\%$$

通常单片化的降压型开关电源 IC 的效率在 $70\%\sim95\%$ 范围，这里设计的电路的效率与效率较低的 IC 差不多。

效率之所以不怎么高是因为电感的电流容量小。在这个试验电路中，考虑到元件难以购买，所以 L_1 使用了允许电流为 155mA、Q 值为 55 的电感（如果流过 Tr_1 的电流全部流入 L_1，则峰值电流达到 230mA，超过了电感的允许电流），如果使用允许电流在几百毫安以上、Q 值更高的电感，就能够制作出效率更高的电路。

12.3.6　输出电压：输出电流特性（加载调整）

图 12.9 是输出电压与输出电流的关系曲线（无负载时调整输出电压为5.00 V）。从输出电压下降的情况看到这个电源输出电流的界限在 $50\sim60mA$。

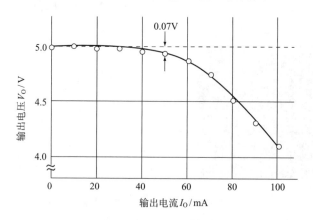

图 12.9　输出电压与输出电流的关系曲线

（输出电流取 50mA 时电压降低 0.07V。这时输出阻抗为 1.4Ω。如果使用 Q 值高的电感，可以使输出阻抗更小些）

当输出电流为 50mA 时输出电压是 4.93V,相对于无负载电压(=5.00V)下降了 0.07V。所以这个电源的等效输出阻抗是 $1.4\Omega(=0.07V/50mA)$。这个值与小规模降压型开关电源的平均值相当。

如果希望这个电路的输出阻抗更小时,可以采用 Q 值更高(直流电阻小)的电感,或者使反馈电路的差分放大器增益更大些。

12.3.7 输出电压：输入电压特性(线性调整)

图 12.10 是输出电压与输入电压的关系曲线($I_O=50mA,V_I=15V$ 时,V_O 调整到 5.0V)。输入电压在 13～16V 范围变化时,输出电压的变化范围在 $V_O=5V\pm0.1V$,可以看出这是一个对于输入电压的变化适应能力很强的电源。输入电压的变化引起输出电压变化的原因是振荡频率的变动(由于振荡电路的电源电压变化导致)和 Tr_2 基极电流变化引起 V_{BE}(=基准电压)的变动。为了进一步增强对输入电压变化的适应能力,需要采用振荡频率和反馈电路的基准电压不随输入电压变化的电路结构。

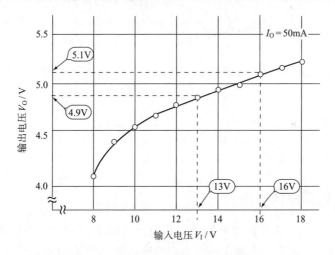

图 12.10 输出电压与输入电压的关系
($V_I=13～16V$ 时,输出电压的变化范围在 $V_O=5V\pm0.1V$。这是 1 个对于输入电压的变化适应性强的电源)

12.4 降压型开关电源的应用电路

12.4.1 无须调整的电路(1)

为了把图 12.5 的电路变成不需要调整的电路,基准电压采用了齐纳二极管,其电路示于图 12.11(电路的其他部分与图 12.5 相同)。

在 Tr_2 的发射极插入 2V 的齐纳二极管,所以这个电路的基准电源就变成了 2.6V($=$2V$+V_{BE}$)。由于是用 43kΩ 和 47kΩ 的电阻对输出分压并实施反馈,所以输出电压 V_O 为:

$$V_O = 2.6V \times \frac{43k\Omega + 47k\Omega}{47k\Omega} \approx 5V$$

但是由于在 Tr_2 的发射极插入了 2V 的齐纳二极管,所以当 Tr_2 导通时 IC_1 的 3 号管脚只降低到 2V(没有齐纳二极管时降低到 0V),并没有超过 IC_1 的 H 电平的临界电压,所以电路的工作不受影响。

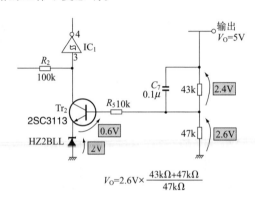

图 12.11 无须调整的降压型电源(1)

(电路的基准电源采用了齐纳二极管,所以可以不进行调整)

12.4.2 无须调整的电路(2)

图 12.12 是又一例不需要调整的降压型开关电源。这个电路是把用精密分路调整器 IC TL431MLP(TI)制作的 2.5V 基准电压与电阻分压的输出电压用开路集电极输出的比较器 LM2903N(NS)进行比较,并通过控制开关器件来固定输出电压。由于基准电压采用了精密电源,而且在反馈电路使用了增益大的比较器 IC,所以能够准确地确定输出电压。

另外,由于这个电路中比较器的工作使两个输入电压值相等,所以改变输出电压的分压比(R_1 与 R_2 之比)就能够任意变更输出电压值。

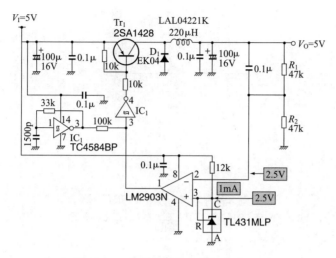

图 12.12 无须调整的降压型电源(2)

(如果采用能够产生准确电压的精密分路调整器和增益大的比较器,就能够制作出
性能良好的无须调整的电源)

12.4.3 开关器件采用 MOSFET 的电路

为了使晶体管导通,必须有基极电流流过。图 12.5 使用晶体管的开关电源电
路中,开关晶体管的基极电流是无用电流(不是提供给负载的电流),所以基极电流
降低了电路的效率。

基极电流导致效率的降低给这里设计的小规模电源中带来很大的影响。所以
在希望提高小规模电源效率的场合,应该采用 MOSFET 开关器件。MOSFET 没
有栅极电流流动,所以为使开关器件导通而损耗的功率非常小,从而提高了电路的
效率。

图 12.13 是将图 12.5 中 Tr_1 换为 P 沟 MOSFET 的电路(其他部分与图 12.5
相同)。MOSFET 的栅偏压由 IC_1 的 4 号管脚提供,所以没有必要使用栅偏压电阻
(图 12.5 的 R_3、R_4)。

选择 MOSFET 的方法与使用晶体管的场合完全相同,在这个电路中,选择
$I_{D(pulse)} \geqslant 210mA$,$V_{DSS} \geqslant 15.3V$ 的器件。图 12.13 中选用的是最大额定值 $I_{D(pulse)} = 8A$,$V_{DSS} = 100V$ 的 2SJ128(NEC)。

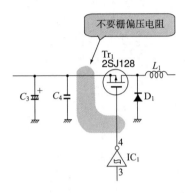

图 12. 13　开关器件采用 MOSFET 的降压型开关电源

（将 Tr_1 用 P 沟 MOSFET 替换提高了电路的效率。这是因为驱动 MOSFET 所需要的功率小）

第 **13** 章　模拟开关电路的设计

从第 8 章到第 12 章介绍了使用晶体管或者 FET 的开关电路。其实开关电路又可分为只区分有无信号的数字开关电路以及以信号电平或波形为关注对象的模拟开关电路。前面几章的开关电路属于数字开关电路。本章将介绍模拟开关电路的实验。

13.1　模拟开关的结构

13.1.1　模拟开关

模拟开关是模拟信号开关电路中使用的开关器件。如图 13.1 所示,这种开关是一种电子开关,它像机械开关那样可以对模拟信号进行接通/断开动作。立体声信号的切换或者电视、VTR 内部录像信号的切换等都是采用这类开关。

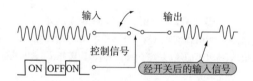

图 13.1　模拟开关

(所谓模拟开关是一种能够开关模拟信号的电子开关。它是一种功能与机械开关相同的电子电路)

使用模拟开关时,由于电路中没有了机械性的开关机构,所以提高了电路的耐久性和可靠性。而且由于能够用微机的逻辑电路数字地控制模拟信号,所以电器的整体性能提高了。与机械开关相比,它的另一个优点是开关速度快(μs~ns 的数量级)。

当然这种模拟开关也是 IC 化器件,其中知名的如 CMOS 标准逻辑 IC4000B 系列和 74HC 系列模拟开关(4066B,4051B,4052B,4053B 等),这些商品容易买到,使用也方便。

本章为了更好地理解模拟开关的工作原理,将介绍由晶体管和 FET 分立器件构成的模拟开关电路。

13.1.2 使用二极管的开关

二极管是一种两端器件,为了使它接通/断开,必须从外部控制它的直流偏压,这就使电路变得比较复杂。但是在高频范围,断开开关时输入输出间的隔离性能(把截止的程度叫做隔离)很好,所以经常应用于高频电路。

图 13.2 是一例使用二极管的模拟开关。这个电路中,用控制信号控制 Tr_1 的接通/断开,使得二极管接通/断开。输入输出端各串联 $0.022\mu F$ 的耦合电容,它的作用是隔断发生在二极管两端的直流成分。由于接入了耦合电容,所以不能进行直流信号的开关。

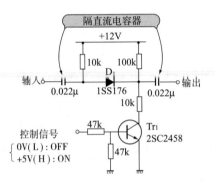

图 13.2   使用二极管的模拟开关

(通过改变二极管上所加的直流偏压使二极管接通/断开的模拟开关。但是,由于二极管加的直流偏压,所以不能够对 DC 信号进行接通/断开。主要应用于高频电路)

13.1.3 使用晶体管的开关

晶体管是通过基极电流控制集电极电流的电流控制器件,所以如图 13.3 所示,当它作为开关器件使用时控制开关的电流(基极电流)会影响到信号电流(使得输入电流≠输出电流)。而且流过集电极-发射极间的电流的方向,对于 PNP 晶体管来说是从发射极流向集电极,而对于 NPN 晶体管来说是从集电极流向发射极,都只沿一个方向流动。所以对于处理声音信号或传感器之类的输出这样的交流信号的模拟开关器件来说,不怎么使用双极晶体管。但是如图 13.4 所示,在接通/断开电源等直流信号的开关电路(不在意基极电流,而信号电流方向确定的电路)中经常使用廉价而且能够处理大电流的双极晶体管。

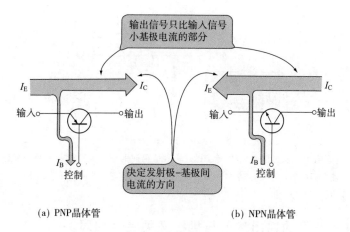

输出信号只比输入信号小基极电流的部分

I_E　　I_C　　I_E　　I_C

输入　　　输出　　　　输入　　　输出

I_B　　　　　　　　　　I_B

控制　　　　　　　　　　控制

决定发射极-基极间电流的方向

(a) PNP晶体管　　　　　　　(b) NPN晶体管

图 13.3　使用双极晶体管作为模拟开关

（双极晶体管需要基极电流的流动，所以会影响到输入输出间流过的信号电流。而且发射极-集电极间电流流动的方向是一定的）

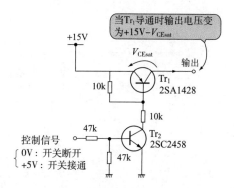

当 Tr_1 导通时输出电压变为 $+15V-V_{CEsat}$

$+15V$

V_{CEsat}　　输出

10k　　　　Tr_1　2SA1428

10k

控制信号　47k　　Tr_2　2SC2458

$\begin{cases} 0V：开关断开 \\ +5V：开关接通 \end{cases}$　　47k

图 13.4　使用晶体管的模拟开关例

（处理电源或直流信号之类的模拟开关中经常使用晶体管。这种电路用逻辑电路输出的 0V/5V 信号接通/断开＋15V 的电源）

13.1.4　使用 FET 的开关

　　FET 是一种由栅极电压控制漏极-源极间电流的电压控制型器件。如图 13.5 所示，作为开关器件使用时，流过栅极的电流（只有非常小的漏电流流过栅极）或加在栅极上的电压对于流过漏极-源极间的信号电流完全没有影响，而且漏极-源极间电流的方向对于器件的工作也没有任何关系，所以可以使交流信号顺利地通过。因此，在开关低频交流信号的模拟开关电路中经常使用 FET。

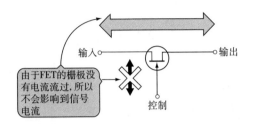

图 13.5　使用 FET 作为模拟开关

(FET 没有电流流过栅极,所以对于通过输入输出间的信号电流没有影响。而且对
输入输出间(漏极-源极间)信号的方向也没有限制。是理想的模拟开关器件)

13.1.5　FET 开关的输出波形与机械开关完全相同

图 13.6 是采用通用的 JFET 2SK330(东芝)的模拟开关电路。这个电路由 JFET
模拟开关器件 Tr_1 和控制 FET 栅极电压的双极晶体管开关电路(Tr_2、Tr_3)构成。

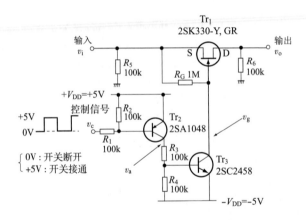

图 13.6　使用 N 沟 JFET 的模拟开关

(Tr_1 是开关器件 JFET,通过使它接通/断开来接通/断开模拟信号,可以说是这个
电路的心脏。Tr_2 和 Tr_3 是把控制信号的电压变换为控制 Tr_1 栅极电压的电平变换
电路)

照片 13.1 是制作在印刷电路板上的图 13.6 的电路。

照片 13.2 是给这个电路输入 $1kHz$、$4V_{p-p}$ 的正弦波,以 $200Hz$、$0V/+5V$ 的方
波作为控制信号时的输入输出波形。控制信号 v_c 为 $+5V$ 时输入信号 v_i 清楚地出
现在输出端,可以看出完全像机械开关那样能够开关交流信号。

由于这个电路的开关速度是 $200Hz$,所以它比由人工操纵机械开关的速度有
数量级的提高。一般来说 JFET 开关器件本身在约 $1MHz$ 的开关速度下都完全能

够正常工作(但是在图 13.6 的电路中,如果 $v_c=1\mathrm{MHz}$,发射极接地型开关电路的 $\mathrm{Tr_2}$ 和 $\mathrm{Tr_3}$ 的开关速度却跟不上)。

照片 13.1 组装在印刷电路板上的模拟开关

(实际上开关模拟信号的是中间部分的 JFET,其他部分是支持 JFET 开关的电路)

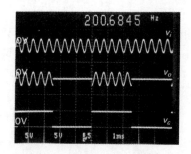

照片 13.2 图 13.6 电路的工作波形(1ms/div, 5V/div)

($v_c=+5\mathrm{V}$ 时完全像接通机械开关时那样,$v_o=v_i$。开关速度达到 200Hz,比人工操纵机械开关的速度有数量级的提高)

13.1.6 输入信号原封不动地出现在栅极

照片 13.3 是控制信号 v_c,$\mathrm{Tr_2}$ 的集电极电位 v_a 以及 $\mathrm{Tr_3}$ 的集电极电位 v_g (=FET 的栅极电位)。由于 $v_c=+5\mathrm{V}$ 时 $\mathrm{Tr_2}$ 截止,所以 $v_a=-5\mathrm{V}$(=负电源电压)。$v_c=0\mathrm{V}$ 时 $\mathrm{Tr_2}$ 导通,$v_a=+5\mathrm{V}$(=正电源电位)。由于 $v_a=-5\mathrm{V}$ 时 $\mathrm{Tr_3}$ 截止,输入信号就通过 R_G 原封不动地变成 v_g 的波形($v_g=v_i$)。而当 $v_a=+5\mathrm{V}$ 时,由于 $\mathrm{Tr_3}$ 导通,所以 $v_g=-5\mathrm{V}$(=负电源电位)。

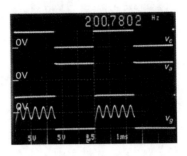

照片 13.3 v_c、v_a、v_g 的波形（1ms/div，5V/div）

（通过电平变换电路 Tr$_2$、Tr$_3$ 把 0/+5V 的控制信号 v_c 变换为→V_a=+5/−5V→v_g
=−5/v_iV）

13.1.7 改变 V_{GS} 控制开关的接通/断开

照片 13.4 是 v_g 和输出信号 v_o。从这个照片中可以看出 v_g=−5V 时 FET 截止（v_o=0）。当 v_g=v_i 时 FET 导通，v_o=v_i。

Tr$_1$ 的源极电位与 v_i 相同，不过这个电路中由于是 4V$_{p-p}$ 的正弦波，正负峰值为 +2V 和 −2V。因此，如果 v_g=−5V，Tr$_1$ 的栅极-源极间电压 V_{GS} 就从−7V 变为 −3V。

Tr$_1$ 是 N 沟 JFET，当 V_{GS} 的负电压大到一定程度时就截止（参看 JFET 的传输特性！）。另一方面当 v_g=v_i 时，由于 V_{GS}=0V（因为源极电位=v_i），所以 Tr$_1$ 导通。

就是说，可以把这个电路看作是将 0V/+5V 的控制信号电平变换为−5V/v_i 的栅极电压，通过改变 FET 的 V_{GS} 控制开关的接通/断开的电路。

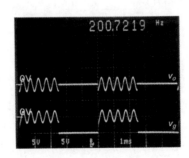

照片 13.4 v_o 和 v_g 的波形（1ms/div，5V/div）

（v_g=−5V 时 Tr$_1$ 的 V_{GS} 从−7V 变为−3V，所以开关截止；v_g=v_i 时，由于 V_{GS}=0V，所以开关接通）

13.2 JFET 模拟开关的设计

下面具体设计图 13.6 的电路。这个电路的设计指标如下：

模拟开关电路的设计指标

输入信号 （开关信号）	2V$_{p-p}$的模拟信号，频率为 DC～100kHz
控制信号	V_{IL}＝0V，V_{IH}＝＋5V （4000B 系列或者 74HC,74AC 系列 CMOS 逻辑电路的输出）
开关的导通电阻	1kΩ 以下

这个电路是用 CMOS 逻辑电路（4000B 系列或者 74HC,74AC 系列）输出的 0V/＋5V 信号对 2V$_{p-p}$的模拟信号进行开关的电路。

所谓导通电阻 R_{ON}是指开关接通时输入输出间的电阻值，理想值是 0Ω。机械开关中 R_{ON}≈0Ω（mΩ 数量级），模拟开关器件是以半导体为开关器件串联接入的，所以不是 0Ω。一般来说，JFET 开关器件的导通电阻为数欧至数百欧，使用 MOS-FET 时可以降低到 0.01Ω 至数欧。

13.2.1 开关用 FET 的选择

开关器件可以使用 JFET 也可以使用 MOSFET，N 沟、P 沟器件都可以。不过这里考虑到容易获得以及价格因素，选择 N 沟 JFET 2SK330（东芝）。

关于 2SK330 的电学特性请参看表 3.2。

目前还无法确定电源电压和电路结构。不过从设计指标的输入信号和控制信号电平等来考虑，选择栅极-源极间最大额定值 V_{GS}＝－50V 的 2SK330 在耐压方面是足够了（当然在确定电路的电源电压时应该在不超过 V_{GS}的范围）。

使用 FET 模拟开关时的导通电阻是器件跨导 g_m的倒数（注意：g_m的单位是 Ω 的倒数 S）。由表 3.2 可知，2SK330 的 g_m等于正向传输导纳$|y_{fs}|$，最小为1.5ms。

因此在使用 g_m＝1.5ms 的器件的场合，这个电路的导通电阻 R_{ON}约为 670Ω（约 1ms/1.5ms）。能够满足设计指标中 R_{ON}＜1kΩ 的要求。如果希望 R_{ON}更小些，就要选择 g_m更大的器件。一般来说 MOSFET 的 g_m要比 JFET 大，所以使用 MOSFET 可以作出 R_{ON}小的模拟开关。在 JFET 的场合，由于 I_{DSS}愈大 g_m也就愈大，所以即使同样的器件，也应该选用 I_{DSS}大的档次。

13.2.2 开关器件 2SK330 的特性

图 13.7 是 2SK330 的传输特性。第 2 章曾经说明过 JFET 的夹断电压 V_p 因 I_{DSS} 的不同会有大幅度的变化。因此必须考虑到由于使用 FET 的 I_{DSS} 档次不同，V_{GS} 有多大时才能够使 FET 截止。

2SK330 的 I_{DSS} 值分为 3 个档次（参见表 3.2），这里使用 Y 档和 GR 档器件。所以使用的器件的 I_{DSS} 最大可能达到 6.5mA。图 13.7 中没有画出 $I_{DSS}=6.5$mA 时的曲线。不过由其他曲线类推大致可以得出 $I_{DSS}=6.5$mA 时的夹断电压 V_p 为 -3.5V。因此这个电路中当 $V_{GS}<-3.5$V 时 FET 就能够截止。

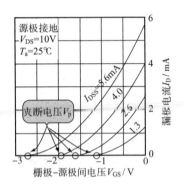

图 13.7 2SK330 的传输特性

（因 I_{DSS} 值不同夹断电压是变化的。如果栅极-源极间所加电压越过 V_p，那么 FET 可以完全截止。就是说，从这个曲线可以知道具有不同 I_{DSS} 值的器件在 V_{GS} 为几伏时能够截止）

13.2.3 FET 开关的栅极驱动电路

为了使 FET 接通/断开，如图 13.8 所示，可以在 2SK330 的栅极-源极间接入电阻，在负电源与栅极间用开关的接通/断开进行控制（SW 断开时 $V_{GS}=0$V 则 FET 导通，SW 接通时 $V_{GS}=$负电源电压则 FET 截止）。

在使用 2SK330 的 Y 档和 GR 档器件的场合，如果 V_{GS} 值比 -3.5V 更负，就能够截止，所以负电源的电压必须低于 -3.5V。而且由于信号被输入时 FET 的源极电位就成了输入信号，所以即使源极电位因输入信号变动也必须满足 $V_{GS}<-3.5$V 的关系。

如图 13.9 所示，这个电路有可能输入最大为 $2V_{p-p}$ 的信号（参看设计指标），因此为了满足 $V_{GS}<-3.5$V 的关系，负电源电压 $-V_{DD}$ 的值必须比 -4.5V 更负。因此，取 $-V_{DD}=-5$V。

R_G 的作用只是给栅极提供电压,所以阻值多大都可以。但是,如果阻值太小,SW 接通时就会有大电流从源极(=输入端)流向负电源。如果阻值太大,则会与 FET 的输入电容以及电路的布线电容形成低通滤波器,影响控制信号的开关速度。通常取几十千欧至几兆欧。

电路设计指标中没有对开关速度作出具体规定,所以取 $R_G = 1M\Omega$(开关速度能够在 100kHz 下正常工作)。

图 13.8 的 SW 可以采用 NPN 型双极晶体管发射极接地型开关电路(参见图 13.6 的 Tr_3)。取 $R_G = 1M\Omega$ 时流过 Tr_3 的电流是 μA 数量级的微小电流(取 $v_i = +5V_{DC}$ 时,为 $(5V+5V)/1M\Omega = 10\mu A$)。而且由于截止时开关间加的电压是几 V 的数量级,所以使用的晶体管只要是 NPN 型,什么型号都可以。这里使用 2SC2458(当然哪个档次的 h_{FE} 都可以)。

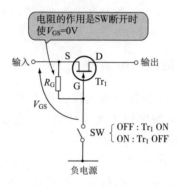

图 13.8 FET 栅极的驱动方法

(由于 SW 断开时的 $V_{GS} = 0V$,所以 Tr_1 导通;由于 SW 接通时栅极接负电源,所以 Tr_1 截止。电阻 R_G 的作用是在 SW 断开时使栅极与源极同电位。如果没有 R_G,Tr_1 就不能导通)

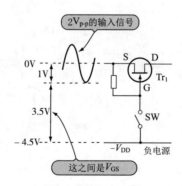

图 13.9 加输入信号时 V_{GS} 与负电源的关系

(源极电位因输入信号而变动。为了确保输入 $2V_{p-p}$ 的信号时仍然保持 $V_{GS} < -3.5V$ 的关系,必须使负电源电位比 $-4.5V$ 更负)

　　在负电源电压大的场合,选用晶体管的集电极-发射极间电压的最大额定值 V_{CEO} 应该比 Tr$_3$ 截止时集电极-发射极间所加的电压大。

13.2.4　开关的电平变换电路

　　电平变换电路是把输入的 0/5V 控制信号 v_c 变换为控制 Tr$_3$ 的基极信号的电路。如图 13.6 所示,电平变换电路采用 NPN 型双极晶体管发射极接地型开关电路。由于取正电源为 $+V_{DD}=+5V$,所以 $v_c=0V$ 时 Tr$_2$ 导通;$v_c=+5V$ 时 Tr$_2$ 截止。如果 Tr$_2$ 导通,电流流过 R_3,这个电流就是 Tr$_3$ 的基极电流,所以 Tr$_3$ 导通。由于 Tr$_3$ 的集电极电流非常小,所以基极电流也没有必要很大。在这个电路中设定 Tr$_2$ 的集电极电流($=$Tr$_3$ 的基极电流)为 0.1mA。

　　Tr$_2$ 选择集电极电流的最大额定值大于 0.1mA,集电极-发射极间以及集电极-基极间电压的最大额定值大于正负电源间电压($=10V$)的器件。这里选用 NPN 晶体管 2SA1048。

13.2.5　各部分的电位和周边电阻值

　　图 13.10 示出 $v_c=0V$ 时各部分的电位。由于 $V_{BE}=0.6V$,所以 Tr$_2$ 导通时 R_3 上加的电压是 9.4V($=$电源电压 10V$-$0.6V)。流过的电流是 0.1mA(Tr$_2$ 的集电极电流),所以 R_3 的阻值为

$$R_3=9.4V/0.1mA\approx100k\Omega$$

电阻 R_4 的作用是当 Tr$_2$ 截止时,将 Tr$_3$ 的基极电位固定在负电源电位。这个电阻只要不是很小,多大都可以。这里取与 R_3 值相等,$R_4=100k\Omega$。

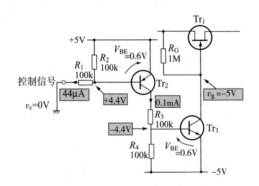

图 13.10　$v_c=0V$ 时各部分的电位

(由于 $v_c=0V$ 所以 Tr$_2$ 导通,Tr$_2$ 的集电极电流变成 Tr$_3$ 的基极电流,所以 Tr$_3$ 也导通。当 Tr$_3$ 导通时,$v_g=-5V$,所以 Tr$_1$ 截止。这时各部分的电压、电流可以根据 $V_{BE}=0.6V$ 以及欧姆定律方便地求得)

电阻 R_1 决定 Tr_2 的基极电流。由于 Tr_2 的集电极电流是 0.1mA，如果 h_{FE} 是 50，那么基极电流只要大于 $2\mu A(=1mA/50)$ 就可以。这里取 $R_1=100k\Omega$，所以基极电流为 $44\mu A(=(5V-0.6V)/100k\Omega)$。

电阻 R_2 的作用是 Tr_2 截止时把基极电位固定在正电源的电位(作用与 R_4 相同)。同样，这个电阻只要不是很小，取多大也都可以。这里取 $R_2=100k\Omega$。

电阻 R_5 的作用是在输入端开路时把输入端电位固定在 GND。如果这个电阻值太小，就会降低电路的输入阻抗，所以设定值要大些。

电阻 R_6 的作用是当模拟开关断开时把输出端的电位固定在 GND。R_6 变成了模拟开关的负载，如果它的值太小，将会与导通电阻 R_{ON} 构成衰减器，降低输出信号的电平。这里取 $R_5=R_6=100k\Omega$。

13.3　模拟开关电路的性能

13.3.1　开关的动作

如照片 13.2 所示，由于能够很好地开关 $4V_{p-p}$ 的正弦波，所以可以充分满足开关 $2V_{p-p}$ 输入信号的设计指标。实际制作的电路中(参见照片 13.1)使用了 2SK330 的 GR 档器件。它能够开关大振幅信号，所以所使用器件的 I_{DSS} 取其分散值的中间值(I_{DSS} 的最大分散值是 6.5mA，应该能够开关 $2V_{p-p}$ 的强信号)。

13.3.2　导通电阻的大小

图 13.11 是测定 FET 导通电阻 R_{ON} 的电路。输出端接负载电阻 R_L，从输入端输入信号 v_i。由于 R_{ON} 与 R_L 形成分压电路，就可以从输出信号 v_o 的电平降低部分计算 R_{ON}。但是像用该电路测定 JFET 模拟开关的场合，为了使流过开关的信号电流不大于 I_{DSS}，在测定时必须设定输入信号的电平使得流过 FET 的电流小于 I_{DSS}(如果是采用 MOSFET 的电路，则没有这个必要)。

照片 13.5 是设定 $R_L=360\Omega$，$v_i=200mV_{p-p}$(1kHz)时的 v_i 和 v_o 的波形。由于 v_o 是 v_i 的 $1/2$(100mV_{p-p})，所以 $R_{ON}=R_L$。因此，这个电路的导通电阻就是 $R_{ON}=360\Omega$。设计指标中要求小于 1kΩ，所以充分满足设计的要求。

顺便指出，由于 g_m 的倒数就是 R_{ON}，所以可以由 R_{ON} 求得 g_m，得到的值约为 $3mS(\approx1/360\Omega)$。可以看出这个值与 2SK330 的数据表提供的标准值($=4mS$)基本一致。

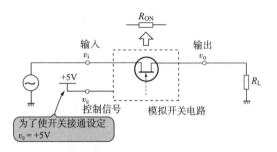

图 13.11   测定导通电阻 R_{ON}

（输出端接负载电阻，从输入端输入信号 v_i，测定输出端的信号电平 v_o。由于 R_{ON} 与
R_L 形成分压电路，所以可以由 v_o 电平的降低部分求得 R_{ON}）

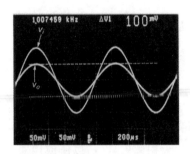

照片 13.5   测定 R_{ON} 时的波形（50mV/div，200μs/div）

（由于 v_o 振幅是 v_i 的 1/2，所以 $R_{ON} = R_L$。这个电路中 $R_{ON} = 360\Omega$）

13.3.3 截止隔离

截止隔离表示开关截止时有多少输入信号泄漏到输出的特性。隔离有绝缘的
意思。R_{ON} 表示开关导通时的性能，而截止隔离表示开关断开时的性能。当输入信
号频率低时，向输出端的泄漏非常少。但是如果信号频率提高，输入信号将会通过
截止的 FET 漏极-源极间的电容向输出泄漏。

照片 13.6 是当开关断开，输入 100kHz、4$V_{p\text{-}p}$ 信号时的输入输出波形。可以
看出作为输出信号，有 $v_o = 12mV_{p\text{-}p}$（照片中指示的值）的信号泄漏出去。这时的截
止隔离 OI 为

$$OI = 20\log(4V_{p\text{-}p}/12mV_{p\text{-}p}) \approx 50 \text{(dB)}$$

这是用示波器测得的振幅，不很精确。

如果截止隔离在 50～60dB 的范围内，则对于实际应用没有影响。

图 13.12 是扫描输入信号频率所测得的截止隔离的频率特性（$v_i = 0$dBm

＝0.224V)。在 1kHz 能够确保 90dB 以上的截止隔离,但是到了 1MHz 则下降到 45dB 左右。如果以 $OI > 50dB$ 作为实用范围,这个电路能够工作到 200kHz。

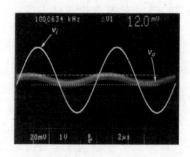

照片 13.6 开关断开时的信号泄漏(v_i:1V/div;v_o:20mV/div, $2\mu s$/div)
(当信号频率高时,即使开关断开,输入信号仍然能够通过 FET 漏极-源极间的电容成分向输出泄漏)

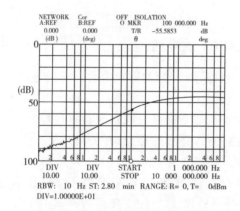

图 13.12 截止隔离的频率特性
(频率愈高截止隔离愈差。这是通过漏极-源极间电容成分泄漏的证据(频率愈高,信号愈容易通过电容器))

13.4 模拟开关的应用电路

13.4.1 改善截止隔离的电路

如图 13.13 所示,用 3 个 FET 构成的 T 型开关能够改善截止隔离特性。这个电路在 SW$_1$＝SW$_3$＝导通,SW$_2$＝截止时处于开关接通状态,在 SW$_1$＝SW$_3$＝截止,SW$_2$＝导通时处于开关断开状态。开关断开时 SW$_2$ 导通,使 SW$_1$ 和 SW$_3$ 的中间点接 GND,所以输入信号的泄漏非常少(通过 SW$_1$ 的信号经 SW$_2$ 流入 GND)。但是,由于输入输出间串联了 SW$_1$ 和 SW$_3$,所以导通电阻是使用 1 个 FET 时的 2 倍。而且各 FET 必须有各自的驱动电路(电平变换电路),所以电路变得复杂。

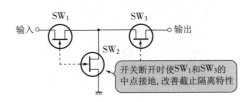

图 13. 13　改善截止隔离的 T 型开关电路

(SW$_1$＝SW$_3$＝导通,SW$_2$＝截止时处于开关接通状态,SW$_1$＝SW$_3$＝截止,SW$_2$＝导通时处于开关断开状态。开关断开时 SW$_2$ 导通,使 SW$_1$ 和 SW$_3$ 的中间点接 GND,所以输入向输出的信号泄漏非常少)

13. 4. 2 采用 P 沟 JFET 的电路

图 13. 14 是开关器件采用 P 沟 JFET 的模拟开关电路。P 沟 JFET 的 V_{GS} 为某一正电压时器件截止,图 13. 14 的电平变换电路就变成 PNP 晶体管发射极接地开关电路,所以电路的结构非常简单。电路的动作过程是当 v_c＝0V 时 Tr$_2$ 导通,Tr$_1$ 的栅极电位固定在＋5V,则 Tr$_1$ 截止(开关断开)。

JFET 的选择方法与图 13. 6 的电路相同,只是把 N 沟器件换为 P 沟器件。但是 P 沟 JFET 的缺点是品种比 N 沟器件少(价格也高),而且 g_m 也小。图 13. 14 的电路中使用的是栅极-漏极间电压最大额定值 V_{GD}＝50V,I_{DSS}＝$-1.2\sim$ 4mA(Y 档＝$-1.2\sim-3.0$mA,GR 档＝$-2.6\sim-6.5$mA)的通用 JFET 2SJ105-Y,GR。

如果图 13. 14 的电路像图 13. 15 那样把电平变换电路用电阻内藏晶体管置换,就会减少电路中的元件数目,使电路变得简单(当然图 13. 6 的电路如果采用电阻内藏晶体管,也会变得更简单)。

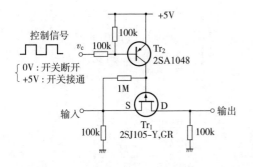

图13.14 采用P沟JFET的模拟开关

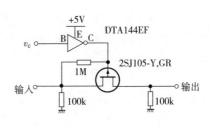

图13.15 采用电阻内藏晶体管使电路
变得简单的模拟开关

13.4.3 利用OP放大器的假想接地的切换电路

在图13.6和图13.14的电路中,利用电阻使栅极电位与源极电位相等,使得JFET导通。这是因为源极电位因输入信号而变动,通过栅极电位追随源极电位的变化,使得维持$V_{GS}=0$V。这就是说栅极电位不是固定的,而是处于自由状态使JFET导通。但是如果把源极电位固定在一定值,使它与输入信号无关,那么栅极电位就不再处于自由状态,给它加一定的电压也能够使JFET导通。

图13.16就是从这种考虑出发,利用OP放大器的假想接地使JFET的驱动方法简单化的模拟开关电路。这个电路通过控制信号选择输入1~4中的某一个来切换输出信号。但是OP放大器是作为反转放大器使用的,所以输入输出的相位反转。

之所以把反转输入端叫做假想接地点,是因为当OP放大器作为反转放大器使用时,如果非反转输入端接地(如图13.16的电路中是用5.1kΩ的电阻接地的),那么反转输入端即使不接地,它的电位也变成了0V。这时把JFET连接在反转输入端即假想接地点上,不管输入信号的大小是多少,源极电位总是固定在0V,所以能够通过给栅极加固定电压使FET接通/断开。

图13.16的电路中,由于使用了P沟JFET 2SJ105-Y、GR,所以控制输入(FET的栅极)为0V(L电平)时就能够导通,为+5V(H电平)时则截止。

FET当然也可以采用N沟JFET。不过这时为了使FET截止必须给栅极加负电压,所以不容易与一般的逻辑电路匹配。

二极管D_1~D_4的作用是当FET截止、输入端输入大的正电压时,防止FET的沟道-栅极间的PN结导通致使电路出现反常动作。如果按图示的方向连接二极管,那么FET的漏极电压不高于+0.6V(=二极管的正向电压降)。

图 13.17 是应用图 13.16 的电路,这个电路能够由数字电路控制反转放大电路增益。当然如果改变输入端与反馈端的电阻比,就能够自由地改变设定增益。不过需要注意如果输入端电阻值太小会使 JFET R_{ON} 的影响变大。

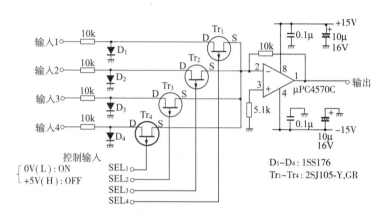

图 13.16　信号切换电路

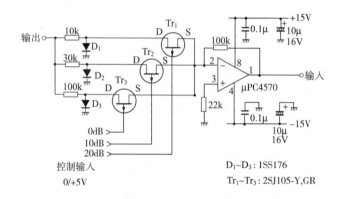

图 13.17　可变增益放大电路

13.4.4　减小 FET 导通电阻影响的 OP 放大器切换电路

前面图 13.16 中 JFET 的导通电阻是与 $10\text{k}\Omega$ 的输入电阻串联的,所以电路的增益随 R_{ON} 的值而改变(如果输入电阻的值小,R_{ON} 的影响会变得更大)。

这种情况下,如图 13.18 所示可以给反馈电阻串联一个型号相同的 FET 以抵消 R_{ON}(为了使源极电位固定在 0V,如图 13.18 那样,把 FET 插入到反转输入端)。

但是为了使输入端与反馈端 JFET 的 R_{ON} 一致,必须使用 I_{DSS} 同一档次的器件

（因为 I_{DSS} 的差值会成为 g_m 的差值，使 R_{ON} 的差值变大，就不能够抵消）。

13.4.5 采用光 MOS 的模拟开关

第 8 章中曾讲到的光耦合器 MOSEFT 是被叫做光 MOS 的放大器件（开关器件）。这个光 MOS 是光耦合器的一种。为了与晶体管光耦合器区别，把用于开关器件的 MOSFET 称为光 MOS（注意，有时会因制造厂家不同叫法也不同）。

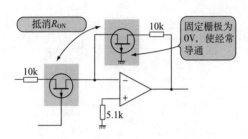

图 13.18 FET 导通电阻 R_{ON} 的修正

图 13.19 是光 MOS HSSR-8200（HP）的内部等效电路。与光耦合器相同使内部的 LED 发光，利用光驱动 MOSFET 的栅极，使之接通/断开。

晶体管光耦合器也能够作为开关器件使用。不过如图 13.3 中所说明的那样，会出现基极电流影响到开关信号的问题。但是光 MOS 的开关器件是 MOSFET，它几乎不会对开关信号带来影响，所以作为模拟开关使用时非常方便。

图 13.20 是使用光 MOS HSSR-8200（R_{ON} 约为百欧，截止时的电阻 R_{OFF}＝10000GΩ，开关速度＝50μs）时的开关切换电路（多路缓冲器）。

光 MOS 的最大特点是光耦合控制端与开关端能够实现完全的电学分离（即使控制端的 GND 与开关端的 GND 不连接也能够工作）。由于控制端的信号对开关端的信号没有任何影响，所以如图 13.20 所示它最适合于切换微小模拟信号等用途。

开关的驱动方法只是驱动与开关器件完全分离的 LED，所以非常简单。图 13.20 的电路就是简单地利用 74HC 系列变换器驱动 LED。

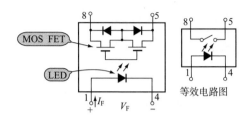

图 13.19　光 MOS HSSR-8200 的内部等效电路

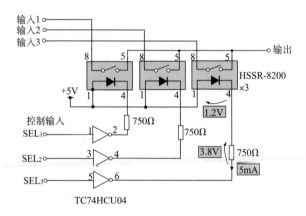

图 13.20　使用光 MOS 的信号切换电路

13.4.6　使用晶体管的短开关

图 13.3 中曾经讲到在输入输出间串联地插入开关器件所形成的模拟开关中不怎么使用晶体管。但是,如图 13.21 所示在输入输出间并联开关器件的短开关却经常使用它。

在这种场合,当开关接通时(输入信号到达输出时)晶体管截止,所以基极电流对于输出信号没有影响。而开关断开时虽然晶体管是导通的,但是由于这时基极电流流入 GND,所以也没有什么问题。

图 13.22 是利用晶体管短开关放大电路的输出电路。这个电路中,如果控制信号 $V_C=0V$(L 电平),内藏电阻晶体管 Tr_1 导通,使 Tr_2 导通,所以是输出截止状态。相反当 $V_C=+5V$ 时,Tr_1 截止,Tr_2 也截止,变为输出导通状态。之所以用 22kΩ 的电阻把 Tr_2 的基极连接在负电源上,目的是当 Tr_2 截止时不使 Tr_2 的基极-集电极间的 PN 结导通(如果用电阻把 Tr_2 的基极接 GND,那么当输出电压比 $-0.6V$ 更负时 Tr_2 的基极-集电极间的 PN 结就会导通)。但是如图 13.22 所示,在处理交流信号的电路中使用晶体管短开关时,必须注意所选择的晶体管。

一般的晶体管集电极-发射极间电流能够流动的方向是确定的(NPN 型的方向是 C→E,PNP 型是 E→C)。只有在这个方向上流动的集电极电流才有 h_{FE},也就是说在反方向上集电极电流的 h_{FE} 极其小。图 13.22 的电路对交流信号当然是短路的,所以集电极电流的方向不确定。因此使用短开关的晶体管必须是对反向集电极电流也具有 h_{FE} 的晶体管。这种对反向集电极电流也具有 h_{FE} 的晶体管叫做"逆向 h_{FE}"。

图 13.22 的电路中使用的是逆向 h_{FE} 为 150 的晶体管 2SC3327(东芝)。

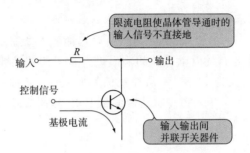

图 13.21　使用晶体管的短路开关

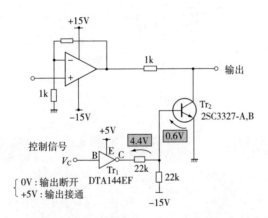

图 13.22　使用晶体管的输出电路

13.4.7　晶体管差动型模拟开关

在 VTR 或电视机内部切换视频信号的部分采用晶体管的模拟开关。这不是在输入输出间串联插入开关器件的形式,而是利用差动放大电路的性质。

图 13.23 是差动型模拟开关的原理图。这种电路当控制信号为 0V 时 Tr_2 截止,Tr_1 进行放大动作。这时的输出是从差动放大电路共同的发射极取出的,所以电路整体变成了射极跟随器在工作,输出的信号与输入完全相同(开关处于接通状

态)。当控制信号为 $+V_{CC}$ 时,Tr_2 完全导通,Tr_1 截止,所以没有信号输出(开关处于断开状态)。

图 13.23 的电路利用了差动放大电路,不过输出是从发射极取出的,是以射极跟随器进行放大,所以对频率很高的信号都能够顺利地处理。这种 IC 化的器件应用于视频信号切换电路——视频开关等方面。

图 13.24 使用晶体管差动放大电路的视频信号切换电路——视频开关电路。这个电路中,当控制信号 $S_1=0V$、$S_2=5V$ 时,由于 Tr_2 截止、Tr_5 导通,Tr_1 作为射极跟随器工作,所以选择输入 1 输出。相反,当 $S_1=5V$、$S_2=0V$ 时,由于变成 Tr_2 导通、Tr_5 截止,Tr_6 作为射极跟随器工作,所以选择输入 2 输出。

Tr_3 和 Tr_4 是把各自的差动开关的输出进行合成的差动放大电路。没有被选择的一方开关的输出变为 4.4V(= 从控制信号的电压 5V 中减去 V_{BE} 的值),所以那边的晶体管截止(因为 Tr_3 和 Tr_4 使用的是 PNP 晶体管),被选择一方连接的晶体管作为射极跟随器工作。

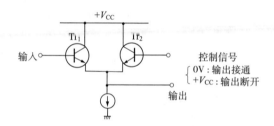

图 13.23 差动型模拟开关

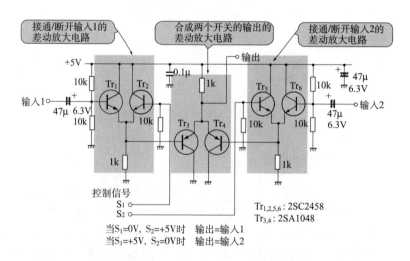

图 13.24 使用晶体管差动放大电路的视频开关

第 **14** 章　振荡电路的设计

放大电路是把输入信号放大并输出的电路。振荡电路是没有输入信号（没有输入端）而发生输出信号的电路。振荡电路按照输出信号的波形可以分为发生正弦波的正弦波振荡电路和发生其他波形（方波和三角波等）的振荡电路两类。这两类振荡电路在原理上是不同的。发生方波或者三角波并没有应用开关电路那样困难。但是产生正弦波却没有那么简单。本章介绍广泛应用于调制电路等模拟电路中的正弦波振荡电路。

14.1　振荡电路的构成

14.1.1　正反馈

我们现在讨论如图 14.1 所示的电压增益（放大倍数）A_v 大于 1，而且输入输出相位差为零（正相）的放大器（非反转放大器）的输出端连接到输入端的电路。电路的输入端产生的噪声——晶体管或者电阻产生的噪声、接入电源时的冲击噪声以及来自外部的电磁感应噪声等，经放大器放大后将呈现在输出端。可是当这个信号再次返回到输入端时，由于放大电路输入输出间相位差为零，所以输入的信号（输出信号）再次被放大并到达输出端。经过这样多次反复，输出信号不断增大，最终达到受电源电压或者偏压关系限制下的最大振幅，产生振荡。这就是振荡的原理。如图 14.1 所示，把输出信号返回到与输出端同相（相位差为零）的输入端，称此为正反馈。在使用输入输出相位差为 180° 的反转放大器的场合，输出信号不断减小，最后变为零。把输出信号返回到与输出端反相的输入端，称此为负反馈。

图 14.1 所示的情况仅仅是产生振荡，但是并不知道振荡的频率是多大。

图 14.2 是在正反馈回路中插入一个频率选择电路（滤波器或者移相器等）。这样一来，只有被频率选择电路选中的频率才能从输出端返回到输入端，这时的振荡频率就是被频率选择电路所选中的频率。而且频率选择电路本来就只允许单一频率成分通过，所以振荡波形变成正弦波。这就是说，所谓振荡电路就是能够给增

益大于1的放大器实施具有频率选择性的正反馈,从而获得所希望的频率信号的电路。后面将介绍的 RC 振荡电路就是利用了这个原理。

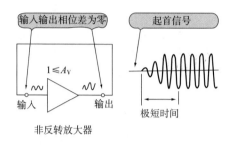

图 14. 1 振荡电路的原理

(把非反转放大器的输入输出间连接,以存在于输入端的微小信号为起源,经过反复放大,产生振荡)

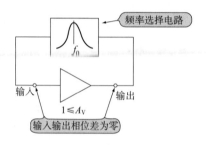

图 14. 2 反馈回路中插入频率选择电路

(在非反转放大器的输入输出间插入滤波器之类的频率选择电路,那么电路就以它所选择的频率振荡)

14.1.2 使用共振电路和负阻元件

同样是振荡电路,也常常会遇到图 14.3 所示那样使用反转放大器的场合。这就是后面将介绍的 LC 振荡电路或者石英振荡电路等。在这样的电路中,直觉上不认为这是正反馈振荡。给反转放大器实施的反馈是负反馈,所以不应该产生振荡。这种情况下就出现了并联共振电路和负阻元件(Negative Resistance Element)。所谓并联共振电路如图 14.4 所示,是将 L 与 C 并联连接的电路,如果 L 和 C 没有损耗,那么在由它们的值所决定的频率 f_0 下,由于 L 和 C 的导纳(阻抗的倒数)相互抵消,就变成从电路两端看到的阻抗是无限大的电路。

如图 14.5 所示,当连接外部电源时,LC 共振电路将在共振频率下振动。这时即使去掉外部电源,电路的电流如图 14.5(b)所示那样也能够继续振动。但是由于电路中存在电阻,所以这种振动会逐渐衰减(变成 $i^2 \cdot R$ 的热量,被消耗),最终变为 $i=0$,就是说振荡停止。

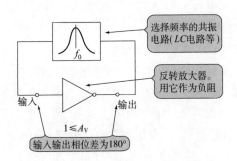

图 14.3 使用反转放大器的振荡电路

(LC 振荡电路是共振电路的基础。为了使振荡不衰减要采用负阻元件)

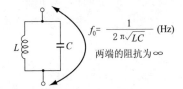

图 14.4 并联共振电路

(如果 L 和 C 的并联电路中没有损耗,存在着 $(1/\omega L)-\omega C=0$ 的状态。这时的 ω,即频率 f_0 叫做共振频率。这时的阻抗为无限大)

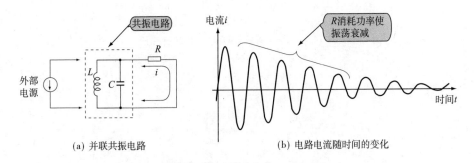

(a) 并联共振电路   (b) 电路电流随时间的变化

图 14.5 有损耗的并联共振电路

(如果给 LC 并联电路加电源,将会产生频率为 f_0 的振动。但是由于实际电路中存在损耗,所以振动逐渐衰减)

14.1.3 负阻元件

在图 14.6(a)所示的电路中把一个负阻元件 я(不是俄语字母,而是 R 的反写)插入并联共振电路。所谓负阻元件,如图 14.7 所示,是具有与电阻完全相反的矢量成分的电路元件。因此在图 14.6(a)中,如果 я=$-R$,那么 я 将与 R 相抵消,电路中就没有损耗,这时就可以像图 14.6(b)所示的那样振动(振荡)会一直持续下去。因此可以认为所谓振荡电路就是共振电路的损耗部分被负阻元件抵消,从而使共振持续下去的电路。实际的电路中要实现负阻并不是那么困难。例如,我们来分析图 14.8(a)所示的发射极接地放大电路的输入电压 v_i 与输出电流 i_o 的关系。

发射极接地放大电路是反转放大电路,当 v_i 增加时输出电压 v_o 减少。如果 v_o 减少那么 i_o 也就减少,所以 v_i 与 i_o 之间具有图 14.9 所示的关系。我们注意到这个曲线的斜率是个负值。如果只考虑 v_i 与 i_o 间的关系,如图 14.8(b)所示,就可以认为在发射极接地放大电路的输入输出之间存在着负阻。

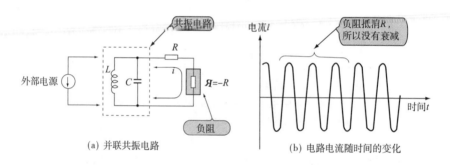

(a) 并联共振电路   (b) 电路电流随时间的变化

图 14.6 考虑到负阻时的并联共振电路

(为了抑制共振电路中振动的衰减,可以接入弥补损耗的负阻)

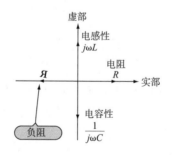

图 14.7 所谓负阻

(用矢量图描绘负阻。按照欧姆定律,由于 $R=V/I$,所以可以认为 я=负的 V/I)

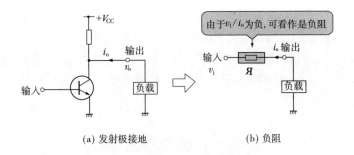

(a) 发射极接地　　　　　　　　　　　　　(b) 负阻

图 14.8　发射极接地放大电路的负阻

(发射极接地电路中输入 v_i 增大时输出 v_o 减少(反转电路);v_o 减少则 i_o 也减少。就是说,v_i 与 i_o 之间的关系是负阻关系)

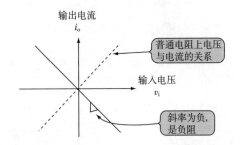

图 14.9　发射极接地放大电路中 v_i 与 i_o 间的关系

(如果加在电阻上的电压增加,流过的电流也增加。但是负阻上发生的现象则相反)

14.2 RC 振荡电路的设计

14.2.1　移相振荡的结构

使用 RC 的正弦波振荡电路也叫做文氏电桥或者移相振荡电路。它是一种基于正反馈的振荡电路。这里简单地介绍移相振荡电路的工作原理。

图 14.10 是移相振荡电路的框图。放大器采用输入输出相位差为 $180°$ 的反转放大器,把一个在特定频率下相位旋转 $180°$ 的移相器(移动相位的电路)插入反馈回路。放大器是 $180°$,移相器是 $180°$,相位一共旋转了 $360°$(返回到 $0°$),所以就变成正反馈,在特定的频率下振荡。

移相器有各种电路形式。图 14.11 是一种经常应用的电路,它是把 3 级 RC 高通滤波器或者低通滤波器级联的电路(用 2 级 RC 不能够使相位反转 $180°$,所以必须 3 级以上)。

图 14.11(a)是高通滤波器级联电路,输出电压的相位相对于输入电压超前。
图 14.11(b)是低通滤波器级联电路,输出电压的相位滞后。不论采用哪种形式的
移相器,都能够在相位旋转 180°的频率下振荡。但是,这种形式的移相器要调整电
路常数比较困难(必须用 3 连可变电容器或者 3 连电位器),所以在可变振荡频率
的电路应用中不使用它。

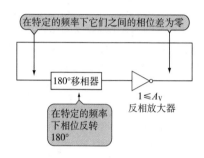

图 14.10 移相振荡电路的框图

(移相器是 180°,放大器是 180°,合起来是 360°的移相电路,成为正反馈。在特定的
频率下振荡)

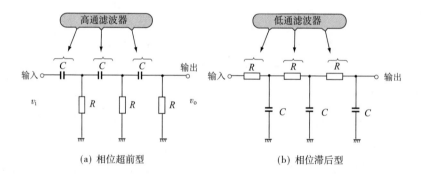

图 14.11 使用 RC 的移相器

(1 级 RC 移相器最多只有 90°的相移,考虑到阻抗的因素,必须有 3 级 RC 电路才能
移相 180°。要改变这 3 级的常数是很困难的)

14.2.2 振荡的条件

现在分析应用图 14.11(a)的相位超前型移相器时的振荡条件。

设图 14.11(a)的电路中的输入电压为 v_i,那么输出电压 v_o 具有下面的关系:

$$v_o = \frac{(\omega CR)^3}{(\omega CR)^3 - 5\omega CR - j[6(\omega CR)^2 - 1]} v_i \qquad (14.1)$$

式(14.1)中为了使相位旋转 $180°$,必须使虚部为零。所以有

$$6(\omega CR)^2 - 1 = 0 \tag{14.2}$$

求解该式,得到

$$f = \frac{1}{2\pi\sqrt{6}\,CR}(\text{Hz}) \tag{14.3}$$

式中,$\omega = 2\pi f$。

在用式(14.3)求得的频率下移相器的输入输出相位差是 $180°$,所以这个频率就成为电路的振荡频率。

另一方面,由于在振荡频率下 v_o 与 v_i 的关系是式(14.1)的虚部为零,那么将式(14.2)的变形($\omega RC = 1/\sqrt{6}$)代入下式:

$$v_\text{o} = \frac{(\omega CR)^3}{(\omega CR)^3 - 5\omega CR}v_\text{i} \tag{14.4}$$

就得到

$$v_\text{o} = \frac{(1/\sqrt{6})^3}{(1/\sqrt{6})^3 - 5/\sqrt{6}}v_\text{i}$$

$$\approx -0.0344 v_\text{i} \approx -\frac{1}{29}v_\text{i} \tag{14.5}$$

给式(14.5)的计算结果置以负号表示输出的相位超前 $180°$。

移相器是由 RC 构成的,所以存在插入损耗。在振荡频率下,如式(14.5)所示有 $1/29$ 的插入损耗。因此,如果反转放大器有 29 倍的电压增益,那么总增益为 1,振荡就能够持续下去。

14.2.3 电路的增益

图 14.12 和照片 14.1 是实际的移相振荡电路。这个电路中,反转放大器采用单管晶体管发射极接地放大电路(发射极接地的输入输出相位差为 $180°$)。由于是用发射极旁路电容器 C_5 将可变电阻(电位器)VR_1 的滑片接地的,所以当 VR_1 的发射极一侧的电阻值为 235Ω($= 6.8\text{k}\Omega/29$)时电路的增益就变为 29。VR_1 在 R_7 一侧的电阻和 R_7 一起与 C_5 并联,所以它的交流电阻是 0Ω。

如果发射极接地的增益达不到 29,振荡将停止。这是因为正反馈环的总增益不够 1。如果增益大于 29,那么振荡将不断增大,这时受到电源电压等因素的限制,输出波形就不能成为正弦波。因此,必须通过调整 VR_1 使正反馈环的增益为 1,这时输出波形就是标准的正弦波。

由于发射极接地电路的输出阻抗高(图 14.12 的电路中是 $6.8\text{k}\Omega$),所以可以接续射极跟随器,在降低输出阻抗后再连接移相器。否则的话,实际的振荡频率与由式(14.3)求得的振荡频率会有较大的偏离。接入的射极跟随器的输入输出相位

差为零,对电路整体的相位没有影响。

移相器采用了图 14.11(a)所示的相位超前型电路。由于设定了 $C=0.068\mu F$,$R=1k\Omega$,所以由式(14.3)得到的振荡频率约是 956Hz。

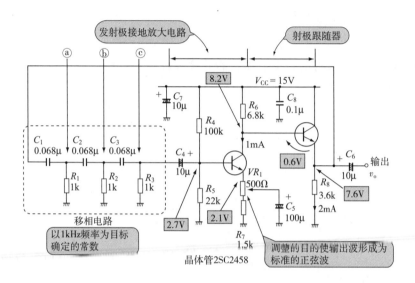

图 14.12　移相振荡电路

(当发射极接地放大电路的放大倍数为 29 时,正反馈环的增益是 1.0,得到非常标准的正弦波振荡。增益用 VR_1 调整)

照片 14.1　制作的实验用 RC 移相振荡电路

(这是射极跟随器输出,所以也可以用作其他的信号源。频率约为 1kHz。缺点是 RC 元件数目较多)

14.2.4 实际的振荡波形

照片 14.2 是实际的输出波形。看到的是大约 $4V_{p-p}$ 很标准的正弦波振荡。振荡频率是 943Hz，与由式(14.3)求得的频率基本一致。

照片 14.3 是输出波形 v_o 与移相器 a，b，c 各点的波形。可以看出相对于放大器的输出 v_o(移相器的输入)，每 1 级 RC 分别有 60°的相位超前，在移相器的输出，如照片 14.3(c)所示相位旋转了 180°。

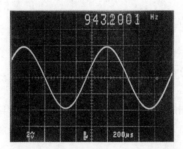

照片 14.2 图 14.12RC 移相振荡器的输出 v_o(200μs/div，2V/div)

(波形调整到更标准的位置。设计值是 956Hz，测定值为 943Hz)

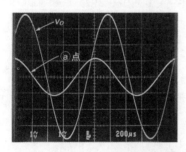

(a) ⓐ点的波形，相位偏离60°

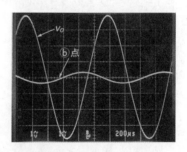

(b) ⓑ点的波形，相位偏离120°

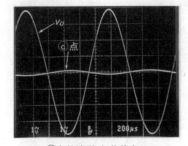

(c) ⓒ点的波形，相位偏离180°

照片 14.3 图 14.12 移相电路各部分的波形(200μs/div，2V/div)

(正弦波输出 v_o 和移相电路各部分的波形。注意 RC 移相电路中振幅的衰减和相位偏离)

移相电路的常数可以根据振荡频率由式(14.3)求出。如果 R 的值过于大,振荡频率会由于发射极接地放大电路的输入阻抗(偏置电路 R_4 与 R_5 的并联值)而受到影响(振荡频率与式(14.3)求得的值不同),所以设定的移相电路电阻值要比次级放大电路的输入阻抗小很多,就是说要低于 1/10。

图 14.12 的电路中,发射极接地放大电路的输入阻抗是 $18\text{k}\Omega$($=100\text{k}\Omega \mathbin{/\mkern-5mu/} 22\text{k}\Omega$),所以设定移相电路的电阻值是它的 1/10,即 $1\text{k}\Omega$。

14.3 LC 振荡电路的设计

14.3.1   应用共振电路和负阻产生振荡

LC 振荡电路是一种用放大器的负阻抵消 LC 共振电路的损耗使振荡持续下去的振荡电路。按照 L 和 C 组合方式的不同可分为哈特莱振荡电路和考毕兹振荡电路两种。

图 14.13 是哈特莱振荡电路和考毕兹振荡电路的简图。这里就振荡电路的工作简单地介绍稳定的变形考毕兹电路。这种电路经常用作几百千赫至~几百兆赫无线电频率的振荡电路。

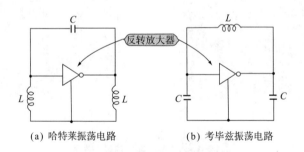

(a) 哈特莱振荡电路   (b) 考毕兹振荡电路

图 14.13   两种 LC 振荡电路

(LC 振荡电路基本上是 LC 共振电路与负阻的组合。负阻是用反转放大电路形成的)

14.3.2   变形考毕兹电路

图 14.14 是使用晶体管的 LC 振荡电路。这个电路是通过把 LC 共振电路接续到射极跟随器式(在后面说明。实际上也可以认为是发射极接地)电路的输入处构成的。

图 14.15(a)是这个电路的交流等效电路。如果以发射极电位为基准,那么图 14.15(a)就变成图 14.15(b)那样。图 14.15(a)中被认为是射极跟随器的放大电路部分在图 14.15(b)中可以看成是发射极接地。由于发射极接地是反转放大电路,所以还可以进一步表示为图 14.15(c)。从这个简图可以看出,它就是图 14.13(b)考毕兹电路的变形(只是多了 C_3 和 C_4)。

反转放大器的输入输出间存在着图 14.8 那样的负阻,它抵消共振电路的损耗,所以就变成了像图 14.15(d)那样完全没有损耗的 LC 共振电路。所以,这个电路在由 L_1 和 C_0 决定的共振频率下持续振荡。这里的 C_0 是从 L_1 两端看到的电容成分,C_3 与 C_1、C_2 串联,而 C_4 与它们并联,所以 C_0 为:

$$C_0 = C_4 + \cfrac{1}{\cfrac{1}{C_1} + \cfrac{1}{C_2} + \cfrac{1}{C_3}} \quad (\text{F}) \tag{14.6}$$

电路的振荡频率 f_0 是 L_1 与 C_0 的共振频率,所以可以由下式求得。

$$f_0 = \frac{1}{2\pi\sqrt{L_1 C_0}} \quad (\text{Hz}) \tag{14.7}$$

把图 14.14 中电路的常数代入式(14.6)、(14.7)求振荡频率,得到 $f_0 = 4.22\text{MHz}(L_1 = 4.7\mu\text{H}, C_0 = 302\text{pF})$。

照片 14.4 是这个电路的输出波形。看到的是约 $1.5\text{V}_{\text{p-p}}$ 的正弦波。振荡频率是 4.15MHz,与式(14.7)求得的值基本一致。

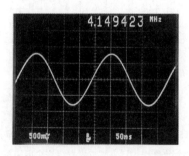

照片 14.4　图 14.14 所示 LC 振荡电路的输出波形(50ns/div,500mV/div)
(计算得到的振荡频率是 4.22MHz。实际测得的振荡频率值是 4.15MHz,振幅为 $1.5\text{V}_{\text{p-p}}$)

14.3.3　确定实际电路的常数

图 14.14 中 L_1 和 $C_1 \sim C_4$ 的值可以根据振荡频率由式(14.7)计算得出,不过

存在着无数种 L 和 C 值的组合。而且如果 L_1 与 C_0 之比值 L_1/C_0 太小的话,在低频下将难以振荡。实际上,特性阻抗 $\sqrt{L_1/C_0}$ 关系到振荡的难易程度。有大致的标准用来确定电感值,即振荡频率为 1MHz 时 L_1 在 $10\mu H$ 以上,10MHz 时 L_1 大于 $1\mu H$。

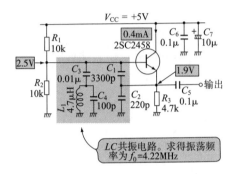

图 14.14　LC 振荡电路的实例

(这个电路叫做变形考毕兹电路。晶体管电路是射极跟随器式的,实际上是发射极
接地电路)

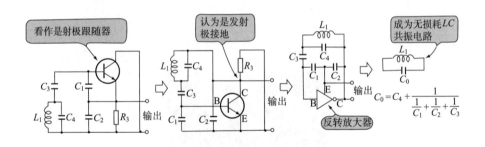

(a) 交流等效　　　　(b) 以发射极电位为基准 (c) 把晶体管简化为放大器 (d) 负阻抵消损耗

图 14.15　图 14.14 所示 LC 振荡电路的等效电路

(把图 14.14 的电路等效地整理、简化后,可以看出这个电路就是无损耗共振电路。
振荡频率由 L_1 和 C_0 决定)

$C_1 \sim C_4$ 中必须注意的是 C_1、C_2 的值以及它们的比值 C_1/C_2。因为 C_1、C_2 的大小以及它们的比值 C_1/C_2 能够控制发射极接地的负阻的大小。如果 C_1/C_2 太小,负阻值将会变大,使电路的振幅增大,波形就会受限制,同时也会增加输出波形中的高次谐波,波形变成有失真的正弦波。反之,如果 C_1/C_2 太大,导致负阻值变小,不能够完全补偿共振电路的损耗,振荡将会停止。

14.3.4 观察振荡波形——C_1、C_2 的重要性

照片 14.5 是图 14.14 的电路中 $C_1 = 1000\text{pF}$，$C_2 = 270\text{pF}$ 时的输出波形。尽管振荡频率相同，但是由于 C_1/C_2 值小，电路的负阻变大，所以波形出现了失真。

照片 14.6 是图 14.14 的电路中 $C_1 = 4700\text{pF}$，$C_2 = 220\text{pF}$ 时的输出波形。这时由于 C_1/C_2 值增大，电路的负阻变小，所以输出波形很漂亮，但是振幅变小了。如果继续这样下去，负阻不能够抵消共振电路的损耗，振荡就会停止。所以应该设定合适的 C_1、C_2 值使波形像照片 14.4 那样，输出波形既要标准，振幅也要最大。但是 C_1 与 C_2 值之比因所使用电感的 Q 值（表征线圈损耗的大小，当线圈的电阻为 r 时，$Q = \omega L/r$）以及振荡频率（高频下晶体管的工作点也会受到影响）而不同，所以要利用逐步逼近法确定。不过在现在的情况下重要的不是进行逐步逼近，而是如前所述在考虑电路振荡状态的同时设定电路常数。由于 C_1、C_2 的值对振荡状态没有那么大的影响，所以应该通过调整频率来确定它们的数值。

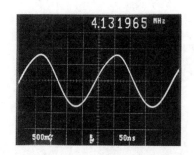

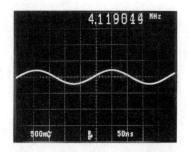

照片 14.5　图 14.14 的 LC 电路中 $C_1 = 1000\text{pF}$，$C_2 = 270\text{pF}$ 时的输出波形（50ns/div，500mV/div）
（与照片 14.4 相比，可以看出振荡频率没有怎么变化，但是波形稍稍失真。C_1/C_2 值小则波形失真）

照片 14.6　图 14.14 的 LC 电路中 $C_1 = 4700\text{pF}$，$C_2 = 220\text{pF}$ 时的输出波形（50ns/div，500mV/div）
（与照片 14.4 或照片 14.5 相比，振幅变小了。这是因为 C_1/C_2 值大，负阻变小的缘故——振荡会停止）

14.3.5 通过缓冲器输出

下面从振荡频率出发就使用的晶体管器件进行讨论。

本电路中，如果振荡频率在数兆赫，可以选择 f_T 为数十兆赫的晶体管；如果振荡频率为 100MHz，那么应该选择 f_T 在数百兆赫以上的晶体管。图 14.14 的实验

中使用的是 2SC2458。关于晶体管的工作点,没有必要那么严格地考虑,设定发射极电流在 0.1mA 至数毫安的范围就可以。但是图 14.14 中如果电路的输出端直接连接负载,这个负载等效为与 C_2 并联接续,这时电路的振荡状态和振荡频率往往会发生变化。因此像图 14.16 那样介入一个缓冲放大器(图 14.16 中是射极跟随器),然后再取出输出。

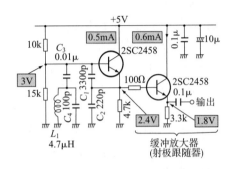

图 14.16　振荡电路的缓冲放大器

(图 14.14 那样的振荡电路中输出负载一侧的特性往往对电容器 C_2 有影响。所以为了安全,在取出输出时要介入射极跟随器)

14.4　石英振荡器的设计

14.4.1　使用石英振子

石英是氧化硅晶体,当对它施加机械应力时会产生电荷;加电压时会发生振动,称此为压电效应。给石英设置电极加电压时所得到的电学的固有振动不怎么受所加电压或者环境温度的影响。因此,如果把石英振子用于振荡电路,将会得到频率非常稳定的振荡输出。所以石英广泛应用于钟表、个人计算机的时钟脉冲、无线电基准信号等方向。石英振荡电路在数字电路中如图 14.17 所示经常应用于使用 CMOS 变换器的方波发生器。这里就晶体管正弦波振荡电路作以介绍。

如图 14.18 所示,电路中石英振子的振动系统可以用 L、C、R 的串联共振电路表示。C_0 是极间电容。

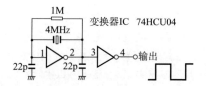

图 14.17 使用 CMOS 变换器的石英振荡电路

（这种电路在数字电路中经常见到。是方波振荡。用作数字电路的基准时钟）

    图 14.19 是石英振子的电抗曲线。这时的 R 非常小，所以可以看成是电抗。从这个曲线可以看到，串联共振频率 f_s（由图 14.18 的 L、C 决定）与并联共振频率 f_p（由图 14.18 的 L、C_0 决定）之间是电感性（电抗为正），其余范围是电容性。一般来说 f_s 与 f_p 之间的频率稳定性好，所以用作振荡频率。由于 f_s 与 f_p 之间是电感性，所以这时石英振子的等效电路如图 14.20 所示，可以用 L' 和 R' 表示。因此，如图 14.21 所示，当电感性石英振子外部连接电容（叫做负载电容）和负阻后就可以构成振荡电路（没有损耗的共振电路）。

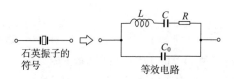

图 14.18 石英振子的等效电路

（石英是氧化硅晶体。具有加电压时振动的压电效应。C_0 是极间电容）

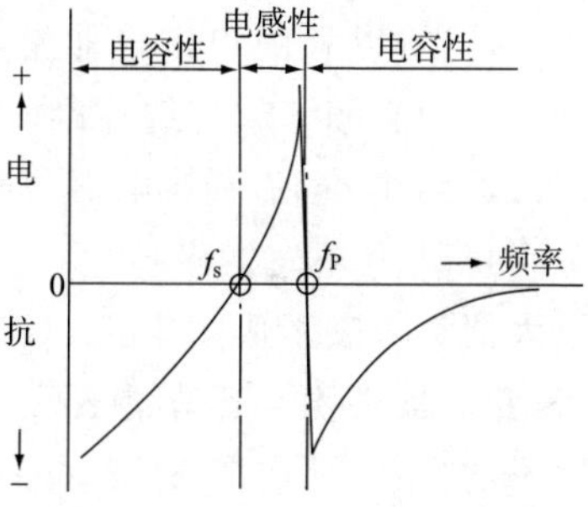

图 14.19 石英振子的电抗曲线

（电抗为零处就是共振点，有两个共振频率 f_s 和 f_p。通常使用 f_s 与 f_p 之间的频率）

图 14.20　石英振子在振荡状态的等效电路

（两个共振频率 f_s 与 f_p 之间的电抗是电感性的,所以这时的等效电路是 $L'+R'$ 的串联电路）

14.4.2　设计振荡电路——考毕兹型振荡电路

图 14.22 是考毕兹型石英振荡电路。这个电路是把图 14.14 中 LC 振荡电路的 L_1 和 C_3、C_4 用石英置换所得到的电路。

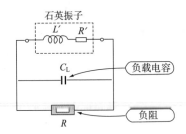

图 14.21　使用石英振子的共振电路

（解开石英振子振荡秘密的关键是负阻。可以用反转放大器获得负阻）

石英的机械加工方法（晶体的切割方法）决定它的振荡频率。另外,振荡频率也因电路中外置电容器（C_1、C_2）的值而变化。但是这种变化的范围非常小,只有约数十 ppm（ppm 是百万分之一）。所以它的稳定性非常好。也就是说电路的振荡频率是由石英振子决定的。所谓确定频率就是选择以该频率振荡的石英振子。

图 14.23（a）是图 14.22 电路的交流等效电路。如果把它进一步变形,图 14.23（b）所示的放大器部分可以认为是发射极接地（与 LC 振荡电路相同）,所以可以把放大器部分用反转放大器符号表示成图 14.23（c）那样。由此可以看出这个电路与图 14.17 使用 CMOS 变换器的石英振荡电路完全相同。如果认为用反转放大器的负阻抵消了石英振子的损耗,那么图 14.23（c）就变成图 14.23（d）那样的无损耗共振电路,它能够持续地振荡。

照片 14.7 是图 14.22 电路的输出波形。看到的是约 $2V_{p-p}$ 的正弦波。这里采用的是 3.579MHz 的石英振子,所以振荡频率也是准确的 3.579MHz。

石英振子可以从专门的生产厂家定购买到。表 14.1 所列各种频率的石英振子都能够从商店买到。如果像图 14.21 那样把石英振子看作是电感,那么它的振荡频率和电抗值在机械加工完成时也就是确定的了,因而也就确定了共振所必须的外加电容 C_L。这个 C_L 叫做负载电容,由石英振子决定它的值(石英振子的数据表中提供有数据)

如图 14.23(d)所示,在图 14.22 的电路中石英振子两端所连接的电容 C_L 为:

$$C_L = \frac{1}{(1/C_1) + (1/C_2)} \ (\mathrm{F}) \tag{14.8}$$

因此,设定 C_1 和 C_2 的值时应该使它们的串联合成值等于石英振子的负载电容。严格的说,不只是 C_1 和 C_2 的值,还应该包含晶体管的输入电容等。

与 LC 振荡电路相同,可以用 C_1、C_2 之比控制负阻的大小,所以根据 C_1、C_2 之比可以改变振荡波形。当然也会使振荡停止。

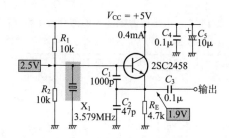

图 14.22　考毕兹型石英振荡电路

(与图 14.14 的 LC 振荡电路比较,可以看出不同之处是用石英振子替换 L_1 和 C_3、C_4)

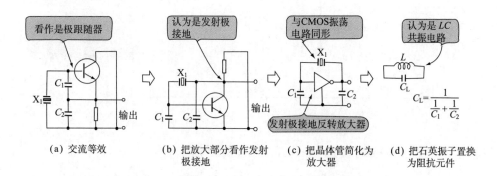

(a) 交流等效　　(b) 把放大部看作发射　　(c) 把晶体管简化为　(d) 把石英振子置换
　　　　　　　　　　极接地　　　　　　　　　　放大器　　　　　　为阻抗元件

图 14.23　图 14.22 的石英振荡电路的等效电路

(把图 14.22 的石英振荡电路变换为简单的等效电路,就是 LC 振荡电路)

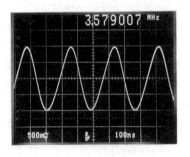

照片 14.7　图 14.22 的石英振荡电路的波形(100ns/div, 500mV/div)

(采用 3.579MHz 的石英振子,看到了标准的正弦波)

表 14.1　市场能够购买到的部分石英振子

(日本秋叶原商店中的 X'tal。X'tal 通常是通过订购就可以买得到的元件)

单位:kHz	单位:MHz	单位:MHz	单位:MHz	单位:MHz	单位:MHz
32.768	1.0	3.58	5.5	10.738635	19.6608
32.100	1.024	3.6864	5.76	11.0	20.0
32.200	1.048576	3.8	6.0	11.0592	22.0
32.262144	1.2288	3.9	6.144	12.0	22.1184
32.3072	1.8432	3.93216	6.4	12.288	24.0
32.32768	2.0	4.0	6.5536	13.0	25.0
32.400	2.048	4.096	7.0	14.0	27.0
32.4096	2.097152	4.194304	7.3728	14.31818	32.0
32.4535	2.4576	4.4	8.0	14.3325	
32.455	2.5	4.5	9.0	14.7456	
32.500	3.0	4.9152	9.8304	15.0	
32.512	3.072	5.0	10.0	16.0	
32.6144	3.2	5.0688	10.24	16.384	
32.640	3.2768	5.12	10.245	18.0	
32.896	3.579545	5.1850	10.7	18.432	

14.4.3　实际的振荡波形——C_1、C_2 的重要性

照片 14.8 是图 14.22 的电路中 $C_1 = 470\text{pF}$, $C_2 = 47\text{pF}$ 时的输出波形。因为 C_1/C_2 之比小,所以波形失真。C_1/C_2 之比因使用的石英振子不同而异。因此确定 C_1、C_2 值时应该采用逐步逼近法,使得输出波形为标准的正弦波。但是如前所述,确定 C_1、C_2 值时应该使它们的串联合成值等于负载电容。如果设定的 C_1、C_2 值过大,偏离负载电容太多(这时振荡频率也发生偏离),这时如图 14.24 所示,需要给石英振子串入电容器以调整电容值。

图 14.24 的电路中,石英振子两端连接的电容 C_L 为:

$$C_L = \frac{1}{(1/C_1) + (1/C_2) + (1/C_3)} \text{ (F)} \tag{14.9}$$

因此,要调整 C_3 使得 C_L 等于负载电容。

选择石英振荡电路中使用的晶体管时与 LC 振荡电路相同,如果石英振子的振荡频率为数兆赫,那么晶体管的 f_T 应为数十兆赫;当振荡频率是 100MHz 时,f_T 应该在几百兆赫以上。关于工作点,同样地可以设定发射极电流在 0.1mA 至几毫安的范围。

另外还应该注意,如图 14.25 所示,如果没有介入缓冲放大器就直接从石英振荡电路取输出,那么连接的负载将会影响到振荡状态和频率。

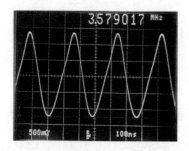

照片 14.8 图 14.22 的石英振荡电路中,把电容改变为 $C_1 = 470\text{pF}$,$C_2 = 47\text{pF}$ 时的输出波形(100ns/div,500mV/div)

(振荡频率没有变化,但是波形严重失真。与 LC 振荡电路相同,是因为 C_1/C_2 比值小)

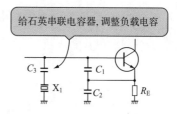

图 14.24 石英振子负载电容的调整

(如果设定的 C_1、C_2 值过大,超出石英振子所定的负载电容时,可以插入 C_3 进行调整)

14.4.4 谐波振荡电路

石英的振荡模式有基波和谐波。所谓谐波模式是利用谐振子本来的振荡频率(基波)的高次谐波的模式。利用三次谐波的模式叫做三次谐波,利用五次谐波的模式叫做五次谐波。石英振子稳定的基波振荡频率大约在 30MHz 附近,振荡频率高于它的石英振子必须利用谐波振荡。

图 14.22 的电路是基波振荡电路。如果需要利用谐波振荡,如图 14.26 所示必须注意要改变电路结构,否则就不能够正常工作。

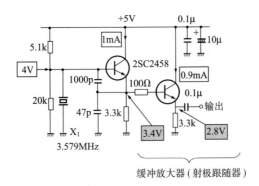

图 14.25   石英振荡电路的缓冲放大器

(与 *LC* 振荡电路相同,负载阻抗会影响到振荡频率。可以用射极跟随器缓冲)

图 14.26 中,通过给振子串联电感,抵消振子的电容成分,很容易在高次谐波下振荡。

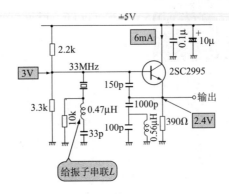

图 14.26   三次谐波石英振荡电路

(石英振子的基波振荡频率在 30MHz 附近,要利用谐波振荡必须采用给石英振子串联电感 *L* 等方法)

14.5　各种振荡电路

14.5.1　FET 移相振荡电路

图 14.27 是放大器采用 JFET 的移相振荡电路。这个电路中由于 JFET 源极接地放大电路采用正、负两个电源,所以移相器的末级电阻(100kΩ)兼作 FET 的

栅极偏置电路(栅极用电阻接地,偏置为 0V)。

在图 14.12 的电路中由于基极偏置电路变成了放大电路的输入阻抗,所以移相器的电阻值不能设定的过大。而图 14.27 的电路中对于移相器的电阻值没有限制(因为没有栅极偏置电路,FET 的输入阻抗非常大)。所以,图 14.27 的电路中移相器的电阻设定值较大,为 100kΩ。这时的振荡频率变为 10Hz。

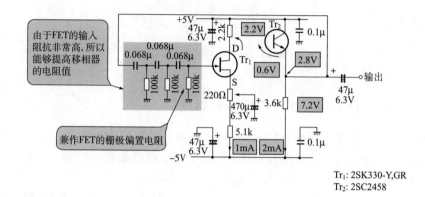

图 14.27　FET 移相振荡电路

14.5.2　*LC* 振荡电路的频率调整

高频电路中使用 *LC* 振荡电路的场合,几乎没有利用计算方法准确获得振荡频率的。这是由于存在着 *L* 和 *C* 的误差、晶体管或 FET 的参数分散性、布线的电容和电感成分等因素的微妙影响。所以,在电路制作完成后必须进行振荡频率的调整。

图 14.28 是能够对图 14.14 的 *LC* 振荡电路的振荡频率进行微调的电路,是把 *LC* 共振电路中 *C* 的一部分用可变电容器替换。通常都是通过调整 *LC* 共振电路的 *L* 或者 *C* 来调整振荡频率的。在这种场合,*LC* 共振电路中的 *L* 或 *C* 并不都是可变的,只是调整它的一部分。图 14.28 中,就是把共振电路中总电容 *C* 中的一部分用可变电容器替换的。由于振荡方式不同,*L* 和 *C* 会形成复杂的共振电路,当改变一处的 *L* 或 *C* 时,不仅可以改变振荡频率,而且往往连同振荡状态(也就是负阻的值)也一起改变了。不过好在这里所介绍的变形考毕兹电路的一个重要特点就是能够分别设定振荡频率和负阻的值(严格地说这时串联到振荡电路中的电容 C_3 值必须小)。图 14.28 的电路中,负阻值是由 C_1 和 C_2 之比决定的,所以即使少许改变 *LC* 共振电路的 *C* 值也不会改变振荡状态。

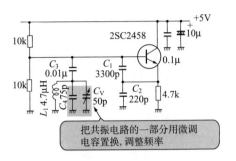

图 14.28 振荡频率的调整

14.5.3 使用 MOSFET 的 *LC* 振荡电路

图 14.29 是使用 MOSFET 的 *LC* 振荡电路。振荡频率与图 14.14 的电路相同是 4MHz。使用的是耗尽型 MOSFET,如果设定栅极偏置电压为 0V,就可以把栅极偏置电路简化(用 1 个电阻偏置)。

如果再省略 *LC* 共振电路的串联电容,就变成图 14.30 所示的那样,那么还可以去掉栅极的偏置电阻。这个电路是以线圈的直流电阻把 FET 的栅极接地为 0V 的。

使用 MOSFET 时确定振荡电路各部分常数的方法和使用晶体管的场合完全相同。但是由于 FET 的数据表中不提供与晶体管 f_T 相当的参数,所以必须从其他参数中推测它能够工作的频率。

在使用 2SK241 的场合,由图 3.18 的正向传输导纳 $y_{fs}(=g_m)$ 的频率特性看出大约可以工作到 200MHz。

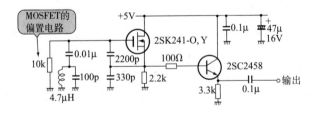

图 14.29 应用 MOSFET 的振荡电路(1)

14.5.4 应用陶瓷振子的振荡电路

陶瓷与石英相同也具有压电效应,所以可以作为振子应用于振荡电路。图

14.31 是应用陶瓷振子的振荡电路。这个电路可以认为是图 14.22 变形考毕兹电路中的石英振子被陶瓷振子置换后的电路。

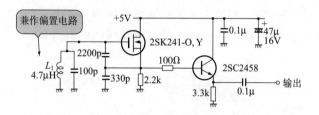

图 14.30 应用 MOSFET 的振荡电路(2)

陶瓷振子的等效电路与石英振子完全相同(参见图 14.18)。所以其振荡电路也可以采用与石英振子完全相同的电路(使用振子的电感性电抗部分,外接 C 构成共振电路)。陶瓷振子的振荡频率由陶瓷本身的材质和形状等决定。图 14.31 的电路中使用的是 11.2MHz 的陶瓷振子 CSA11.2MT040(村田制作所),所以电路的振荡频率也是 11.2MHz。但是陶瓷振子电抗的电感性范围(图 14.19 的 f_s 与 f_p 之间)比石英振子宽几十倍,所以设定频率的精度和稳定性(温度变化和长期稳定性)也比石英振子差。

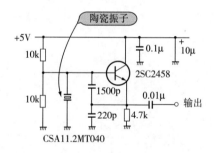

图 14.31 应用陶瓷振子的振荡电路

14.5.5 集电极输出的石英振荡电路

图 14.32 是从晶体管的集电极取出输出的石英振荡电路。这个电路在晶体管的集电极接入与振荡频率谐振的 LC 调谐电路,只取出石英的振荡频率。

在振荡电路的输出中,除了振荡频率 f_0 之外,还含有 f_0 整数倍的高次谐波(当然通过对振荡电路各部分常数的调整,可以减少高次谐波的成分)。

如图 14.32 所示,如果使用调谐电路阻断高次谐波,就能够获得不含有高次谐

波的理想的输出。调谐电路采用了 LC 并联共振电路,所以可以用式(14.7)求出
它的共振频率。该电路中,$L=10\mu\mathrm{H}$,$C=100\mathrm{pF}$,所以在 5MHz 谐振。

　　像这种在晶体管的集电极插入调谐电路的情况,为取出输出的耦合电容值可
以设定的小一些。其目的是振荡电路次级所连接电路的电容不影响到调谐电路
(把耦合电容和次级输入电容串联起来的电容是与调谐电路并联着的)。

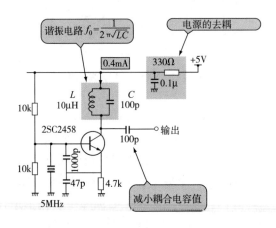

图 14.32　集电极输出的石英振荡电路

第 15 章　FM 无线话筒的制作

一二十年以前,就经常有自制 AM 无线电、FM 无线电、无线电发报机的高频设备的报道。当时自制这些设备使用的线圈、可变电容器之类的部件都可以方便地购买到。利用这些部件以及真空管、高频晶体管等就能够自制上述高频设备。

但是现在高频电路已经 IC 化,从前端到 FM/AM 检波都集成在一个芯片上已经不是新奇的事情。由于 IC 化,使得性能得到很大提高。不过这里使用的高频部件都是诸如 μPC×××用线圈、MC×××用 OSC 线圈、×××用陶瓷滤波器之类适合制作 IC 的部件,而且对于业余爱好者来,往往难以得到。

这里。我们返回到自制高频设备的起点,作为第 14 章正弦波振荡电路的应用设计并制作 2 管晶体管 FM 无线话筒。如果把话筒换成低频电路的输出,就成了微型 FM 发射极。

15.1　无线话筒的结构

15.1.1　频率调制音频信号——FM

图 15.1 是 FM 无线话筒的框图。话筒输出的音频信号被低频放大电路(AF AMP:Audio Frequency AMP)放大,通过频率调制(以下记作 FM:Frequency Modulation)电路变换为 FM 波。FM 波再进一步经过高频放大电路(RF AMP:Radio Frequency AMP)进行功率放大,就可以作为电波由天线飞向天空。这个框图中最重要的部分就是频率调制电路。

所谓 FM 就是用调制信号(拟由电波载运的信号)对载波以频率偏移的方式进行调制。如图 15.2 所示,如果想用调制信号(在这里就是声音)改变振荡器的振荡频率,就需要 FM。

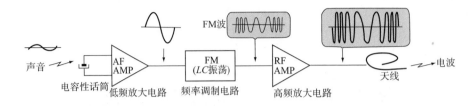

图 15.1　FM 无线话筒的框图

(把声音低频放大后对 *LC* 振荡电路进行调制(FM),如果从 RF 级输出,就成为 FM
无线话筒。为了违纪及电波法,RF 的输出要小,天线功率也要弱些)

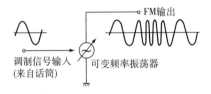

图 15.2　FM 调制电路

(用声音信号作为调制信号,用这个信号对产生载波对频率可变的振荡器进行调
制,就是频率调制)

15.1.2　FM 调制的构成

图 15.3 是使用 *LC* 振荡器的 FM 调制电路。这个电路曾经在第 14 章介绍过,
是通过改变并联在变形考毕兹型振荡电路线圈上的电容器 C_V 的电容值使振荡频
率发生变化的电路。这个电路中,如果增大 C_V 的值,振荡频率将降低;如果减小它
到值,振荡频率就升高。因此,设定 C_V 变化中间值的振荡频率为载波频率,那么就
能够产生以载波频率为中心偏移的 FM 信号。

能够改变电容值的器件有称为变抗器(Varactor)或者称为变容二极管(Vari-
Cap)的电容量可变的二极管。这是一种利用半导体 PN 结反向偏置时的势垒电容
特性的器件,如图 15.4 所示,它的极间电容的变化反比于所加的电压。这种形式
的 FM 调制电路中,为了使振荡频率不受环境温度和湿度等环境气氛到影响(使频
率改变的因素只能是调制信号),通常如图 15.5 所示,采用 PLL(Phase Locked
Loop,锁相环)把振荡电路(调制电路)的振荡频率稳定在石英精度。在没有采用
PLL 的场合,也有改变频率稳定性好的石英振荡电路的频率,进行 FM 调制的方
法。

但是,这样会使电路变得非常复杂。所以这里设计的电路还只限于利用电容
器进行温度补偿。完成电路的制作并经确认后,即使不采用 PLL,也可以使电路获

得足够的温度稳定性。

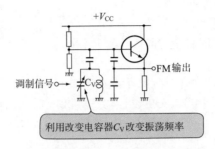

图 15.3 采用 *LC* 振荡器的 FM 调制电路

(C_V是与调制信号大小成比例地改变电容量的电容器。如果 C_V 是固定的，那就是普通的 *LC* 振荡电路；如果 C_V 是可变的，就能够改变振荡频率——就是调制）

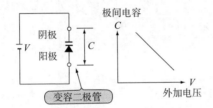

图 15.4 变容二极管

（对二极管加反偏压，它的结电容会发生变化。结电容变化显著的二极管叫做变容二极管）

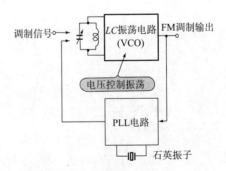

图 15.5 采用 PLL 的 FM 调制电路

（PLL 由石英振子和相位比较器组成，它能够使 *LC* 振荡的载波频率平均值保持一定。必须使 PLL 的响应比调制信号的变化慢得多）

15.2　无线话筒的设计

15.2.1　无线话筒的设计指标

为了能够用 FM 收音机进行接收,设计指标中载波频率设定为 80MHz。电源用 2 节 3 号电池(串联 3V)。图 15.6 是设计的 FM 无线话筒的电路图。照片 15.1 是实际制作的无线话筒。

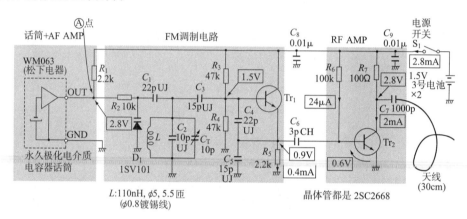

图 15.6　设计的 FM 无线话筒

(话筒中使用内藏 FET AF 放大器的永久极化电介质电容器。有 FM 调制用和 RF 放大器用两个晶体管。f_T 在 400M~500MHz 以上。要注意,LC 振荡电路周围的电容器要采用温度补偿型)

照片 15.1　制作的无线话筒的外观

(这样的高频电路也可以像一般电路那样组装。当然制作的小型话筒要尽量保证它的性能及稳定性)

15.2.2　话筒和 AF 放大器

话筒采用永久极化电介质电容器话筒 WM063（灵敏度 −64dB，消耗电流 0.5mA$_{max}$，松下电器）。这种话筒内藏使用 FET 的话筒放大器，输出端与电源间接有 2.2kΩ 的电阻（负载电阻），能够得到 mV 量级的输出电压。

为了改善 FM 播送的高音域 SN，在发射端抬高了高端频率特性（预加重），在接收端为使频率特性还原（平坦）而降低高端频率特性（去加重）。

考虑到无线话筒需要用 FM 接收机接收，AF 放大器的输出也需要预加重。

但是在一般的无线话筒中，为了改善音质有意识地降低高端频率特性，所以这种电路没有预加重（否则电路会变得复杂）。如果不预加重，那么由于去加重的作用，这时从 FM 接收机得到的频率特性降低了高端特性，得到了柔和的音质。

15.2.3　FM 调制电路的构成

如前所述，FM 调制电路利用变容二极管来控制变形考毕兹型振荡电路的振荡频率。振荡电路的晶体管 Tr_1 采用 f_T＝550MHz 的高频放大用晶体管 2SC2668（东芝）（也可以使用 f_T 在 400M～500MHz 以上的其他型号的晶体管）。

表 15.1 列出 2SC2668（东芝）的参数。Tr_1 的基极电位用 R_3 和 R_4 固定在 1.5V，发射极电流用 R_5 设定为 0.4mA（≈(1.5V−0.6V)/2.2kΩ）。

改变频率用的变容二极管 D_1 采用 1SV101（东芝）。表 15.2 列出 1SV101 的参数。

图 15.7 是 1SV101 电容量与反向电压的关系曲线，图 15.8 是它的 Q 值（性能参数，Q 值愈高，电容器的损耗愈小）与反向电压的关系曲线。

如图 15.7 所示，1SV101 在 2～14V 反向电压范围内电容值的变化范围大约在 40～8pF 之间。从图 15.8 可以看出，当电压升高到一定程度时 Q 值下降。因此，通常变容二极管的偏压采用直流电压。这样变容二极管的电容量在加偏压的值为中心的范围内变化。由于这个电路是利用永久极化电介质电容器话筒输出的直流电位（约 2.8V）作为变容二极管的偏压，所以话筒的输出介入 R_2 与 D_1 连接。根据图 15.7 的曲线，D_1 是以 30pF 为中心变化。电阻 R_2 的作用是为了减小变容二极管的阴极（也是振荡器共振电路的一部分）与话筒输出端之间的电容耦合，这里取 R_2＝10kΩ。

图 15.9 是变容二极管部分的等效电路。通过 R_2 与话筒的输出分离，等效为 D_1 的电容 C_{D1} 与 C_1 串联，连接到振荡器的共振电路。

表 15.1　2SC2668 的特性

（外形与 2SC2458 等相同。可用于高频,反馈电容小,噪声系数 NF 为 2.5dB）

(a) **最大额定值**（$T_a = 25℃$）

项　　　目	符号	额定值	单位
集电极-基极间电压	V_{CBO}	40	V
集电极-发射极间电压	V_{CEO}	30	V
发射极-基极间电压	V_{EBO}	4	V
集电极电流	I_C	20	mA
基极电流	I_B	4	mA
集电极损耗	P_C	100	mW
结区温度	T_j	125	℃
保存温度	T_{stg}	$-55～125$	℃

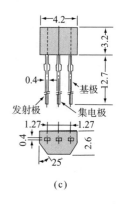

(c)

(b) **电学特性**（$T_a = 25℃$）

项　　　目	符号	测定条件	最小	标准	最大	单位
集电极截止电流	I_{CBO}	$V_{CB}=40V, I_E=0$	—	—	0.5	μA
发射极截止电流	I_{EBO}	$V_{EB}=4V, I_C=0$	—	—	0.5	μA
直流电流放大倍数	h_{FE}注	$V_{CE}=6V, I_C=1mA$	40	—	200	
反馈电容	C_{re}	$V_{CE}=6V, f=1MHz$	—	0.70	—	pF
特征频率	f_T	$V_{CE}=6V, I_C=1mA$	—	550	—	MHz
$C_c \cdot r_{bb'}$ 积	$C_c \cdot r_{bb'}$	$V_{CE}=6V, I_E=-1mA, f=30MHz$	—	—	30	ps
噪声系数	NF	$V_{CC}=6V, I_E=1mA,$	—	2.5	5.0	dB
功率增益	G_{pe}	$f=100MHz$	—	18		dB

注：h_{FE}分类　$R:40～80, O:70～140, Y:100～200$。

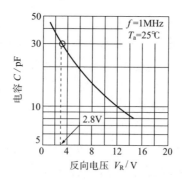

图 15.7　1SV101 的电容量与反向电压的关系

（变容二极管 1SV101 在 2～14V 的反向电压范围内电容值大约在 40～8pF 之间变化）

表 15.2 变容二极管 1SV101 的特性

（这种变容二极管本来用于 FM 调谐设备的电子调谐。外形与晶体管 2SC2668 等相同，但是中间的管脚被截断）

(a) **最大额定值**（$T_a = 25℃$）

项　目	符号	额定值	单位
反向电压	V_R	15	V
结区温度	T_j	125	℃
保存温度	T_{stg}	$-55 \sim 125$	℃

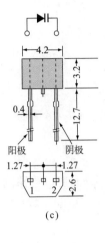

(b) **电学特性**（$T_a = 25℃$）

项　目	符号	测定条件	最小	标准	最大	单位
反向电压	V_R	$I_R = 10\mu A$	15	—	—	V
反向电流	I_R	$V_R = 15V$	—	—	10	nA
电容	C_{3V}	$V_R = 3V, f = 1MHz$	28	—	32	pF
电容	C_{9V}	$V_R = 9V, f = 1MHz$	12	—	14	pF
电容比	C_{3V}/C_{9V}	—	2.0	—	2.7	—
串联电阻	r_s	$C = 30pF, f = 50MHz$	—	0.3	0.5	Ω

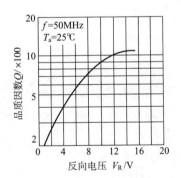

图 15.8 1SV101 的 Q 值与反向电压的关系

（当直流电压升高到一定程度时 Q 值不再上升。Q 值表示电抗成分与串联电阻成分之比）

15.2.4 振荡电路的构成

振荡电路中使用的线圈是把 $\phi 0.8$ 镀锡线绕成内径为 5mm、5.5 匝的空心线圈(可以将线材用 $\phi5$ 的钻头绕制而成)。如果没有 $\phi0.8$ 的镀锡线,也可以采用 $\phi0.5$ 以上的软铜线或者漆包线。照片 15.2 是这里使用的线圈。这个线圈的电感量是 110nH。

图 15.9　变容二极管部分的等效电路

(现实的电路(a)中 R_2 是为了减小与话筒的电容耦合而插入的电阻。实际上如图
(b)所示,电容器 C_1 与变容二极管 C_{D1} 串联连接到振荡器的共振电路)

图 15.10(a)是共振电路部分的电路图。这个共振电路可以变形为图 15.10(c)那样,所以电路的振荡频率 f_C(也就是载波频率)为

$$f_C = \frac{1}{2\pi\sqrt{LC}} \ (\text{Hz})$$

式中,$C = \dfrac{C_1 \cdot C_{D1}}{C_1 + C_{D1}} + C_2 + C_T + \dfrac{C_3 \cdot C_4 \cdot C_5}{C_3 \cdot C_4 + C_4 \cdot C_5 + C_5 \cdot C_3}$

$C_{D1} = 30\text{pF}$(由图 15.7),微调电容 $C_T = 5\text{pF}$(认为在 $0\sim10\text{pF}$ 范围变化,取其中间值),所以可以求得 f_C 为:

$$f_C = \frac{1}{2\pi\sqrt{110\text{nH} \times 33.3\text{pF}}}$$
$$\approx 83.2\text{MHz}$$

实际的电路中,由于 Tr_1 的输入电容和布线电容的影响,f_C 约为 80MHz。

为了求微调电容器所能够改变的 f_C 的范围,设 $C_T = 0\text{pF}$(实际上不为零)和 $C_T = 10\text{pF}$,分别计算 f_C 得到

$$f_C \mid_{C_T = 0\text{pF}} \approx 90.2(\text{MHz})$$
$$f_C \mid_{C_T = 10\text{pF}} \approx 77.5(\text{MHz})$$

就是说,对于 83.2MHz,f_C 的调整范围大约在 $+7$,-6MHz 之间。

当温度变化时,线圈使用的线材会发生伸缩引起电感量的变化,所以振荡频率也会发生变化(比较严格)。但是这里的共振电路使用的电容器具有与线圈相反的温度特性,所以相互抵消。如果温度升高,线圈的线材收缩,导致电感量增加。如果采用具有负温度特性的电容器(温度升高时电容量减少),就能够进行温度补偿。

表 15.3 是陶瓷电容器的温度系数以及允许误差的符号。在这个电路中 $C_1\sim$ C_5 使用的是 UJ(温度系数 U,温度系数允许误差 J———$750\pm120\text{ppm}/\text{℃}$)的陶瓷

电容器。

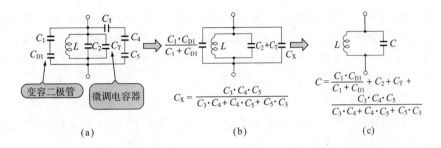

(a) (b) (c)

图 15.10 共振电路部分的等效电路

（共振频率为 $\dfrac{1}{2\pi\sqrt{LC}}$（Hz），所以振荡（载波）频率 f_C 约为 80MHz。用微调电容 C_T 调整频率）

照片 15.2 自制的线圈 $\phi5$,5.5 匝,110nH。

（把 $\phi0.8$ 镀锡线用 $\phi5$ 的钻头绕制而成。如果没有 $\phi0.8$ 的镀锡线，也可以用 $\phi0.5$ 以上的软铜线或者漆包线）

表 15.3 温度补偿用陶瓷电容器的规格

（普通陶瓷电容器的特点是体积小、介电常数高，缺点是温度特性差。这里所说的温度补偿正是利用这种温度特性。它按照温度系数分档）

温度系数的符号	C	R	S	T	U
温度系数/(ppm/℃)	0	-220	-330	-470	-750

温度系数允许误差的符号	G	H	J	K
允许误差/(ppm/℃)	±30	±60	±120	±250

（例）CH$=0\pm60$（ppm/℃）

UJ$=-750\pm120$（ppm/℃）

15.2.5 RF 放大器的构成

RF 放大器中使用的晶体管 Tr_2 与 FM 调制电路中的相同,是 $f_T = 550\mathrm{MHz}$ 的 2SC2668。放大器是发射极接地形式,把发射极直接接地以提高放大倍数。

如图 15.11 所示,集电极负载多采用 LC 调谐电路,具有频率特性。不过在这个电路中为了减少元件数目和调整点采用了电阻负载。而且,为了不降低集电极电阻 R_7 与 Tr_2 的输出电容、布线电容所构成的低通滤波器的截止频率,对 R_7 取较小的值。这里取 $R_7 = 100\Omega$。为了尽量减少部件的数目,Tr_2 采用了称为固定偏置电路的非常简单的偏置方法。

图 15.12 就是固定偏置电路。这个电路中偏置电流 I_B 只是通过电阻 R_B 从电源流向基区。集电极电流 I_C 是 I_B 的 h_{FE} 倍。

当环境温度变化时,如果固定偏置电路中的 V_{BE} 发生变化,那么 I_B 也将变化,I_C 会跟着变化。而且晶体管 h_{FE} 的分散性也会直接影响到集电极电流的设定值。不过,这个电路中即使工作点和增益有少许变化也不妨碍它的应用,所以是简单而且方便的电路。

图 15.6 的电路中,设定 $R_6 = 100\mathrm{k}\Omega$,所以基极电流 I_B 为 $24\mu\mathrm{A}(= (3\mathrm{V} - 0.6\mathrm{V})/100\mathrm{k}\Omega)$。这时的集电极电流 I_C 为 $2\mathrm{mA}(Tr_2$ 的 h_{FE} 约为 83)。

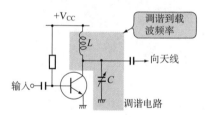

图 15.11   以调谐电路作为负载的 RF 放大器

(一般的 RF 放大器中,为了使输出电路的放大倍数的峰值处于载波频率附近,多采用以调谐电路作为集电极的负载。当然这样会使电路以及调整变得复杂)

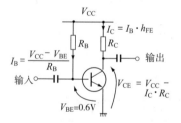

图 15.12   发射极接地固定偏置电路

(在允许工作点和增益有少许变化的场合,可以采用 1 个电阻 R_B 固定偏置的方法。I_C 电流是 I_B 的 h_{FE} 倍。不过需要注意 I_B 容易受环境温度和电源电压变化的影响)

为了延长电池使用时间,当希望减小电路的消耗电流时,可以取 $R_6 = 220\text{k}\Omega$,能够把集电极电流限制在 1mA 的程度。但是发射的电波也减弱了。

RF 放大器的输入阻抗在 80MHz 附近并不高,所以如果与 FM 调制电路耦合的电容器 C_6 的值过大,就会对振荡状态产生影响。所以用 $C_6 = 3\text{pF}$ 较小的电容耦合。C_6 的温度系数与振荡电路没有关系,所以使用 CH 型($0 \pm 60\text{ppm}/℃$)电容器。

RF 放大器的输出被耦合电容器 C_7 隔断直流成分后输送到天线。为了降低高频阻抗,C_7 的值取 1000pF。在 80MHz 下 1000pF 的阻抗是 2Ω,阻抗值非常低。

15.2.6 天 线

对于天线来说,只须设置一根电线(线状天线)。一般天线的长度设定为电波波长的 1/2(为了在天线上产生驻波)。如果载波频率为 80MHz,那么波长 λ 为:

$$\lambda = \frac{c}{f} \approx \frac{3 \times 10^8\,\text{m/s}}{80\text{MHz}} = 3.75\text{m}$$

式中,c 是电波的速度(=光速)。所以天线的长度为 1.9m。

但是,这个电路中如果接 1.9m 的天线的话,会发射很强的电波,有可能超出电波法所规定的范围。所以把天线的长度限制在 30cm 的程度。

15.2.7 电路的调整方法

照片 15.3 是调整微调电容 C_T 分别使载波频率 f_C 为最低值(约 75MHz)和最高值(约 86MHz)时 Tr_2 的集电极波形(未调制)。可以看出通过调整 C_T,基本上像设计要求那样 f_C 在 $80 + 6, -5\text{MHz}$ 之间。如果再采用压缩或拉伸线圈绕线间隔的方法改变电感值,还可以获得更宽的频率变化范围。

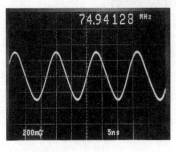
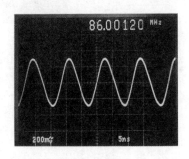

(a) $f_C = 75\text{MHz}$ (b) $f_C = 86\text{MHz}$

照片 15.3 Tr_2 的集电极波形(5ns/div, 200mV/div)

(调整微调电容器 $C_T = 10\text{pF}$,确认载波频率的调整范围。最低值为 75MHz,最高值为 86MHz,基本上与设计值一致)

f_C的调整要与 FM 接收机希望接收的频率一致(最初只要与 f_C 可变范围的中心频率 80MHz 一致就可以),在无线电接收机的近处(把无线话筒的天线绕到接收机的天线上)调整 C_T,如果接收机调谐(如果接收),就说明与 f_C 一致。

即使希望设定的频率已经被广播电台使用,根据所谓"如果是同一频率,将选择接收电波强的发射台"的 FM 广播的性质(FM 的选择性),只要接收机的附近有无线话筒,它就将被选择接收,就可以进行调整。反过来,即使是广播电台已经使用的频率,调谐时也许容易消除它的声音。当然,如果有频率计数器或者测试振荡器(利用共振测定频率的仪器),就可以用它进行准确的调整。

15.2.8　电路的性能

照片 15.4 是由低频振荡器直接向图 15.6 的 A 点输入 1kHz、30mV$_{rms}$ 的正弦波时接收机(FM 调谐器)的输出波形。这时总谐波失真(也包含接收机的失真)约为 0.1%。这个值对于实用是足够了,可以看出 FM 调制电路的直线性(调制信号与频率偏离的关系)很好。

另外,这时的频率偏移为 ±75kHz(以 f_C 为中心)。图 15.13 是 FM 接收机的中频放大电路(载波变换为 10.7MHz 后)在这时的频谱。

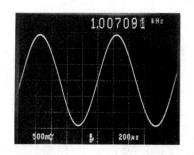

照片 15.4　发射 1kHz 的正弦波时接收机的输出波形

(200μs/div,500mV/div)

(观察到 FM 调谐器的音频输出与输入相同,也呈现 1kHz 的成分。测定失真的结果是 0.1%,这个值在实用上足够了)

15.2.9　如果希望变更频率偏移

如果使用的话筒输出电平太小,就得不到大的频率偏移。这时接收到的音量就变小了。这种情况下,增大与变容二极管串联的电容器 C_1 的值,就能够得到大的频率偏移。相反,如果接收到的音量过大,那么只要减小 C_1 值,使频率偏移变小就也可以了。但是,改变 C_1 时不仅能使频率偏移,而且连载波频率也都改变了。所以为了维持当前的频率,还必须同时改变 C_2 的值。大体上,当 $C_1 = 30\text{pF}$ 时,$C_2 = 7\text{pF}$;$C_1 = 15\text{pF}$ 时 $C_2 = 12\text{pF}$。

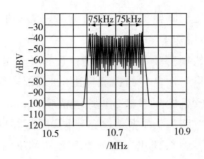

图 15.13　接收机中频放大电路中的频谱(频率偏移为 $\pm 75\text{kHz}$)

(FM 接收机的中频是 10.7MHz。这是变换为中频后频谱的实测值。输入信号 1kHz、30mV 直接加到电路的 A 点)

15.3　FM 无线话筒的应用电路

15.3.1　给 RF 放大器附加调谐电路

图 15.14 是把图 15.6 中 RF 放大器部分的集电极负载换为调谐电路后的电路。调整微调电容器使调谐频率与发射频率一致,这时发射频率下 RF 放大器的增益变得非常大,使电波发射能够到达的距离变远了。而且由于 RF 放大器只放大发射频率,所以发射输出的寄生信号(Spurious)——不必要甚至有害的信号成分变小了。

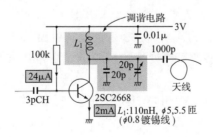

图 15.14　把 RF 放大器负载换为调谐电路后的电路

用接收信号仪——测定电波强度的仪器对调谐电路进行调整,如果得到最大的指示就可以了。

15.3.2　振荡电路中采用陶瓷振子(1)

图 14.31 中介绍过使用陶瓷振子的振荡电路,如果利用变容二极管增减振子的负载电容,那么也能够用作 FM 调制器。

陶瓷振子振荡电路的振荡频率不怎么随温度或电源电压变化。因此,应用于无线话筒能够得到频率稳定性良好的振荡输出(如果频率稳定性差,与无线话筒的频率变动保持一致的接收机的频率也必须跟着改变)。

但是陶瓷振子振荡电路与 LC 振荡电路不同,振荡频率不能有大的改变(频率稳定性好就意味着频率不怎么变化),所以在用作 FM 调制电路的场合,不能够加较大的调制。

在这种情况下,采取的办法不是像图 15.6 那样直接对载波振荡电路加调制,而是先对频率比较低的振荡电路加调制,然后再倍增这个频率——用某种方法提高频率——后使用。例如,当把频率倍增 5 倍时,倍增前 $\pm 10\text{kHz}$ 的调制经过倍增 5 倍后就变为 $\pm 50\text{kHz}$ 的调制,这样就使频率调制的幅度变大了。

图 15.15 是使用陶瓷振子的无线话筒电路。电路的构成与图 15.6 相同,有话筒放大器,FM 调制电路,RF 放大器。这个电路的主要特点是陶瓷振子在 17MHz 比较低的频率下振荡。

通常,振荡电路的输出中包含有振荡频率 f_0 整数倍的高次谐波($2f_0$, $3f_0$, $4f_0$,…)。在这个电路中,RF 放大器只是把包含于 FM 调制电路输出中的 17MHz 的 5 次谐波取出进行放大。因此输出频率就成为 85MHz($=17\text{MHz} \times 5$)。

但是图 15.15 的电路不能够像图 15.6 那样用话筒的输出(mV 量级)直接驱动 FM 调制电路(因为陶瓷振子振荡电路频率的变化范围狭窄,话筒的输出处的电平过小),所以追加了 1 级单管晶体管话筒放大器。

话筒放大器的输出在介入耦合电容和 $10\text{k}\Omega$ 的电阻后驱动变容二极管。由于变容二极管不加直流偏置就不无法作为电容器工作,所以这个电路使用了 2V 的齐纳二极管(HZ2BLL)作为简易而且稳定的偏置电路。之所以要求稳定的偏置电路,是为了防止因电池消耗而使变容二极管的偏置电压变化,从而导致载波频率(振荡的中心频率)变化。

FM 调制电路与图 14.31 相同,也是变形考毕兹电路。这里必须注意的是 FM 调制电路的输出波形不是一般振荡电路那样标准的正弦波。如果说比较标准的话,那是因为 5 次谐波成分变小,无线话筒的输出电平变小的缘故。具体来说,负阻变大使振荡波形"不标准"了。

这个电路的调制点只有 RF 放大器的调谐电路。调整微调电容器使得 FM 调谐器的接收频率与 85MHz 一致,信号仪指示最大。如果接收到的信号音量小(调制幅度窄时),可以增大无线话筒负载电阻 R_C 的值;反之如果音量大(调制幅度宽),可以减小 R_C 的值。

陶瓷振子的频率准确性没有石英振子高(当然要比 LC 振荡电路好的多)。所以有时振荡频率不正好是 85MHz。这时如图 15.16 所示,可以使用可变电阻改变加在变容二极管上的直流偏置,对载波频率进行微调(降低直流偏置时变容二极管的电容变大,频率降低)。

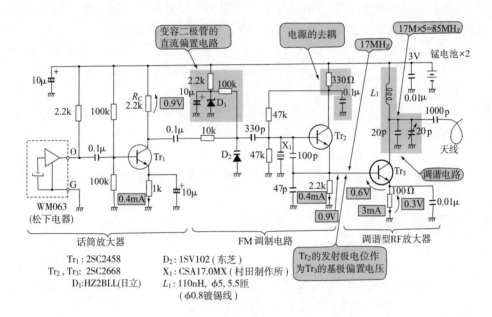

图 15.15 采用陶瓷振子的电路(1)

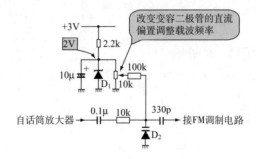

图 15.16 载波频率的微调

当希望载波频率有大的改变时,必要时可以更换陶瓷振子。例如,使用 15.5MHz 的振子,载波频率就变为 77.5MHz(＝15.5MHz×5)。

15.3.3　振荡电路中采用陶瓷振子(2)

图 15.17 是采用 CMOS 电路 74HC 系列变换器 TC74HCU04AP(东芝),对电路简化后的无线话筒电路。

FM 调制电路作为使用 CMOS 变换器的考毕兹振荡电路(参见图 14.17)可以利用变容二极管改变陶瓷振子负载电容的方法进行调制。与图 15.15 的电路相同,陶瓷振子的振荡频率是 17MHz。这个电路的主要特点是调制电路的输出波形是方波,只取出包含于这个方波中的高次谐波作为无线话筒的输出。

占空比为 50% 的方波中多含有基波的奇次谐波。图 15.17 的电路中使用变换器把调制电路的输出变为占空比 50% 的方波,再用 LC 调谐电路只取出 5 次谐波 (17MHz×5＝85MHz)进行高频放大。

图 15.17 的电路是把 LC 并联共振电路插入信号线与 GND 之间作为调谐电路。如图 15.18 所示,这个部分的输入阻抗在共振频率 f_0 点变得非常大(理论上是无限大),在其他频率处则非常小,所以能够只选择频率为 f_0 的信号并把它取出。

电路的调整点只有这个调谐电路,只要调整到接收信号仪的指示最大就可以。

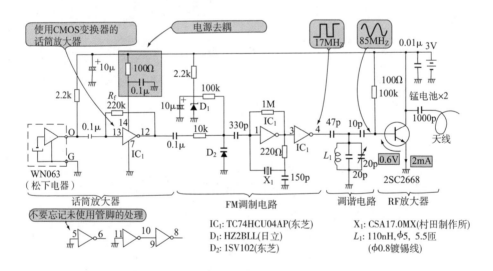

图 15.17　采用陶瓷振子的电路(2)

与图 15.15 相同,这个电路也采用了陶瓷振子,所以话筒的输出不能够直接驱动变容二极管。所以必须有话筒放大器。图 15.17 的电路中,其余的变换器(74HCU04 是 6 路输入)借用作为话筒放大器(话筒的负载电阻 2.2kΩ 与 R_f 构成反转放大电路)。为了改变频率的调制幅度,可以改变变换器的反馈电阻 R_f(如果增大 R_f,则放大器的增益变大,调制幅度也变大)。

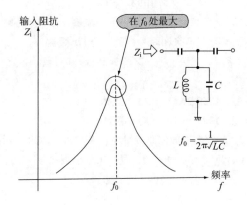

图 15.18 调谐电路的输入阻抗

参考文献

[1]*'91 モータ用 IC データブック，㈱東芝

[2] '91 パワー MOS FET データブック，㈱東芝

[3] '90.9 日立パワー MOS FET データブック，㈱日立製作所

[4]*パワー MOS FET データブック 1992，NEC

[5]*ローム '88 データブック＜ディスクリート部品編＞，ローム㈱

[6]*鈴木雅臣；定本 トランジスタ回路の設計，CQ 出版㈱

[7] 羽山和寛；オーディオ・パワーアンプの放熱・冷却対策，エレクトロニクス 1989 年 8 月号，オーム社

[8]*トラ技 ORIGINAL 1989 No.1，CQ 出版㈱

[9]*トラ技 ORIGINAL 1990 No.5，CQ 出版㈱

[10]*鈴木雅臣；新・低周波/高周波回路設計マニュアル，CQ 出版㈱

[11] 鈴木茂昭；アナログ・スイッチの使い方，CQ 出版㈱

[12] 産業用リニア IC データブック 1992，NEC

[13] パワートランジスタ・データブック '92，東芝

[14]*小信号トランジスタ・データブック '92，東芝

[15]*'91-'92 YHP オプトデバイス・コンポーネントカタログ，横河・ヒューレット・パッカード

[16] HOROWITZ AND HILL：THE ART OF ELECTRONICS，CAMBRIDGE UNIVERSITY PRESS

[17] '82 LINEAR DATABOOK，NATIONAL SEMICONDUCTOR CORP.